U0262868

"十四五"时期国家重点出版物出版专项规划项目
食品科学前沿研究丛书

肉糜制品品质调控新技术

汪少芸　黄建联　主编

科学出版社

北　京

内 容 简 介

本书系统地总结了肉糜及其制品加工与贮藏过程中品质保持与调控新技术,重点阐述了抗冻多肽、抗氧化肽、抗菌肽、可食性膜等对肉糜及其制品品质调控技术的研究进展。此外,还分别对脉冲电场、电子辐射、超声波、3D 打印和组学等技术在肉糜及其制品加工与贮藏中的应用进行展望。

本书内容全面细致,并赋有实用性和可操作性的特点。适合从事肉制品加工与贮藏、食品科学、水产品加工与贮藏、农业科学、食品生物技术的生产人员与管理人员阅读,也可作为高等院校食品科学等相关专业师生的参考书。

图书在版编目(CIP)数据

肉糜制品品质调控新技术 / 汪少芸,黄建联主编. —北京:科学出版社,2022.9
(食品科学前沿研究丛书)
"十四五"时期国家重点出版物出版专项规划项目
ISBN 978-7-03-072897-5

Ⅰ.①肉… Ⅱ.①汪… ②黄… Ⅲ.①肉糜制品—食品加工—产品质量—质量控制 Ⅳ.①TS251.5

中国版本图书馆 CIP 数据核字(2022)第 150510 号

责任编辑:贾 超 孙静惠 / 责任校对:杜子昂
责任印制:肖 兴 / 封面设计:东方人华

科 学 出 版 社 出版
北京东黄城根北街 16 号
邮政编码:100717
http://www.sciencep.com

北京九天鸿程印刷有限责任公司 印刷

科学出版社发行 各地新华书店经销
*
2022 年 9 月第 一 版 开本:720×1000 1/16
2022 年 9 月第一次印刷 印张:17 1/2
字数:350 000
定价:160.00 元
(如有印装质量问题,我社负责调换)

丛书编委会

总主编：陈　卫

副主编：路福平

编　委（以姓名汉语拼音为序）：

陈建设	江　凌	江连洲	姜毓君
焦中高	励建荣	林　智	林亲录
刘　龙	刘慧琳	刘元法	卢立新
卢向阳	木泰华	聂少平	牛兴和
汪少芸	王　静	王　强	王书军
文晓巍	乌日娜	武爱波	许文涛
曾新安	张和平	郑福平	

本书编委会

主　编：汪少芸　黄建联

副主编：陈　旭　蔡茜茜

编　委（以姓名汉语拼音为序）：

陈　选	陈惠敏	陈梅珍	程　静
杜　明	冯佳雯	冯雅梅	韩金志
黄渊楠	江文婷	李　晨	李晓贞
林　晟	林书华	刘永乐	施晓丹
田　韩	田永奇	王芳芳	王旭峰
吴金鸿	吴晓平	伍久林	武红伟
杨傅佳	余璐涵	张天瑞	赵立娜

前　言

肉糜制品是指以动物肌肉组织制成的肉糜为原料，辅以食盐、油脂等辅料，经多种加工工艺生产出来的一种肉类食品。按肉糜的来源主要分为鱼糜制品和畜禽肉糜制品。肉糜制品在人们日常饮食中所占比重逐年上升，仅我国肉糜制品市场年产值超千亿元。然而，在加工贮藏过程中肉糜制品品质保持与调控存在诸多技术瓶颈问题，尤其在贮藏过程新技术调控方面与发达国家相比技术还较欠缺。

常温下贮藏时，由于附着在肉糜制品表面的微生物作用、肉糜制品内所含酶的作用和氧化作用，肉糜制品的色、香、味和营养价值降低，甚至完全不能食用。此外，虽然冷冻保藏可最大限度地保持产品的新鲜度和营养价值，而在冻藏过程中发生的冻结烧、油烧以及低温冷链环节冷冻、贮藏、运输和冻融等过程造成的冰晶生长和重结晶问题，严重导致营养损失和品质劣变。因此，有效调控肉糜制品贮藏过程中的品质显得尤为重要。

为提高我国肉糜制品品质调控技术科技水平，引导行业关注与应用新技术，缩短与发达国家在肉糜制品品质调控技术上的差距，基于团队10余年来的研究与生产实践，结合国内外最新的相关研究成果，本书围绕肉糜制品品质调控新技术展开论述。第1章和第2章总体概述了肉糜及其制品加工与贮藏过程品质形成与影响因素；第3~6章分别就抗冻多肽、抗氧化肽、抗菌肽、可食性膜等，从概述、作用机制、制备方法与品质调控应用等方面进行全面论述；第7章对脉冲电场、电子辐射、超声波、3D打印和组学等技术在肉糜及其制品加工与贮藏中的应用进行展望。

本书由福建省食品与海洋生物资源基础与应用研究科技创新团队带头人汪少芸教授和农业农村部冷冻调理水产品加工重点实验室主任黄建联高级工程师主编。大连工业大学杜明教授、上海交通大学吴金鸿教授、长沙理工大学的刘永乐教授，以及团队成员陈旭、蔡茜茜、伍久林、韩金志、王旭峰、陈惠敏、陈选、杨傅佳、吴晓平、李晨、田韩、田永奇、施晓丹、林书华、程静、赵立娜等参与了部分内容的编写，在此一并表示衷心的感谢！

由于编者水平有限，本书难免存在不妥或疏漏之处，恳请广大读者和同行提出宝贵意见。

汪少芸

2022 年 9 月

目　　录

第 1 章　肉糜及其制品

肉制品富含蛋白质、脂类、维生素和矿物质，能为人体提供必要的营养与能量，是人类饮食的重要组成部分（李诗义等，2015）。中国是肉类生产大国，也是肉类消费大国。近几年，我国肉制品加工技术发展迅速，肉类制品的种类也逐渐丰富（刘勤华，2018）。中国传统的肉制品如火腿、腊肉等主要是以鲜、冻畜禽肉为主要原料，经选料、修整、腌制、调味、成型、熟化（或不熟化）和包装等工艺制成的肉类加工品（王成维，2014），其消化吸收率高、饱腹作用大，对于平衡人们的饮食结构有极其重要的作用（叶丹，2018）。传统的肉类食品大多数存在脂肪（高达 20%～30%）和胆固醇含量高、能量高等问题，脂肪在各种营养素中热量最高（37.66kJ/g）。虽然脂肪能赋予食品良好的风味、细腻的口感并给予消费者饱腹感，但摄入过量会引发肥胖、心脏病、高胆固醇、冠心病等（孟令义和戴瑞彤，2007）。随着生活水平的提高，人们不再单纯地追求饱腹，更多的是追求感官、营养及保健等多方面的需求，对健康肉制品的需求日益增长，促使肉制品生产企业不断开发新的或质量更优的低成本、低脂肪、适口性和营养价值高的功能性产品。谷类、豆类、藻类和食用菌等都被认为是可以应用于新型肉制品开发的天然物质（Pérez-Montes et al.，2021），有关植物或食用菌在肉制品开发中应用的研究越来越多（青正龙，2021；Wong et al.，2019）。例如，Argel 等（2020）使用不同的豆类（扁豆、鹰嘴豆、豌豆和大豆）粉末替代部分猪肉，制作出的低脂汉堡肉饼具有良好感官接受度；Banerjee 等（2020）在羊肉块的制作中，将金针菇粉末作为功能性成分添加入羊肉块中，制作出了更加健康、营养且附加值更高的肉制品。

中国作为水产养殖大国，渔业资源丰富，也是世界上水产品产量最大的国家，其中渔业产量已经连续十多年位居世界首位（黄硕琳和唐议，2019）。鱼肉中蛋白质含量较高，并且鱼肉蛋白质氨基酸配比均衡，氨基酸组成齐全，易于消化吸收（亢灵涛等，2015），在各类肉糜制品中，鱼糜制品由于味道鲜美，食用方便，营养价值高且脂肪含量相对较低而受到人们的青睐。因捕捞时节性，鱼类往往在捕捞后经过初步处理直接冷冻保存或者加工成鱼糜冷冻保存。冷冻鱼糜生产加工是我国水产品加工产业的一个重要部分。对于冷冻鱼糜的再加工利用，生产鱼糜制品是水产品精加工的一条极好的途径，不仅可以调节渔获淡旺季的矛盾，还可以大幅度提高中国水产品产业的年产值（姚志琴，2015）。

1.1 肉　　糜

1.1.1 冷冻肉糜的加工工艺

肉糜是加工肉糜制品的主要原料，包括生鲜肉糜和冷冻肉糜（乌伊罕等，2019）。生鲜肉糜是以新鲜的肉类为原料，经清洗、采肉、漂洗、脱水等处理后制成的去除杂质的肉类蛋白质的浓缩物（范选娇，2017）。而冷冻肉糜是将生鲜肉糜加入复合磷酸盐、山梨糖醇等冷冻保护剂，再经擂溃、包装、速冻而制成的产品（宁云霞等，2019）。根据肉的种类，冷冻肉糜可分为猪肉糜、牛肉糜、鸡肉糜等。此外，以冷冻鱼糜为例，根据是否添加食盐，冷冻鱼糜可分为无盐鱼糜和加盐鱼糜，无盐鱼糜一般添加 4%的蔗糖和 4%的山梨糖醇。目前国内生产的大多为无盐鱼糜，具体工艺如下（中国水产科学研究院南海水产研究所等，2018）。

1. 原料鱼的种类和鲜度

可用于制作鱼糜的原料品种有 100 余种，目前世界上生产鱼糜的原料主要有沙丁鱼、狭鳕、非洲鳕、白鲹等。一般选用白色鱼肉，红色鱼肉制成的产品白度和弹性不及白色鱼肉。随着鱼糜加工技术的进步，红肉鱼类因资源丰富，也逐渐被利用加工成鱼糜。除了利用海水鱼资源作原料外，淡水鱼中的鲢鱼、鳙鱼、青鱼和草鱼亦是制作鱼糜的优质原料（于红等，2008）。鱼类鲜度是影响鱼糜凝胶形成的主要因素之一。原料鲜度越好，鱼糜的凝胶形成能力越强，原料鱼在加工前应将鱼体温度保持在 10℃以下，且保存时间不宜超过 3 天。此外，鱼类在死亡前挣扎越少，加工后鱼糜的质量越好，经过剧烈挣扎的鱼类体内能量消耗过多，鲜度损失严重。

2. 原料鱼前处理

目前，原料鱼大多采用人工的方法进行冲洗，除去鱼体表面的黏液和细菌，然后去鳞、去头、去内脏、剖割等。剖割的方法有两种，一是沿背部中线往下割，二是从腹部中线剖开，再用水清洗腹腔内的残余内脏、黑膜等。清洗一般要重复 2～3 次，水温控制在 15℃以下。前处理工序必须将原料鱼清洗干净，否则内源性蛋白酶会对鱼肉蛋白进行分解而影响冷冻鱼糜的质量。

3. 采肉

自 20 世纪 60 年代，鱼糜加工多采用采肉机进行采肉。采肉机大致可分为滚筒式、圆盘压碎式和腹带式三种。比较理想的采肉机要求采肉率高且无过多碎骨皮屑等杂质，目前使用较多的是滚筒式采肉机，如图 1.1 所示。采肉时鱼肉穿过采肉机滚筒的网眼进入滚筒内部，鱼骨和鱼皮在滚筒表面，从而使鱼肉鱼骨刺分离，冷冻鱼糜的加工质量要求比较高，通常使用第一次采下的鱼肉进行加工。由于一次采肉不能将鱼肉完全采取干净，为了充分利用这些蛋白质，应进行第二次采肉；但第二次采肉所得的鱼肉通常会含有一些碎骨屑，不宜作冷冻鱼糜的原料。

图 1.1　滚筒式采肉机结构

4. 漂洗

在传统鱼糜的生产工艺中，漂洗是不可缺少的工序。漂洗是通过采用水溶液将鱼肉进行洗涤，除去鱼肉中的可溶性蛋白质、色素、气味、脂肪及无机离子（如 Ca^{2+}、Mg^{2+}）等成分（孟珺等，2012）。根据鱼的种类和鲜度以及产品要求的不同，漂洗次数一般为 2～3 次，水温控制在 10℃以下，鱼肉与漂洗水的比例一般为 1：（5～10），且最后一次漂洗时可加入 0.15%～0.30% 的食盐进行辅助脱水。

5. 精滤、脱水

用精滤机将鱼糜中的细碎鱼皮、碎骨头等杂质除去。脱水的方法主要有过滤式旋转筛脱水、螺旋压榨机压榨脱水和离心机离心脱水。此过程主要有两种工艺，一种是"预脱水—精滤—再脱水"，此工艺先用回转筛进行预脱水，然后用精滤机精滤，最后用脱水设备再脱水；另一种是"脱水—精滤"，此工艺先用脱水设备脱水，再用带有冷却夹套的精滤机精滤，精滤机网孔直径选用 0.5～2.0mm，脱水机网孔直径选用 0.2～0.6mm。在精滤、脱水工序中鱼肉温度应控制在 10℃以下。

6. 混合

混合的目的主要是将精滤、脱水后的鱼糜与抗冻剂搅拌均匀，以防止或降低蛋白质冷冻变性的程度。常用的抗冻剂有白砂糖、山梨糖醇、磷酸盐等。混合过程中鱼糜温度宜控制在 10℃以下。

7. 充填、称重

将混合均匀的鱼糜充填制成长方体等形状，产品的外形、重量根据需求而定，一般切成每块 10kg 或 15kg。内包装宜采用颜色明显区别于鱼糜色泽的塑料袋，所用塑料袋应洁净、坚固、无毒、无异味，质量应符合相关标准规定。

8. 冻结、贮藏

充填后鱼糜尽可能在最短时间内冻结。通常使用平板冻结机，产品中心温度宜在 3h 内降至 −18℃ 及以下。经金属探测后，以每箱两块装入硬纸箱，在纸箱外标明原料鱼名称、鱼糜质量等级、生产日期、生产单位等相关应注明的事项，运入冷库冻藏。冻藏时间一般不超过 6 个月。

1.1.2　冷冻肉糜的评价方法

冷冻鱼糜及其制品的指标分为三大部分：微生物指标、理化指标和感官指标（陈汉勇，2013）。

1. 微生物指标

根据产品特点确定关键控制环节进行微生物监控；必要时应建立食品加工过程的微生物监控程序，包括生产环境的微生物监控和过程产品的微生物监控。根据 GB 14881—2013《食品安全国家标准　食品生产通用卫生规范》，食品加工过程的微生物监控程序应包括：微生物监控指标、取样点、监控频率、取样和检测方法、评判原则和整改措施等，微生物监控应包括致病菌监控和指示菌监控，食品加工过程的微生物监控结果应能反映食品加工过程中对微生物污染的控制水平（表 1.1）。企业标准 Q/JKWS 0001S—2021《冷鱼糜制品》（吉林康旺食品有限公司）中对微生物限量做出了要求，见表 1.2。

表 1.1　食品加工过程微生物监控示例

	监控项目	建议取样点 [a]	建议监控微生物 [b]	建议监控频率 [c]	建议监控指标限值
环境的微生物监控	食品接触表面	食品加工人员的手部、工作服、手套、传送皮带、器具及其他直接接触食品的设备表面	菌落总数、大肠菌群等	验证清洁效果应在清洁消毒之后，其他可每周、每两周或每月	结合生产实际情况确定监控指标限值
	与食品或食品接触面邻近的接触表面	设备外表面、支架表面、控制面板、零件、车等接触表面	菌落总数、大肠菌群等卫生状况指示微生物，必要时监控致病菌	每两周或每月	结合生产实际情况确定监控指标限值
	加工区域内的环境空气	靠近裸露产品的位置	菌落总数、酵母菌、霉菌等	每周、每两周或每月	结合生产实际情况确定监控指标限值

续表

监控项目	建议取样点 a	建议监控微生物 b	建议监控频率 c	建议监控指标限值
过程产品的微生物监控	加工环节中微生物水平可能发生变化且会影响食品安全性或食品品质的过程产品	卫生状况指示微生物（如菌落总数、大肠菌群、酵母菌、霉菌或其他指示菌）	开班第一时间生产的产品及之后连续生产过程中每周（或每两周或每月）	结合生产实际情况确定监控指标限值

　　a 可根据食品特性以及加工过程实际情况选择取样点；b 可根据需要选择一个或多个卫生指示微生物实施监控；c 可根据具体取样点的风险确定监控频率。

表 1.2　微生物限量

项目		采样方案及限量			检验方法
	n	c	m	M	
菌落总数	5	2	5×10^4CFU/g	10^5CFU/g	GB 4789.2
大肠菌群	5	2	10CFU/g	10^2CFU/g	GB 4789.3
致病菌（若非指定，均以/25g 表示）　沙门氏菌	5	0	0	—	GB 4789.4
副溶血性弧菌	5	1	100MPN/g	1000MPN/g	GB 4789.7
金黄色葡萄球菌	5	1	100CFU/g	1000CFU/g	GB 4789.10 第二法

　　注：n 为同一批次产品应采集的样品件数；c 为最大可允许超出 m 值的样品数；m 为致病菌指标可接受水平的限量值；M 为致病菌指标的最高安全限量值。

2. 理化指标

　　理化指标中的物理检测包括规格、有无杂质、质构特性、色泽等，化学检测则主要集中在组成成分分析、pH、原料鱼种鉴别等。

　　冷冻鱼糜中的杂质指的是皮、小块骨头和其他不是鱼肉的任何异物。杂点一般指在规定条件下用肉眼观察到的鱼糜中的非外来杂质。杂质的多少往往是由生产工艺决定的，生产工艺越成熟完善，产品的杂质就越少。冷冻鱼糜白度是指在规定条件下，使鱼糜受热凝固（制成鱼糕）后用白度仪检测其表面光反射率与标准白板表面光反射率的比值，白度是鱼糜等级划分的一个重要依据。破断力是指用弹性仪或质构仪的载物平台与探头的恒速相向运动挤压到鱼糕破裂所得到的最大力，以克（g）表示。破断距离是指用弹性仪或质构仪的载物平台与探头的恒速相向运动从刚接触鱼糕至鱼糕破裂的位移距离，以厘米（cm）表示。凝胶强度是指在规定条件下使鱼糜受热凝固（制成鱼糕）后的凝胶形成能力。此外，水分、pH、中心温度、淀粉含量也是评价与监控冷冻鱼糜质量的重要衡量指标。GB/T 36187—2018（中国水产科学研究院黄海水产研究所等）对以上参数做出了规范，见表 1.3。

表 1.3 理化指标

项目	指标								
	TA	SSA	SA	FA	AAA	AA	A	AB	B
凝胶强度/(g×cm)	≥900	≥700	≥600	≥500	≥400	≥300	≥200	≥100	≤100
杂点/(点/5g)	≤8	≤10		≤12				≤15	≤20
水分/%	≤75.0		≤76.0				≤78.0		≤80.0
pH					6.5~7.4				
产品中心温度/℃					≤−18.0				
白度 a					符合规定				
淀粉					不得检出				

a 根据双方对产品白度约定的要求进行。

3. 感官指标

感官指标是评价冷冻肉糜品质的一个重要方面，取适量试样于白色瓷盘中，在自然光下观察组织形态、色泽和有无杂质情况。按产品包装或标签上标明的食用方法进行熟制后嗅闻和品尝，检查其气味和滋味。GB/T 36187—2018 对冷冻鱼糜的色泽、形态、气味和杂质方面做出了要求。Q/SHAD 0001S—2017 对肉糜制品的感官品质做出了要求，见表 1.4。

表 1.4 感官品质

项目	要求	
	GB/T 36187—2018	Q/SHAD 0001S—2017
色泽	白色、类白色	具有该产品应有的色泽
形态	冻块完整，解冻后呈均匀柔滑的糜状	具有该产品应有的组织形态，裹浆或调味料均匀分布
气味	具有鱼类特有的气味，无异味	具有该产品应有的气味和滋味，无异味
杂质	无外来夹杂物	外表及内部均无肉眼可见杂质

此外，折叠实验和十段评分法也是对冷冻鱼糜进行感官评价的两种常用方法（陈汉勇，2013）。折叠实验通过对半再对半缓慢折叠 5mm 厚的凝胶片，同时检测其结构损坏的程度，确保每次对半折叠完全，评价标准见表 1.5。十段评分法是通过咬住一 5mm 厚的凝胶样品，通过接触牙齿评估它的韧性，通过 10 分制评估其韧性，评分标准见表 1.6。

表 1.5　折叠等级评分表

折叠性状	评分	等级
折叠成四片也没有裂缝	5	AA
折叠成两片没有裂缝，但折叠四片时产生裂缝	4	A
折叠成两片时没有裂缝，但折叠四片时裂开	3	B
折叠成两片时产生裂缝	2	C
折叠成两片时裂开	1	D

表 1.6　感官检查评分标准

弹性强度	评分
极其坚韧	10
非常坚韧	9
坚韧	8
稍微坚韧	7
中等	6
微弱	5
弱	4
非常弱	3
极其弱	2
难成胶状	1

1.1.3　肉糜加工国内外现状

目前，市面上的鱼糜制品主要有鱼丸、鱼豆腐、鱼肠及模拟蟹棒等，畜禽肉糜制品主要有肉丸、香肠和肉饼等。特别是受地域性、季节性影响较大的鱼类加工技术，在欧美、日本等渔业相对发达的地区，其现代规范化鱼类精深加工、养殖技术已经非常成熟，加之自动化装备的开发研究，冷链物流的标准化完善，渔业捕捞加工行业法规的健全，已经形成了一套鱼类加工技术的完整体系，使其在鱼类加工业中占据了很大优势。越南、印度、泰国等发展中国家依靠对一些大宗鱼类原料进行粗加工，大规模的人工养殖，发展起了新兴渔业，并在世界鱼类加工业中占据了一席之地。而日本、爱尔兰等发达国家则将渔业加工的重心放在一些高价值鱼类的精深加工上。尽管近年来肉糜产业发展迅速，但在加工及生产过程中依然存在一些问题（张宝奎等，2011）。

1. 尽快制定肉糜生产规范与质量标准

生产肉糜所用原料复杂多样，有些原料品质差、细菌超标，尤其是部分生产厂商食品与卫生观念差，生产车间卫生状况令人担忧，而肉糜中加入大量水分及其他物质的现象时有发生，对肉糜质量和生产环境进行规范已成为肉糜产业健康发展的当务之急。

2. 解决肉糜冷冻过程中品质变化问题

肉糜属于速冻产品，贮藏、运输等环节容易造成其品质变化，影响肉糜的使用效果与食用安全。因此，冷库贮藏、冷藏车运输是肉糜产业发展的必要条件。有些肉制品厂冷库条件差、冷藏车少运输能力小、冷链环节的不完善制约了肉糜产业的快速发展。特别是在冷冻贮藏过程中肉糜的冷冻变性以及氧化变质都将对肉糜的品质产生不良的影响，而常用的商业抗冻剂虽然价格便宜，但其高甜度、高热量不利于人体健康，因此，肉糜抗冻剂以及抗氧化剂等绿色食品添加剂的开发就显得尤为重要。

3. 加强肉糜应用环节的质量监管

由于肉糜生产所用原料、生产工艺及车间卫生、人员观念等诸多因素的影响，不同厂家的肉糜产品品质与卫生质量差别较大，必须加强肉糜使用环节的质量监管，封锁不合格肉糜产品的销售与使用的渠道，防控劣质肉糜的生产与流通。

4. 加强肉制品掺假检测力度

肉制品最常见的经济利益驱动的掺假方式是将廉价肉类掺到高价肉品中以牟取高额利润。由于加工后的肉制品从感官上较难识别其真实种类，因此肉丸、肉糜等肉制品是市场上最易出现的掺假肉。现有研究中，肉制品掺假检测技术主要有传统检测技术、电子鼻、电子舌、近红外光谱技术、高光谱成像技术和拉曼光谱技术等，但这些方法检测时间长，检验过程复杂，因此急需建立新型的快速无损检测技术，加强肉糜掺假检测力度（闫宇，2019）。

1.2　肉　糜　制　品

1.2.1　肉糜制品的种类

肉糜制品是指以动物肌肉组织制成的肉糜为原料，以食盐、油脂等添加物为辅料，经特定工艺成型、熟制等工序制成的一类肉类食品（赵改名等，2010）。

按添加的主原料，肉糜制品主要分为鱼肉糜制品和畜禽肉糜制品。目前，市面上的畜禽肉糜制品主要有肉丸、香肠和肉饼等方便肉糜制品。畜禽肉糜是常见的肉类加工制品，在食品工业中有着广泛应用，既可作为食品制造业的原料，用于肉脯、肉肠、火腿、肉饼以及调理肉馅等的制作，也可作为餐饮业直接加工的食材。鱼肉糜制品是一类营养丰富、口味多样的低胆固醇食品，同时具有肉质细嫩、低脂肪、高蛋白、味道鲜美的特点，深受人们喜爱。鱼肉糜制品主要有鱼丸、鱼豆腐、鱼肠及模拟蟹棒等（图1.2）。

图 1.2 鱼肉糜类制品

按加工工艺进行分类，肉糜主要分为非即食速冻肉糜制品和熟制肉糜制品，经过速冻（产品中心温度≤−18℃）处理制成的制品称为非即食速冻肉糜制品。经熟制处理加工制成的制品称为熟制肉糜制品。熟制肉糜制品根据加热方法，可以分为蒸煮制品、焙烤品、油煎品和油炸品等。

1.2.2 肉糜制品的加工工艺

图1.3为肉糜制品的加工工艺，包括以下工序：宰杀/原料解冻→清洗→去头、

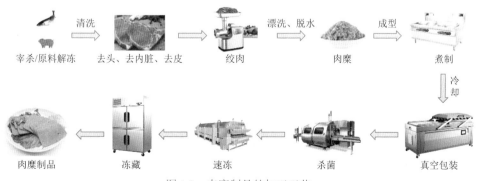

图 1.3 肉糜制品的加工工艺

去内脏、去皮→绞肉→漂洗→脱水→预冷→冻结→贮藏；肉糜制品在肉糜的基础上进行成型→煮制→冷却→真空包装→杀菌→速冻→冻藏→成品。

加工工艺对肉糜品质影响很大，有很多学者对肉糜的加工工艺进行改进。例如，黄和等（2015）以金鲳鱼鱼肉糜凝胶为研究对象，研究了擂溃方式等因素对金鲳鱼肉糜制品凝胶强度的影响。在肉糜制品加工领域也出现了一些新技术。

1. 超高压技术

超高压技术是一种新型的食品加工技术手段。20世纪70年代以来，超高压技术在肉糜制品加工中的应用逐渐受到人们的重视，并开展了相关研究。超高压可以代替钠盐改善肉糜的口感和抑菌，延长肉糜制品的贮藏寿命，对提高肉糜制品的质量起到重要作用。Hygreeva和Pandey（2016）研究发现，当肉糜含盐量小于1.5%时，在150MPa和5min高压下，蒸煮损失可降至12%～23%。此外，超高压处理香肠的感官品质优于高盐处理香肠，说明超高压处理可以替代部分盐的添加，提高肉糜制品的品质。

2. 超声波技术

目前，超声波技术已成为一种成熟的食品加工辅助技术。声波产生的电磁场会破坏微生物的细胞结构，从而起到杀菌作用（吴菲菲等，2017）。因此，在肉糜加工过程中，超声波技术常被用来控制有害细菌的生长。Ojha等（2016）将清酒乳杆菌接种于肉糜中进行发酵，并进行超声波处理，研究超声波处理对清酒乳杆菌发酵的影响。结果表明，超声功率和超声时间对乳酸菌的生长有一定的影响，即通过调节超声功率和超声时间可以控制乳酸菌的生长速率，但对乳酸菌的发酵过程没有影响。此外，超声波处理可有效抑制部分致病菌的生长，如金黄色葡萄球菌、单核细胞增生李斯特菌、沙门氏菌等。通过调整超声波功率和超声波时间，可将致病菌数量控制在国家标准的安全范围内（李可等，2018）。

3. 辐照技术

辐照技术是利用电离辐射（γ射线、X射线、电子束）相互作用产生的物理、化学和生物效应和物质进行食品加工的一种新型保鲜技术。随着学者们的不断研究，辐照技术已广泛应用于肉糜制品的加工中。Stefanova等（2011）研究了2.5kGy、5.0kGy、7.5kGy、10.0kGy和15.0kGy γ射线辐照对牛肉脂肪酸谱的影响。核磁共振结果表明，随着辐照剂量的增加，三酰甘油中饱和脂肪酸的含量显著增加，多不饱和脂肪酸的含量显著降低。这说明辐照技术可以降低肉糜制品中脂肪及其衍生物的含量，从而改善肉糜制品的组成和结构，提高产品质量。Thayer和

Boyd（1992）的结果表明，在 0℃条件下，去皮鸡经 0.26kGy 和 0.36kGy γ 射线辐照真空处理后，对数期和稳定期金黄色葡萄球菌含量下降 90%。而 X 射线处理结果表明，在 35℃下储存 20h 期间，在 0.75kGy 辐照样品中发现一定数量的腐败微生物存活，但 1.50kGy 辐照样品在贮藏前后均未发现腐败微生物，辐照鸡肉产品中未检测到肠毒素。

1.2.3　肉糜制品的现状和发展趋势

我国肉食文化源远流长。肉糜产品种类繁多，肉糜制品是其中的重要组成部分。与国外相比，中国肉类分级系统的发展相对缓慢。经过南京农业大学、中国农业科学院畜牧研究所和中国农业大学的制定、验证和修改，中国的肉类分级体系已经建立和完善。

目前，肉糜制品加工取得了很大进展，但仍存在许多不足，如技术含量较低、加工产量较低、深加工产品极度缺乏、综合利用率不高、新产品开发能力较弱等，造成大量可用生肉的严重浪费，导致我国肉类整体价值较低，优质肉类难以出口到国外；与国际标准接轨，国内肉糜产品价格高，广大消费者难以承受。就肉糜产品的安全性而言，尚未建立完整的可追溯体系，无法对关键环节进行判断。此外，食品安全仍然是中国肉糜制品加工业的一个重要问题。虽然一些大企业建立了有效的食品安全监管机制，但小企业和加工车间在我国肉糜制品加工业中仍占一定比例。为了提高经济效益，一些企业仍在使用国家明令禁止的非法添加剂，如盐酸克伦特罗、莱克多巴胺等，严重阻碍了我国肉糜制品加工业的健康发展。因此，国家需要进一步落实和完善食品安全控制政策，确保我国肉糜制品的食用安全（孟蕊等，2017）。

在发达国家，肉类加工业是国民经济的重要支柱产业。肉糜制品起步早，现代化程度高。它的研究已转向高质量、营养、保健和安全的方向。其肉糜加工具有产品多样化、技术进步和工艺系统化的显著特点（王俊武等，2013）。结合国外在肉糜加工业方面的研究成果及应用，我国肉糜加工的研究和发展可以向以下几个方面多做考虑。

1. 肉的分级与适宜性加工方式研究

我国肉糜加工需要深入探索肉糜各部位的适宜加工方法，做到物尽其用，避免高、中、低档肉混用，造成原料浪费，降低肉的整体价值，提高肉糜制品的品质和风味。在加工工艺方面，应在减少肉类营养价值损失的基础上，探索并尝试完成肉糜制品的加工工艺。非热杀菌、真空低温蒸煮、超高压等加工方法已广泛应用于肉糜制品的加工生产中。这些技术的引入可以有效地保留肉糜制品中的营养成分，提高肉糜制品的附加值（张婷等，2014）。

2. 新型产品开发与传统工艺改进

探索机制，深入开发适合各种品质特性的新型肉制品，提高精深加工后附加值，改进传统加工工艺，减少原料浪费，提高加工度机械化。规模化生产提高产品生产效率，增加了肉糜产品的市场竞争力。众所周知，过多的肉类摄入也会引起许多疾病，如高血压、高血脂、肥胖等所谓的文明病。近年来，一些低热量、低脂肪的功能性肉糜产品问世。大量研究表明，一些功能性肉糜制品通常会添加一些大豆蛋白、乳清蛋白、食品胶、变性淀粉、麦芽糊精、膳食纤维、共轭亚油酸等成分作为脂肪替代品，肉糜制品的质量相似，同时提高了肉糜制品的营养价值和保健作用（董学文等，2017）。

另外，进行传统加工工艺的改进。例如，在传统的鱼糜生产过程中，漂洗是必不可少的工序之一。漂洗后，鱼肉中的大部分水溶性蛋白质、脂肪、色素和异味化合物可以被去除，从而提高鱼糜制品的凝胶强度和白度，但同时会失去一些水溶性营养成分，如非蛋白氮和水溶性维生素、Ca^{2+}、Mg^{2+}等，会降低鱼糜制品的产量。因此，有必要开发与漂洗鱼糜具有相同凝胶特性和白度的未漂洗鱼糜产品。通过缩短漂洗时间、减少漂洗次数来改进漂洗工艺，减少鱼糜制品的营养损失。鲍佳彤等（2021）研究不同淀粉种类对未漂洗革胡子鲶鱼鱼肉糜凝胶特性的影响，结果表明，添加淀粉不仅能减少漂洗带来的营养流失，还能更好地改善鱼肉糜凝胶特性。Wang 等（2019）研究不同添加量鸡胸肉对未漂洗鲟鱼肉糜凝胶理化性质的影响，发现添加40%鸡胸肉后，鱼肉糜凝胶的硬度、弹性、胶着性和咀嚼性分别显著提高84.54%、76.71%、67.90%和107.99%（$P<0.05$），表明鸡胸肉的加入可增强未漂洗鲟鱼肉糜的凝胶性能。

除了改善肉糜制品的结构外，提高肉糜制品的营养和风味品质也是肉糜研究的另一个重要领域。随着生活水平的提高和当前生活节奏的加快，加工方便、营养丰富、安全的食品越来越受到消费者的青睐（Nychas et al.，2008）。我国肉糜调理产品发展势头强劲，产品口味多样，深受广大消费者欢迎。营养、方便、快捷的新型食品是肉糜制品未来的发展方向之一（梁荣蓉，2010）。研究开发风味肉糜制品具有极为重要的意义，目前已经有相关研究关于添加一些功能性成分来改善其营养风味品质。郑媛（2018）研究开发了海带风味鱼丸，确定了最佳工艺配方。Guan 等（2019）研究证实了鼠尾草叶、牛至叶和葡萄籽提取物抑制鱼腥味形成和改善带鱼鱼丸贮藏期间的风味方面具有良好的潜力。杨峰等（2017）在鱼肉糜中添加泡椒，增加了鱼肉糜制品风味多样化。

3. 原料肉的嫩化技术

加快肉类嫩化技术发展，通过科学手段，将部分不宜加工的低档肉类转化为可加工利用的优良原料，进一步提高可用性，针对不同消费群体，以满足各类消费者的需求，进一步提高市场竞争力。目前国内研究的嫩化方法多为酶处理和盐处理。我国使用的主要酶是木瓜蛋白酶。其原理是通过木瓜蛋白酶水解肌肉中的胶原蛋白和肌原纤维蛋白（江慧等，2011）。但由于酶制剂处理肉类成本高，钙盐嫩化效果不理想，超声波处理方法近年来逐渐兴起。

4. 生产、加工、销售一体化经营，产品质量标准体系完善

欧美大多数发达国家都有完善的法律、标准和执法体系，以确保肉糜制品卫生。这些国家在肉糜加工企业的管理方面也实施了一系列政策，使肉糜加工行业具有以下鲜明特点：①实行高效的垂直管理体系和严格的质量安全监管；②健全的法律支持体系，执行力强，无缝衔接；③注重市场调节、宣传引导，确保肉品行业健康发展；④行业协会制度完善，服务经济发展的功能突出；⑤政府重视基础研究，将工业、大学和研究紧密结合。由于国内肉类加工机械化程度低、销售环节杂等因素，国内肉糜产品价格偏高，需要降低人工成本投资，缩短销售环节，从而提高国产肉制品的性价比，让消费者享受到优质、低成本的肉糜制品。

肉糜制品的消费水平是衡量居民生活水平的重要依据。随着世界经济的快速发展，肉糜制品行业开始了突飞猛进的发展。城市人口的增加和生活节奏的加快促进了肉糜制品的出现，促进了该行业的快速发展。如今，经过不断的探索和创新，该行业拥有了较为完善的加工和保鲜技术，其监管体系也在不断完善。通过对近年来相关市场数据的分析得出，中国市场前景可观，发展空间巨大。预计中国肉糜制品行业将进入发展的快车道，朝着越来越全面的方向发展。

1.3 肉糜制品品质调控

1.3.1 肉糜制品品质劣变的因素

1. 肉糜制品品质的劣变

在常温下（20℃左右）存放时，由于附着在肉糜制品表面的微生物作用、肉糜制品内所含酶的作用和氧化作用，肉糜制品的色、香、味和营养价值降低，以致完全不能食用，这种变化称为肉糜制品品质的劣变。

2. 由微生物引起的肉糜制品品质劣变

肉糜制品的长期存放，会使微生物迅速生长繁殖，进而促使营养成分分解，由高分子物质分解为低分子物质（如鱼体蛋白质分解，可部分生成三甲胺、四

氢吡咯、六氢吡啶、氨基戊醛、氨基戊酸等），肉糜制品质量随之下降，进而发生变质和腐败。因此在肉糜制品品质劣变的原因中，微生物是最主要的。引起肉糜制品腐败的微生物有细菌、酵母菌和霉菌，其中细菌引起的变质最为显著。

为了很好地保藏肉糜制品，要掌握微生物繁殖和生长的规律，以便更好地采取措施来抑制微生物繁殖，从而保持肉糜制品原有的色、香、味。

1）水分

水分是微生物进行新陈代谢和维持生命活动所必需的。肉糜制品中的水分越多，微生物越容易繁殖。在高浓度的糖或盐的溶液中，微生物难以摄取养料和排除体内代谢物，甚至原生质失水收缩而产生质壁分离，还会产生蛋白质变性等现象，所以人们常在肉糜制品中添加高浓度的盐或糖。低温使得肉糜制品内的水分子结成冰晶，与添加高浓度的盐或糖的效果相仿。这两种情况都降低了微生物进行新陈代谢和维持生命活动所必需的水的含量。

2）温度

各种微生物各有其生长繁殖所需的一定范围的温度；超过范围，微生物便会停止繁殖甚至死亡。此温度范围对某种微生物而言，又可分为最低、最适和最高三个区域。在最适温区，微生物的生长速度最快。不同微生物有着不同的最适温度。按照最适温度的范围，可将微生物分为嗜冷性微生物、嗜温性微生物、嗜热性微生物三种，大部分腐败细菌属于嗜温性微生物。

大多数细菌在100℃温度下便会迅速死亡，而有的带芽孢菌在121℃高压蒸汽作用下经过15～20min才会死亡。高温会使蛋白质受热变性，从而杀死微生物。而低温不能杀死全部微生物，嗜冷性微生物如霉菌或酵母菌即使在−8℃的低温下，仍然可以发现有孢子出芽。大部分水中的细菌也都是嗜冷性微生物，它们在0℃以下仍能生长繁殖，个别致病菌甚至在−44.8～−20℃，也仅受到抑制，只有少数死亡。因此，一般低温只能阻止存活下来的微生物的生长繁殖，一旦温度升高，微生物的繁殖又会逐渐旺盛，要防止由微生物引起的变质，必须将肉糜制品保存在稳定的低温环境中。

3）营养物

营养物质是微生物进行新陈代谢所必需的物质。乳糖、葡萄糖与盐类等小分子物质，可直接从微生物细胞膜渗透进入细胞内；而淀粉、蛋白质、维生素等大分子物质，需先分解成小分子物质，然后才能渗透到微生物细胞内。不同种类的微生物对营养物质的吸收有选择性，如酵母菌需要糖类营养物，而一些腐败菌则需要蛋白质营养物。

4）pH

微生物对pH的反应十分敏感，不同的微生物有不同的最适生长的pH。大多数细菌在中性或弱碱性的环境中生长较适宜，霉菌和酵母则在弱酸的环境中较适宜。pH 的改变，会使组成原生质的半透膜的胶体所携带的电荷发生改变，进而引起某些离子渗透性的改变，影响微生物对营养物质的摄入。

3. 由酶引起的肉糜制品品质劣变

酶是由活细胞产生的、对其底物具有高度特异性和高度催化效能的蛋白质或 RNA，是一类极为重要的生物催化剂。酶能够促使生物体内的化学反应在极为温和的条件下高效和特异地进行。无论是什么种类的肉糜制品，它们本身都含有酶。进行生化反应的速度随肉糜制品的种类不同而不同。肉糜制品因其本身组织酶的作用，在相当短的时间内，就能使蛋白质水解为氨基酸和其他含氮化合物及非含氮化合物，脂肪分解生成游离的脂肪酸，糖原酵解成乳酸。肉糜制品中氨基酸一类物质的增多，为腐败微生物繁殖提供了有利条件，使肉糜制品的品质急剧变坏，以致不能食用，这是酶引起的不良作用。

酶的活性与温度有关，在一定温度范围内（0～40℃），酶的活性随温度的升高而增大。低温贮藏要根据肉糜制品的种类而定，一般要求在-20℃；而对含有不饱和脂肪酸的多脂鱼类及其他肉糜制品，则需在-25～-30℃低温中贮藏，以达到有效抑制酶的作用的目的。

4. 由氧化引起的肉糜制品品质劣变

引起肉糜制品变质的化学反应也有一部分与酶无直接关系，如油脂的酸败，见图 1.4。油脂与空气直接接触，发生氧化反应，生成醛、酮、酸、内酯等物质，这称为油脂的酸败。除油脂外，维生素 C 很容易被氧化成脱氢维生素 C，

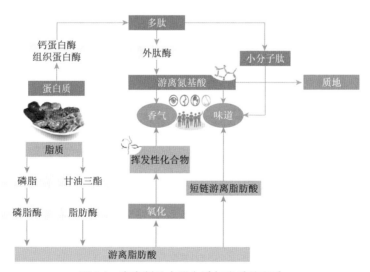

图 1.4　肉糜制品中蛋白质与脂质的变质

若脱氢维生素 C 继续分解，生成二酮古洛糖酸，则失去维生素 C 的生理作用；番茄色素是由八个异戊二烯结合而成，其中有较多的共轭双键，故易被空气中氧气所氧化（胡萝卜色素也有此性质）。下面将对脂质氧化和蛋白质氧化进行详细的叙述（包建强，2011）。

1）肉糜制品中的脂质氧化

脂质以甘油三酯、磷脂和甾醇的形式广泛分布于肉的细胞内和细胞外。然而，脂质在化学上是不稳定的，因此很容易氧化，尤其是在死后处理和储存期间。脂质氧化会导致酸臭气味与异味形成、滴水损失、变色、营养价值损失、货架期缩短和有毒化合物积累（Chulayo and Muchenje, 2013；Mapiye et al., 2012；Richards et al., 2002）。

脂质的氧化是一个自由基链式反应的三步反应，包括自由基的产生、增殖和终止。引发反应生成脂肪酸（烷基）自由基（R·），在增殖反应中，脂肪酸（烷基）自由基又与氧反应生成过氧自由基（ROO·）。过氧自由基与不饱和脂肪酸发生反应，形成氢过氧化物（ROOH），后者分解产生挥发性芳香化合物，使肉糜制品产生异味和腐臭气味（Mapiye et al., 2012）。烷基和过氧自由基的相互作用形成非自由基产物，如醛、烷烃和共轭二烯（Wasowicz et al., 2004）。醛的形成与肉糜制品的颜色和味道的恶化，以及蛋白质的稳定性和功能性降低有直接关系（Lynch et al., 2001）。醛的形成也与动脉粥样硬化和癌症的形成有关。

2）肉糜制品中的蛋白质氧化

蛋白质氧化是肉糜制品品质评估中最具创新性的问题之一。这是因为肌肉组织含有大量蛋白质，这些蛋白质在肉糜制品的感官、营养和理化特性方面起着关键作用。蛋白质氧化通过自由基的连锁反应发生，蛋白质氧化过程开始于活性氧从蛋白质（PH）中提取氢原子以形成蛋白质碳中心自由基（P·），该自由基随后在氧气存在下转化为丙烯酰氧基（POO·），并从另一敏感分子中提取氢原子转化为过氧化烷基（POOH）。随后与活性氧自由基（ROS）（如 $HO_2·$）或还原形式的过渡金属（如 Fe^{2+} 或 Cu^+）反应，产生烷氧基（PO·）及其羟基衍生物（POH）。蛋白质的氧化也会因为蛋白质之间的相互作用而发生，尤其是蛋白质和脂质过氧化氢（ROOH）的活性氨基酸残基的氮或硫中心，或二次脂质氧化产物，如醛或还原糖（Viljanen, 2005）之间的相互作用。蛋白质氧化通过自由基的连锁反应发生，如动物肌肉中脂质的氧化，如动物肌肉中脂质氧化过程中形成的过氧自由基（ROO·）通过反应链被蛋白质分子中的氢原子吸收。

研究发现，自由基（如 ROS）与肌肉蛋白质和肽在氧气存在下的反应会导致氨基酸侧链的修饰、共价分子间交联蛋白质的形成以及蛋白质的断裂和聚集（Lund et al., 2011）。据报道，氨基酸侧链蛋白质的修饰会导致巯基、芳香羟基和羰基的形成（Stadtman, 1990）。肌肉蛋白质的改性是变性的结果，蛋白质水解导致肉品质的变化，包括质地特征、颜色、香气、风味、持水能力和生物功能。蛋白质氧化导致肉蛋白质的多种物理化学变化和营养价值降低，包括氨基酸-蛋白质的生物利用率降低、氨基酸组成的变化、蛋白质聚合导致的蛋白质溶解度降低、蛋白质水解活性的丧失以及蛋白质消化率受损（Lund et al.，2011）。

1.3.2　肉糜制品品质劣变的调控方法

1. 抗菌

1）氯化盐、磷酸盐和糖

NaCl 是一种优良的防腐剂，可抑制不良微生物的生长和存活，防止快速变质并延长保质期（Inguglia et al.，2017）。接触 NaCl 会使微生物渗透性休克，导致细胞失水，进而导致微生物死亡或生长减慢。此外，NaCl 保留了水分子，从而在最佳条件下降低了水活性，这在很大程度上抑制了微生物的生长（Yotsuyanagi et al.，2016）。

最近在培根中评估了用其他氯化盐替代氯化钠的可能性（Li et al.，2016）。总挥发性碱性氮（由腐败微生物和酶作用产生）在加工过程中，没有受到 NaCl 替代物的影响，但使用 60%和 40%的 NaCl 以及补充比例的 KCl 进行处理时，显著减少了。本研究还表明，这两种处理也与生物胺含量降低有关，尤其是尸胺（在加工过程中）、腐胺和组胺（在加工和储存长达 3 周的过程中）。这些结果表明 NaCl 替代品具有微生物抑制作用。

除了氯化盐之外，磷酸盐（焦磷酸钠、三聚磷酸钠和六偏磷酸钠）和蔗糖在肉糜制品保藏中也有类似的作用，一般认为这些物质对微生物有抑制作用，因为它能够降低水的活性，减少微生物生长繁殖所需要的自由水，并由于渗透压的作用，导致细胞分离，从而获得杀菌防腐效果。但是一些实验指出，蔗糖反而有助于微生物的生长。因此，为了更好地保藏肉糜制品，蔗糖的浓度要达到 50%~75%。

2）人工合成防腐剂

随着食品工业的发展，人们开始致力于开发成本低、应用范围广、安全高效的食品防腐剂。现在常用的有苯甲酸、苯甲酸钠、山梨酸、山梨酸钠、富马酸、脱氢乙酸钠、双乙酸钠等食品防腐剂。

苯甲酸是一种易溶于乙醇、氯仿有机溶剂，微溶于水的白色鳞片或针状结晶粉末。苯甲酸钠是易溶于水，略溶于乙醇的结晶粉末，在酸性条件下，转化为苯甲酸起到防腐的作用。未离解的苯甲酸亲油性强，易通过细胞膜进入细胞内，干扰霉菌和细菌等微生物细胞的通透性，阻碍细胞膜对氨基酸的吸收，同时进入细胞内的苯甲酸分子可以酸化细胞内的贮藏碱，抑制微生物细胞内呼吸酶系的活性，从而达到防腐的效果。苯甲酸具有一定的致癌性，对苯甲酸及苯甲酸钠的毒理性实验及应用情况表明，在食品中添加小于 0.06g/kg 的量时，苯甲酸类添加剂在人体内没有积蓄性、致癌、致畸形等不良影响。如过量摄入苯甲酸和苯甲酸钠，将会影响肝脏酶对脂肪酸的作用；其次，苯甲酸钠中过量的钠对人体血压、心脏、肾功能也会形成影响。

山梨酸是一种易溶于乙醇、乙醚，对光热稳定的不饱和有机酸类。山梨酸钾是最重要的山梨酸盐，易溶于水，稳定性差，遇到空气中的氧易分解变色。山梨酸分子结构中含有羧基和共轭双键，羧基使山梨酸的酸性增强，抑制微生物生长；共轭双键可与微生物酶的硫巯基结合，从而破坏酶系结构使酶失去活性，最终达到抑制微生物生长繁殖起到防腐保鲜作用。山梨酸不但能够抑制酵母菌、梭状芽孢杆菌、霉菌及嗜冷腐败菌等的繁殖生长，而且可以很好地保持食品的原味、色泽、香味。山梨酸还可以参加人体内的新陈代谢，转化为二氧化碳和水，是目前国际上公认的高效、低毒的食品添加剂，其毒性仅为苯甲酸的四分之一。

富马酸具有两个对称的不饱和羧基结构，其衍生物均具有良好的抗菌活性。富马酸二甲酯具有高效、广谱、低毒和使用范围广等优点，但是易升华，刺激性较大，在一定程度上限制了其在食品中的应用。当富马酸分子中的两个羧基与两个不同的脂肪醇酯化成非对称富马酸酯时，具有延长微生物生长适应期，缩短对数生长期，诱导和促进微生物自溶作用的优点。由于富马酸二甲酯有过敏性及刺激性气味的缺点，为改善其缺点而保留富马酸分子中的抗菌活性功能，可以通过对其一端进行酯化引入具有抗氧化或乳化功能的基团，另一端与脂肪醇酯化合成具有抗菌和其他功能的多功能非对称富马酸酯。

对羟基苯甲酸酯又称尼泊金酯，具有多种形式，是国际上公认的三大广谱高效食品防腐剂之一。尼泊金甲酯由于毒性比其他的酯类要大，故很少单独作为食品防腐剂使用。目前，我国尚无关于尼泊金丁酯使用的正式规定，卫生部门曾暂定在酱油中使用尼泊金丁酯的最大使用量为 0.1g/kg。利用尼泊金丁酯与尼泊金丙酯之间的协同效果一起添加使用，可以较好地降低毒性（朱兴江等，2009）。

3）天然抗菌剂

天然抗菌剂以多种配方制造，包括通过干燥方法形成的粉末和液体形式，如精油。天然抗菌剂直接添加到肉制品中，通过抑制细菌生长延长保质期。此外，通过与其他食品加工方法相结合，可以提高天然抗菌剂的抗菌效果。

A. 天然植物抗菌剂

植物源性天然抗菌剂的抗菌作用与酚类和黄酮类密切相关。植物来源的多酚有多种分类和结构：酚酸（咖啡酸、迷迭香酸、没食子酸、鞣花酸、肉桂酸）、黄酮（木犀草素、芹菜素、黄芩醇）、黄烷醇（儿茶素、表儿茶素、表没食子儿茶素）、黄烷酮（橙皮苷、橙皮素、蛇床子油、柚皮素）、黄酮醇（槲皮素、山柰酚、杨梅素）、异黄酮（大豆苷、芒柄花素）、香豆素类化合物、花青素（佩拉戈丁、飞燕草苷、锦葵素）、醌（萘醌、金丝桃素）、生物碱（咖啡因、黄连素、骆驼蓬碱）和萜类化合物（薄荷醇、百里酚、番茄红素、辣椒素、芳樟醇）。

多酚类化合物具有抗菌特性是被公认的。之前的研究报告表明多酚类化合物可能是因为以下机制而具有抗菌特性（Beya et al.，2021；Lee and Paik，2016）：①细胞膜干扰分子，如羟基（—OH），导致细胞内成分泄漏、代谢酶失活和三磷酸腺苷（ATP）结构消失；②通过提高质子浓度、分离酸分子降低细胞内 pH 以及改变细菌膜通透性来直接改变环境中的 pH；③植物提取物中的有机酸可能影响烟酰胺腺嘌呤二核苷酸（NADH）的氧化，从而消除了电子传输系统中的还原剂。

除此之外，植物源抗菌肽（AMP）对不同病原体的抑制作用也进行了研究，包括肉糜制品中腐败微生物、细菌、霉菌和酵母菌。Heymich 等（2021）用从鹰嘴豆豆素中提取的抗菌肽 Leg1 对生猪肉进行预处理，接种大肠杆菌和枯草芽孢杆菌。在 37℃条件下测定 16h 的杀菌活性。Leg1 对猪肉中大肠杆菌和枯草芽孢杆菌的最小杀菌浓度分别为 125μmol/L 和 15.6μmol/L。这与受试菌株的乳链菌肽（乳酸菌和乳球菌中的细菌素）的 MBC 浓度相同。

B. 天然动物抗菌剂

动物源的各种抗菌系统与抵御外来入侵者的防御机制有关。来自动物源的防腐剂包括溶菌酶、乳铁蛋白、卵转铁蛋白、乳过氧化物酶、家畜 AMP 和多糖。

溶菌酶可以抑制几种革兰阳性细菌，因为它通过水解细菌细胞膜中肽聚糖的 N-乙酰基-DG-氨基和 N-乙酰基壁酸之间的 1,4-糖苷键来损伤细菌细胞膜。含有动物来源 AMP、卵转铁蛋白和乳铁蛋白的肽基抗菌物质可影响细胞膜或合成 ATP、肽和酶。据报道，AMP 的抗菌机制是附着在细菌细胞膜上，干扰其完整性，导致细胞溶解。AMP 也可发挥抑制代谢和翻译系统的更复杂的作用（Lazzaro et al.，2020）。从鸡蛋中分离的卵转铁蛋白增加了革兰阳性和革兰阴性细菌的细胞膜通透性。此外，卵转铁蛋白破坏了细胞膜的完整性，增加了病原体膜的通透性，并诱导了形态变化。乳铁蛋白只有在其无铁状态下才具有抗菌作用，而铁饱和乳铁蛋白的抗菌活性有限（Eslamloo et al.，2012）。漆酶氧化细菌细胞膜中存在的蛋白质巯基，钾离子、氨基酸、肽和酶的外流可能会损伤细菌细胞膜（Yousefi et al.，2018）。

C. 益生菌

根据联合国粮食及农业组织和世界卫生组织并经国际益生菌和益生元科学协会（ISAPP）通过的规定，益生菌是指非致病性的活微生物，当存在足够数量时，可给宿主带来健康益处（Fijan，2014）。益生菌功能食品在过去几年有了很大的发展，可以认为是未来的保健食品（Ashaolu，2020）。一些研究人员认为，食用益生菌具有多种健康益处，包括调节肠道传输、使被干扰的微生物群正常化和维持肠道屏障完整性（Piqué et al., 2019；Scourboutakos et al., 2017）。不同种类的益生菌还可以提高肠上皮细胞的周转率、定殖抗性、短链脂肪酸的产生以及对病原体的竞争性排斥（Sanders et al., 2018；Hill et al., 2014）。食品中的益生菌主要是乳酸菌和双歧杆菌，但也有很多其他种类的细菌（乳球菌、肠球菌、丙酸杆菌）或酵母（酵母菌）的报道（Didari et al., 2014）。

益生菌的一个重要方面是它们能够产生高产量的细菌素，发挥生物保护剂的作用。在发酵香肠中添加囊化干酪乳杆菌，可使其具有较高的耐腐性，并显著减少假单胞菌、肠杆菌和葡萄球菌（Sidira et al., 2014）。在肉糜制品中使用包埋的益生菌可以在苛刻的加工条件或胃酸环境下提高益生菌的生存能力。

4）物理方法

A. 冷等离子体

冷等离子体（CP）是一种电离气体，在大气或低压条件下获得，其中包含正离子、负离子、电子、光子和自由基。这些活性元素的类型和浓度取决于几个因素，如气体成分、湿度水平、等离子体源特性（介质阻挡放电、电晕放电或大气等离子体射流）、放电功率和暴露时间（Misra and Jo, 2017）。

最近的一些研究集中在冷等离子体作为不同于巴氏杀菌方法的潜在应用。Varila 等（2020）描述了冷等离子体技术在延长肉制品货架期方面的应用，因为它能够灭活多种微生物，包括生物膜、真菌、孢子和一些病毒。多项研究表明，冷等离子体处理肉糜制品对金黄色葡萄球菌（Kim et al., 2014）、肠道沙门氏菌、空肠弯曲杆菌（Dirks et al., 2012）、大肠杆菌、单核增生李斯特菌（Kim et al., 2013）和鼠伤寒沙门氏菌（Jayasena et al., 2015）等病原体的灭活是有效的。

除此之外，冷等离子体处理液体可能导致亚硝酸盐的产生，这是由等离子体-水相互作用引起的（Jung et al., 2015）。Jung 等（2017）研究了冷等离子体处理对肉糊混合过程的影响。结果表明，经 30min 处理后，肉中亚硝酸盐含量逐渐升高，最高可达 65.96ppm①。

B. 低温冷藏

在低温下微生物物质代谢过程中各种生化反应减缓，因而微生物的生长繁殖就逐渐减慢。温度下降至冻结点以下时，微生物及其周围介质中水分被冻结，使细胞质黏度增大，电解质浓度增高，细胞的 pH 和胶体状态改变，使细胞变性，加之冻结的机械作用，细胞膜受损伤，这些内外环境的改变是微生物代谢活动受阻或致死的直接原因。除此之外，低温对酶也具有抑制作用，但并不起完全的抑

① 1ppm = 10^{-6}。

制作用，酶仍能保持部分活性，因而催化作用实际上也未停止，只是进行得非常缓慢而已。例如，胰蛋白酶在−30℃下仍然有微弱的反应，脂肪分解酶在−20℃下仍然能引起脂肪水解。一般在−18℃即可将酶的活性减弱到很小。因此，低温贮藏能延长肉糜制品的保存时间。

2. 抗氧化

1）抗氧化剂

脂质、蛋白质或色素氧化是导致肉糜制品质量恶化的主要原因之一，因为它会影响其颜色、味道、质地和营养价值（如必需氨基酸、必需脂肪酸和维生素的损失）。此外，氧化反应会产生一些潜在的细胞毒性和遗传毒性化合物，如过氧自由基、脂肪酸过氧化物、胆固醇氢过氧化物、丙二醛（Jiang and Xiong, 2016; Fernández-López et al., 2004）。使用抗氧化剂可以有效地减缓氧化过程的速度。在这方面，合成抗氧化剂，如丁基羟基甲苯（BHT）、丁基羟基苯甲醚（BHA）、没食子酸丙酯（PG）或叔丁基对苯二酚（TBHQ），长期以来一直用于肉类工业中控制氧化反应。在过去几年中，由于健康原因，合成抗氧化剂逐渐不被消费者接受，这迫使食品工业寻找替代品。因此，使用来自不同植物材料的天然抗氧化剂被认为是延缓或抑制脂质和蛋白质氧化的新策略（Ribeiro et al., 2019）。天然来源的抗氧化剂多种多样，蔬菜是抗氧化剂的重要来源，其存在于植物的所有部位（根、种子、叶、外壳、花或果实）。如酚类化合物（酚酸、酚二萜、黄酮类）、挥发油、类胡萝卜素、维生素（维生素 A、维生素 C 和维生素 E）和生物活性肽（Sohaib et al., 2017; Jiang and Xiong, 2016; Hathwar et al., 2012）。许多研究证明了来自草药和香料（丁香、迷迭香、牛至、肉豆蔻、鼠尾草、肉桂）、绿茶、芦荟、葡萄、黑浆果或柑橘的天然抗氧化剂具有在肉制品中发挥抗氧化作用的功效（Kausar et al., 2019）。它们除了延长保质期、提高氧化稳定性和改善感官品质外，还可以增加肉制品的功能特性和健康益处（Hathwar et al., 2012）。

2）抗氧化膳食纤维

1998 年，Saura-Calixto 提出了抗氧化膳食纤维（ADF）的概念。在肉类混合物中加入 ADF 不仅延缓了脂质氧化，而且改善了感官特性，提高了肉制品的营养价值（Madane et al., 2019）。要被视为 ADF，成分应具有相当于至少 50mg 维生素 E 的自由基清除活性；延缓脂质氧化的能力相当于至少 200mg 维生素 E；膳食纤维含量高于干物质的 50%（Das et al., 2020; Saura-Calixto, 1998）。

除了谷物、豆类和藻类外，水果和蔬菜也是抗氧化剂和膳食纤维的重要来源（Das et al., 2020）。一些果蔬的副产品（果皮、叶子、种子、茎、果渣等）符合 ADF 标准，可被视为这些生物活性成分的重要来源。研究表明，苹果渣和果皮（Skinner et al., 2018）、红葡萄渣（Rivera et al., 2019）、卷心菜粉（Malav et al.,

2015）、番石榴皮（Martínez et al.，2012）、可可豆壳（Rojo-Poveda et al.，2020）、菠萝渣（Montalvo-González et al.，2018）、咖啡壳（Benitez et al.，2019）和废咖啡渣（Zengin et al.，2020）都是膳食纤维和抗氧化剂的来源。

1.3.3　肉糜制品品质调控的发展趋势

1. 减少盐的使用

肉类行业和整个食品行业都致力于降低食品中的含盐量。世界卫生组织建议将成年人的盐剂量减少到每天 5g 以下（相当于每天 2g 钠）。高钠摄入量（盐是主要因素）与多种健康问题有关，如骨质疏松症、肾病、胃癌和高血压，这些是心脏病、心力衰竭和卒中等心脑血管疾病风险的主要因素（Kausar et al.，2019）。氯化钠在肉制品加工中具有重要的作用，无论是在感官上还是在技术上（Petit et al.，2019）。因此，肉类行业和研究人员一直在寻找盐类似物来替代盐。这些策略包括直接降低盐含量，用低钠成分完全或部分替代盐，使用风味增强剂，并将以前的方法与一些创新技术（超声波、高压处理、脉冲电场）相结合（Pinton et al.，2021）。

2. 减少硝酸盐和亚硝酸盐的使用

目前，肉类行业面临的另一个重要挑战是找到减少肉糜制品中硝酸盐和亚硝酸盐的方案（Alahakoon et al.，2015）。这一挑战非常困难，因为亚硝酸盐同时具有多种功能，如特有的颜色和风味，抗菌和抗氧化活性。可作为亚硝酸盐的替代化合物或技术必须在不改变加工肉制品特性的前提下达到消费者所期望的质量和安全改善。Correira 等（2010）和 Colla 等（2018）研究发现，某些蔬菜品种的硝酸盐含量经常高于 2500mg/kg。因此，有研究显示，可以使用富含硝酸盐的植物提取物（Choi et al.，2017；Sebranek et al.，2012）部分或全部替代肉类产品中的亚硝酸钠，如甜菜、菠菜、甜菜根、萝卜和韭菜（Ozaki et al.，2021；Kim et al.，2019）。

参 考 文 献

包建强. 2011. 食品低温保藏学. 北京：中国轻工业出版社.

鲍佳彤，杨淇越，宁云霞，等. 2021. 亲水胶体对未漂洗革胡子鲶鱼鱼糜凝胶特性的影响. 保鲜与加工，21（3）：118-124.

陈汉勇. 2013. 冷冻鱼糜新评价方法的建立及混合鱼糜品质改良的研究. 广州：华南理工大学.

董学文，张苏苏，李大宇，等. 2017. 脂肪替代物在肉制品中应用研究进展. 食品安全质量检测学报，8（6）：1961-1966.

范选娇. 2017. 结冷胶对白鲢鱼鱼糜凝胶特性及形成机理的影响. 合肥：合肥工业大学.

黄和，王娜，陈良，等. 2015. 金鲳鱼鱼糜制品加工工艺优化. 食品与机械，31（6）：193-198.

黄硕琳，唐议. 2019. 渔业管理理论与中国实践的回顾与展望. 水产学报，43（1）：211-231.

江慧，何立超，常辰曦，等. 2011. 淘汰蛋鸡胸肉风干成熟组合木瓜蛋白酶嫩化工艺优化. 食品科学，32（4）：31-36.

亢灵涛，唐正辉，胡腾，等.2015. 风味鱼制品营养品质的跟踪分析. 湖南工程学院学报（自然科学版），25（77）：62-66.

李可，赵颖颖，刘骁，等.2018. 超声波技术在肉类工业杀菌的研究与应用进展. 食品工业，39：223-227.

李诗义，诸晓旭，陈从贵，等.2015. 肉和肉制品的营养价值及致癌风险研究进展. 肉类研究，29（12）：41-47.

励建荣，项方守，朱军莉，等.2012. 模拟蟹肉复合保鲜技术研究. 中国食品学报，12（8）：110-117.

梁荣蓉.2010. 生鲜鸡肉调理制品菌群结构分析和货架期预测模型的研究. 泰安：山东农业大学.

刘勤华.2018. 我国肉类加工的现状分析. 食品安全导刊，（33）：145，147.

孟珺，郭颖，高红亮，等.2012. 不漂洗肉糜的制作工艺研究. 食品工业科技，33（258）：247-249.

孟令义，戴瑞彤.2007. 脂肪替代物及其在食品中的应用. 肉类研究，100（6）：40-43.

孟蕊，李春乔，赵海燕.2017. 我国肉制品行业食品安全问题及其社会共治的研究. 食品安全质量检测学报，8（1）：296-299.

宁云霞，鲍佳彤，杨淇越，等.2020. 革胡子鲶鱼鱼糜冻藏时间对鱼豆腐品质特性的影响. 肉类研究，34（4）：64-70.

宁云霞，杨淇越，鲍佳彤，等.2019. 原料肉种类和组成对鱼肉肠品质特性的影响. 食品科技，44（338）：117-124.

青正龙.2021. 草菇对牛肉糜品质及风味的影响及其机理探究. 喀什：喀什大学.

王成维.2014. 熟肉制品与肉类罐头生产许可类别的商榷. 肉类工业，393（1）：54-55.

王俊武，孟俊祥，张丹，等.2013. 国内外肉制品加工业的现状及发展趋势. 肉类工业，（9）：52-54.

王强，李琳，鞠兴荣，等.2022. 多尺度结构变化与食品品质功能调控研究进展. 中国食品学报，22（1）：1-11.

乌伊罕，王利平，张冰冰.2019. 2010-2016 年内蒙古自治区肉及肉制品中食源性致病菌监测. 现代预防医学，46（1）：44-47.

吴菲菲，巢玲，李化强，等.2017. 超声技术在食品工业中的应用研究进展. 食品安全质量检测学报，8（7）：2670-2677.

闫宇.2019. 基于多尺度波谱技术的冷冻鱼糜蛋白变性机理研究. 上海：上海海洋大学.

杨峰，巫朝华，范大明，等.2017. 四川泡椒对鲢鱼鱼糜凝胶风味特性的影响. 食品科学，38（16）：152-157.

姚志琴.2015. 鱼滑类预凝胶鱼糜制品的制备研究. 杭州：浙江工业大学.

叶丹.2018. 小麦麸皮对肉糜性质的影响及在肉丸中的应用研究. 成都：西华大学.

叶丹，雷激，任倩，等.2018. 麸皮肉糜制品品质改善研究. 食品科技，43（316）：161-166.

叶繁，陈康，陶美洁，等.2019. 5 种市售鳕鱼肠品质比较及风味分析. 南方水产科学，15（6）：96-105.

于红，冯月荣，王艳丽，等.2008. 冷冻鱼糜的制作及品质控制. 肉类工业，326（6）：21-24.

张宝奎，王秀珍，任洪忱，等.2011. 肉糜产业的国内现状与发展趋势. 肉类工业，358（2）：5-6.

张婷，张德权，田建文.2014. 肉及肉制品非热力保鲜技术研究进展. 食品工业，35（12）：250-253.

赵改名，郝红涛，柳艳霞，等.2010. 肉糜类制品质地的感官评定方法. 中国农业大学学报，

15（2）：100-105.

郑媛. 2018. 海带鱼丸开发及品质特性的研究. 福州：福建农林大学.

中国水产科学研究院黄海水产研究所, 福建安井食品股份有限公司, 荣成泰祥食品股份有限公司, 等. 2018. 冷冻鱼糜：GB/T 36187—2018.

中国水产科学研究院南海水产研究所, 福建安井食品股份有限公司, 福建海壹食品饮料有限公司, 等. 2018. 冷冻鱼糜加工技术规范 GB/T 36395—2018.

中国水产科学研究院南海水产研究所, 广州永兴海洋水产食品公司. 2003. 冻鱼糜制品 SC/T 3701—2003.

中华人民共和国国家卫生和计划生育委员会. 2013. 食品安全国家标准 食品生产通用卫生规范：GB 14881—2013.

朱兴江, 丁振华, 方猛, 等. 2009. 人工合成甜味剂与防腐剂的现状及发展趋势. 食品工业科技, 30（8）：340-342, 345.

Alahakoon A U, Jayasena D D, Ramachandra S, et al. 2015. Alternatives to nitrite in processed meat: up to date. Trends in Food Science & Technology, 45（1）：37-49.

Argel N S, Ranalli N, Califano A N, et al. 2020. Influence of partial pork meat replacement by pulse flour on physicochemical and sensory characteristics of low-fat burgers. Journal of the Science of Food and Agriculture, 100（10）：3932-3941.

Ashaolu T J. 2020. Immune boosting functional foods and their mechanisms: a critical evaluation of probiotics and prebiotics. Biomedicine & Pharmacotherapy, 130: 110625.

Banerjee D K, Das A K, Banerjee R, et al. 2020. Application of enoki mushroom（*Flammulina velutipes*）stem wastes as functional ingredients in goat meat nuggets. Foods, 9（4）：432.

Benitez V, Rebollo-Hernanz M, Hernanz S, et al. 2019. Coffee parchment as a new dietary fiber ingredient: functional and physiological characterization. Food Research International, 122: 105-113.

Beya M M, Netzel M E, Sultanbawa Y, et al. 2021. Plant-based phenolic molecules as natural preservatives in comminuted meats: a review. Antioxidants, 10（2）：263.

Carballo J, Mota N, Barreto G, et al. 1995. Binding properties and colour of bologna sausage made with varying fat levels, protein levels and cooking temperatures. Meat Science, 41（3）：301-313.

Choi Y S, Kim T K, Jeon K H, et al. 2017. Effects of pre-converted nitrite from red beet and ascorbic acid on quality characteristics in meat emulsions. Korean Journal for Food Science of Animal Resources, 37（2）：288-296.

Chulayo A Y, Muchenje V. 2013. Effect of pre-slaughter conditions on physico-chemical characteristics of mutton from three sheep breeds slaughtered at a smallholder rural abattoir. South African Journal of Animal Science, 43（1）：64-68.

Colla G, Kim H J, Kyriacou M C, et al. 2018. Nitrate in fruits and vegetables. Scientia Horticulturae, 237: 221-238.

Correia M, Barroso Â, Barroso M F, et al. 2010. Contribution of different vegetable types to exogenous nitrate and nitrite exposure. Food Chemistry, 120（4）：960-966.

Das A K, Nanda P K, Madane P, et al. 2020. A comprehensive review on antioxidant dietary fibre enriched meat-based functional foods. Trends in Food Science & Technology, 99: 323-336.

Didari T，Solki S，Mozaffari S，et al. 2014. A systematic review of the safety of probiotics. Expert Opinion on Drug Safety，13（2）：227-239.

Dirks B P，Dobrynin D，Fridman G，et al. 2012. Treatment of raw poultry with nonthermal dielectric barrier discharge plasma to reduce campylobacter jejuni and salmonella enterica. Journal of Food Protection，75（1）：22-28.

Eslamloo K，Falahatkar B，Yokoyama S. 2012. Effects of dietary bovine lactoferrin on growth，physiological performance，iron metabolism and non-specific immune responses of siberian sturgeon acipenser baeri. Fish & Shellfish Immunology，32（6）：976-985.

Fernández-López J，Fernández-Ginés J M，Aleson-Carbonell L，et al. 2004. Application of functional citrus by-products to meat products. Trends in Food Science & Technology，15（3）：176-185.

Fijan S. 2014. Microorganisms with claimed probiotic properties：an overview of recent literature. International Journal of Environmental Research & Public Health，11（5）：4745-4767.

Fu X，Hayat K，Li Z，et al. 2011. Effect of microwave heating on the low-salt gel from silver carp（*Hypophthalmichthys molitrix*）surimi. Food Hydrocolloids，27（2）：301-308.

Guan W，Ren X，Li Y，et al. 2019. The beneficial effects of grape seed，sage and oregano extracts on the quality and volatile flavor component of hairtail fish balls during cold storage at 4℃. LWT-Food Science and Technology，101：25-31.

Hathwar S C，Rai A K，Modi V K，et al. 2012. Characteristics and consumer acceptance of healthier meat and meat product formulations—a review. Journal of Food Science and Technology，49（6）：653-664.

Heymich M L，Srirangan S，Pischetsrieder M. 2021. Stability and activity of the antimicrobial peptide Leg1 in solution and on meat and its optimized generation from chickpea storage protein. Foods，10（6）：1192.

Hill C，Guarner F，Reid G，et al. 2014. The international scientific association for probiotics and prebiotics consensus statement on the scope and appropriate use of the term probiotic. Nature Reviews Gastroenterology & Hepatology，11（8）：506-514.

Hygreeva D，Pandey M C. 2016. Novel approaches in improving the quality and safety aspects of processed meat products through high pressure processing technology—a review. Trends in Food Science & Technology，54：175-185.

Inguglia E S，Zhang Z，Tiwari B K，et al. 2017. Salt reduction strategies in processed meat products—a review. Trends in Food Science & Technology，59：70-78.

Jayasena D D，Kim H J，Yong H I，et al. 2015. Flexible thin-layer dielectric barrier discharge plasma treatment of pork butt and beef loin：effects on pathogen inactivation and meat-quality attributes. Food Microbiology，46：51-57.

Jia R，Katano T，Yoshimoto Y，et al. 2020. Effect of small granules in potato starch and wheat starch on quality changes of direct heated surimi gels after freezing. Food Hydrocolloids，104：105732.

Jiang J，Xiong Y L. 2016. Natural antioxidants as food and feed additives to promote health benefits and quality of meat products：a review. Meat Science，120：107-117.

Jung S，Kim H J，Park S，et al. 2015. Color developing capacity of plasma-treated water as a source of nitrite for meat curing. Korean Journal for Food Science of Animal Resources，35（5）：

703-706.

Jung S，Lee J，Lim Y，et al. 2017. Direct infusion of nitrite into meat batter by atmospheric pressure plasma treatment. Innovative Food Science & Emerging Technologies，39：113-118.

Kausar T，Hanan E，Ayob O，et al. 2019. A review on functional ingredients in red meat products. Bioinformation，15（5）：358-363.

Kim H J，Yong H I，Park S，et al. 2013. Corrigendum to "effects of dielectric barrier discharge plasma on pathogen inactivation and the physicochemical and sensory characteristics of pork loin" [Curr. Appl. Phys. 13（7）（2013）1420-1425]. Current Applied Physics，13（9）：1953.

Kim J S，Lee E J，Choi E H，et al. 2014. Inactivation of staphylococcus aureus on the beef jerky by radio-frequency atmospheric pressure plasma discharge treatment. Innovative Food Science & Emerging Technologies，22：124-130.

Kim T K，Hwang K E，Lee M A，et al. 2019. Quality characteristics of pork loin cured with green nitrite source and some organic acids. Meat Science，152：141-145.

Lazzaro B P，Zasloff M，Rolff J. 2020. Antimicrobial peptides：application informed by evolution. Science，368（6490）：eaau5480.

Lee N K，Paik H D. 2016. Status，antimicrobial mechanism，and regulation of natural preservatives in livestock food systems. Korean Journal for Food Science of Animal Resources，36（4）：547-557.

Li F，Zhong Q，Kong B，et al. 2020. Deterioration in quality of quick-frozen pork patties induced by changes in protein structure and lipid and protein oxidation during frozen storage. Food Research International，133：109142.

Li F，Zhuang H，Qiao W，et al. 2016. Effect of partial substitution of NaCl by KCl on physicochemical properties，biogenic amines and N-nitrosamines during ripening and storage of dry-cured bacon. Journal of Food Science and Technology，53（10）：3795-3805.

Lund M N，Heinonen M，Baron C P，et al. 2011. Protein oxidation in muscle foods：a review. Molecular Nutrition & Food Research，55（1）：83-95.

Luo H，Guo C，Lin L，et al. 2020. Combined use of rheology，LF-NMR，and MRI for characterizing the gel properties of hairtail surimi with potato starch. Food and Bioprocess Technology，13（4）：637-647.

Lynch M P，Faustman C，Silbart L K，et al. 2001. Detection of lipid-derived aldehydes and aldehyde：protein adducts *in vitro* and in beef. Journal of Food Science，66（8）：1093-1099.

Madane P，Das A K，Pateiro M，et al. 2019. Drumstick（*Moringa oleifera*）flower as an antioxidant dietary fibre in chicken meat nuggets. Foods，8（8）：307.

Malav O P，Sharma B D，Kumar R R，et al. 2015. Antioxidant potential and quality characteristics of functional mutton patties incorporated with cabbage powder. Nutrition & Food Science，45（4）：542-563.

Mapiye C，Aldai N，Turner T D，et al. 2012. The labile lipid fraction of meat：from perceived disease and waste to health and opportunity. Meat Science，92（3）：210-220.

Martínez R，Torres P，Meneses M A，et al. 2012. Chemical，technological and *in vitro* antioxidant properties of mango，guava，pineapple and passion fruit dietary fibre concentrate. Food

Chemistry，135（3）：1520-1526.

Misra N N，Jo C. 2017. Applications of cold plasma technology for microbiological safety in meat industry. Trends in Food Science & Technology，64：74-86.

Montalvo-González E，Aguilar-Hernández G，Hernández-Cázares A S，et al. 2018. Production，chemical，physical and technological properties of antioxidant dietary fiber from pineapple pomace and effect as ingredient in sausages. CyTA-Journal of Food，16（1）：831-839.

Nychas G J E，Skandamis P N，Tassou C C，et al. 2008. Meat spoilage during distribution. Meat Science，78（1）：77-89.

Ojha K S，Kerry J P，Alvarez C，et al. 2016. Effect of high intensity ultrasound on the fermentation profile of lactobacillus sakei in a meat model system. Ultrasonics-Sonochemistry，31：539-545.

Ozaki M M，Munekata P E S，Jacinto-Valderrama R A，et al. 2021. Beetroot and radish powders as natural nitrite source for fermented dry sausages. Meat Science，171：108275.

Pérez-Montes A，Rangel-Vargas E，Lorenzo J M，et al. 2021. Edible mushrooms as a novel trend in the development of healthier meat products. Current Opinion in Food Science，37：118-124.

Petit G，Jury V，de Lamballerie M，et al. 2019. Salt intake from processed meat products：benefits，risks and evolving practices. Comprehensive Reviews in Food Science and Food Safety，18（5）：1453-1473.

Pinton M B，Dos Santos B A，Lorenzo J M，et al. 2021. Green technologies as a strategy to reduce NaCl and phosphate in meat products：an overview. Current Opinion in Food Science，40：1-5.

Piqué N，Berlanga M，Miñana-Galbis D. 2019. Health benefits of heat-killed（tyndallized）probiotics：an overview. International Journal of Molecular Science，20（10）：2534.

Ribeiro J S，Santos M J M C，Silva L K R，et al. 2019. Natural antioxidants used in meat products：a brief review. Meat Science，148：181-188.

Richards M P，Modra A M，Li R. 2002. Role of deoxyhemoglobin in lipid oxidation of washed cod muscle mediated by trout，poultry and beef hemoglobins. Meat Science，62（2）：157-163.

Rivera K，Salas-Pérez F，Echeverría G，et al. 2019. Red wine grape pomace attenuates atherosclerosis and myocardial damage and increases survival in association with improved plasma antioxidant activity in a murine model of lethal ischemic heart disease. Nutrients，11（9）：2135.

Rojo-Poveda O，Barbosa-Pereira L，Zeppa G，et al. 2020. Cocoa bean shell—a by-product with nutritional properties and biofunctional potential. Nutrients，12（4）：1123.

Sanders M E，Merenstein D，Merrifield C A，et al. 2018. Probiotics for human use. Nutrition Bulletin，43（3）：212-225.

Saura-Calixto F. 1998. Antioxidant dietary fiber product：a new concept and a potential food ingredient. Journal of Agricultural and Food Chemistry，46（10）：4303-4306.

Scourboutakos M J，Franco-Arellano B，Murphy S A，et al. 2017. Mismatch between probiotic benefits in trials versus food products. Nutrients，9（4）：400.

Sebranek J G，Jackson-Davis A L，Myers K L，et al. 2012. Beyond celery and starter culture：advances in natural/organic curing processes in the united states. Meat Science，92（3）：267-273.

Sidira M，Galanis A，Nikolaou A，et al. 2014. Evaluation of lactobacillus casei ATCC 393 protective effect against spoilage of probiotic dry-fermented sausages. Food Control，42：315-320.

Skinner R C, Gigliotti J C, Ku K M, et al. 2018. A comprehensive analysis of the composition, health benefits, and safety of apple pomace. Nutrition Reviews, 76 (12): 893-909.

Sohaib M, Anjum F M, Sahar A, et al. 2017. Antioxidant proteins and peptides to enhance the oxidative stability of meat and meat products: a comprehensive review. International Journal of Food Properties, 20 (11): 2581-2593.

Stadtman E R. 1990. Metal ion-catalyzed oxidation of proteins: biochemical mechanism and biological consequences. Free Radical Biology and Medicine, 9 (4): 315-325.

Stefanova R, Toshkov S, Vasilev N V, et al. 2011. Effect of gamma-ray irradiation on the fatty acid profile of irradiated beef meat. Food Chemistry, 127 (2): 461-466.

Thayer D W, Boyd G. 1992. Gamma ray processing to destroy staphylococcus aureus in mechanically deboned chicken meat. Journal of Food Science, 57 (4): 848-851.

Varilla C, Marcone M, Annor G A. 2020. Potential of cold plasma technology in ensuring the safety of foods and agricultural produce: a review. Foods, 9 (10): 1435.

Viljanen K. 2005. Protein oxidation and protein-lipid interactions in different food models in the presence of berry phenolics.

Wang R, Gao R, Xiao F, et al. 2019. Effect of chicken breast on the physicochemical properties of unwashed sturgeon surimi gels. LWT, 113: 108306.

Wang Y F, Zhang Q, Bian W Y, et al. 2020. Preservation of traditional chinese pork balls supplemented with essential oil microemulsion in a phase-change material package. Journal of the Science of Food and Agriculture, 100 (5): 2288-2295.

Wasowicz E, Gramza M A, Heś M, et al. 2004. Oxidation of lipids in food. Polish Journal of Food & Nutrition Sciences, 13: 87-100.

Wong K M, Corradini M G, Autio W, et al. 2019. Sodium reduction strategies through use of meat extenders (white button mushrooms vs. textured soy) in beef patties. Food Science & Nutrition, 7 (2): 506-518.

Yildiz-Turp G, Serdaroglu M. 2008. Effect of replacing beef fat with hazelnut oil on quality characteristics of sucuk—a turkish fermented sausage. Meat Science, 78 (4): 447-454.

Yotsuyanagi S E, Contreras-Castillo C J, Haguiwara M M H, et al. 2016. Technological, sensory and microbiological impacts of sodium reduction in frankfurters. Meat Science, 115: 50-59.

Yousefi M, Farshidi M, Ehsani A. 2018. Effects of lactoperoxidase system-alginate coating on chemical, microbial, and sensory properties of chicken breast fillets during cold storage. Journal of Food Safety, 38 (3): e12449.

Yuan S, Yin J, Jiang W, et al. 2013. Enhancing antibacterial activity of surface-grafted chitosan with immobilized lysozyme on bioinspired stainless steel substrates. Colloids and Surfaces B: Biointerfaces, 106: 11-21.

Zengin G, Sinan K I, Mahomoodally M F, et al. 2020. Chemical composition, antioxidant and enzyme inhibitory properties of different extracts obtained from spent coffee ground and coffee silverskin. Foods, 9 (6): 713.

Zhao Y, Kong H, Zhang X, et al. 2019. The effect of Perilla (*Perilla frutescens*) leaf extracts on the quality of surimi fish balls. Food Science & Nutrition, 7 (6): 2083-2090.

第 2 章　肉糜制品加工及其调控

2.1　肉糜制品加工

肉糜是将生肉进行前处理清洗、采肉、斩拌、漂洗、脱水、混合之后得到糜状制品，冷冻储存；而肉糜制品是以冷冻的肉糜为原料，制得的富有弹性的凝胶类食品。肉糜制品的基本加工工艺流程：冷冻肉糜的解冻、斩拌、漂洗、成型、凝胶化、加热、灭菌、包装。

2.1.1　斩拌

斩拌操作是肉制品进行粉碎加工的过程，是获得合适的肉糜制品的一个重要环节。斩拌目的：一是提取瘦肉中的蛋白质，使其和脂肪发生乳化作用，增加持水性；二是改善肉糜制品的结构，增加其黏稠度和均匀度，提高肉糜制品的质构特性；三是破坏肌肉结缔组织薄膜，使得肌肉中蛋白质分子的肽键断裂，极性基团增多，进而提高持水能力（霍景庭，2006）。

在全部的肉蛋白中，以肌球蛋白、肌动蛋白和肌浆蛋白为主。其中肌球蛋白占较大比例，在斩拌过程中被水或盐溶液从肌肉中萃取出而形成一种黏性物质，成为乳化液的基础，在稳定肉和脂肪乳化中有着重要作用。在斩拌过程中肌原纤维、肌肉膜和肌束膜等肌肉组织被破坏，有利于后续添加食盐后肌原纤维蛋白的水解和溶胀，进而加速肌原纤维蛋白的溶出，从而提高肉糜的品质（Iwasaki et al.，2006）。在肉品加工中常用斩拌机（图 2.1）来进行斩拌，主要原理是通过斩刀的快速转动，破坏肌肉组织结

图 2.1　斩拌机

构，在过程中肌肉被粉碎，蛋白质得到提取，而脂肪和其他原料得到有效混合和乳化（Vodyanova et al.，2012）。使用斩拌机能够很好地提高肉糜制品的蒸煮得率，减少蒸煮损失和热收缩（Dolata，1997）。

在斩拌过程中，肉糜品质与斩拌速度、斩拌时间、斩拌温度息息相关。合理的斩拌时间、斩拌速度和斩拌温度是形成良好肉糜制品的重要条件。斩拌时间要能保证形成良好的乳化结构和提高乳化稳定性，一般斩拌时间为 3～10min。适当

的斩拌时间可提取出乳化脂肪所需的盐溶性肌原纤维蛋白，它们可以在脂肪球表面形成稳定的凝胶基质。若斩拌时间过短，脂肪分布不均匀，肌原纤维蛋白就不能起到良好的乳化作用，盐溶性蛋白的溶解性低，就会导致产品的凝胶特性变差；倘若斩拌时间过长，形成的脂肪球过小，使得盐溶性肌原纤维蛋白间脂肪球覆盖不足，并且肉糜温度会升高，引起部分蛋白质的变性，减少蛋白质稳定能力，进而导致质构性能变差（刘迪迪和孔保华，2009；Allais et al.，2004）。斩拌的终了温度相对于斩拌时间更为重要，这是由于温度会影响蛋白质的相关功能特性。Thomas 等（2007）通过质构分析（TPA）研究斩拌温度对产品质构的影响，结果表明 16.3～34.8℃下测得产品的硬度和咀嚼性变差，剪切力也越小。有研究人员（雅昊，2007）提出了理想斩拌终温，脂肪含量为 25%～35%时，温度为 12～16℃；脂肪含量低于 20%时，温度为 10～12℃。同时也有大量研究表明最佳的斩拌终温为 12～22℃，此时的脂肪和蛋白质的乳化效果最佳。斩拌温度过低，虽易于提取盐溶性蛋白，但却不利于蛋白质和脂肪的乳化结合，且所需能耗大，成本高；而斩拌温度过高，会使得肉糜制品的品质和微观结构发生变化，导致品质变差，因此，斩拌温度在生产制作中需严格控制。

2.1.2　漂洗

在肉糜制品的加工过程中，漂洗也是关键的一步。在生肉被斩拌搅碎处理之后便需进行漂洗处理。漂洗时将肉与漂洗液按照一定比例混合，经机械搅拌有效去除肉中的有色物质、腥味物质、脂肪、内脏碎屑、残留血液等，改善肉糜制品的品质和色泽，并防止残留的脂肪氧化变质，以提高肉糜制品的储藏性，且能改善其凝胶特性（刘军，2013）。在漂洗过程中，肉糜中的金属离子如钙离子、镁离子等会促进蛋白质变性，并减弱蛋白质分子基团的亲水能力，使得蛋白质分子聚集，会对肉糜的冷冻变性产生影响，漂洗同时也能去除这些金属离子，减少其对肉糜制品品质的影响（Campo-Deano et al.，2009；刘海梅等，2008）。目前的漂洗方式主要分为三种：清水漂洗、碱洗、盐洗。清水漂洗可以适当提高肉糜的持水力，而碱洗对产品的持水性影响较大，盐洗则对持水力的影响较小。持水性与肉糜制品的凝胶强度息息相关，肉糜的凝胶形成能力越强，水分子在其中的滞留能力越好，表现为持水性较好。

漂洗介质主要有清水、氯化钠溶液、碳酸氢钠溶液、氯化钙溶液、焦磷酸钠溶液、柠檬酸钠溶液、臭氧、氮气等。在漂洗过程中，去除水溶性蛋白的同时也会损失盐溶性蛋白；漂洗时耗水量大，易造成污染，而且在大量的水漂洗之后，也会减少肌原纤维蛋白的含量，降低得率；某些漂洗介质漂洗效果很好，但用量不宜过多，如氯化钠、多聚磷酸盐等；有些漂洗液残留可能会对人体健康产生影响，如次氯酸、过氧化氢等。因此，在选择漂洗介质时，以气体为漂洗介质，可有效减少水用量，并减少不利影响。例如，臭氧具有强氧化性，在鱼糜漂洗的应用中，有效去除鱼糜腥味、改善鱼糜色泽的同时，保证较好的鱼糜品质，减少了漂洗次数和用水量（Zhang et al.，2016）；并且，臭氧也能氧化分解水产品来源肉糜中的胺类、土腥素、2-甲基异莰醇（腥味成分）及美拉德反应产物中的吡嗪类等物质，生成无异味的产物，保持其本身鲜味（赵永强，2013）。所以，选择合适的漂洗工艺，对提高生产效益和产品品质至关重要。

2.1.3　凝胶化

蛋白凝胶的形成主要分为两步，一是在加热或外力作用下蛋白质变性，解旋展开，暴露出反应基团；二是解旋的蛋白质分子之间或分子内通过一系列化学键作用，聚集而形成凝胶。

肉糜的凝胶化过程是为了让肉糜制品展现出更好的凝胶特性。在肉糜制品成型后可采用一段式加热成胶，即在 90℃左右直接加热。另一种二段式凝胶化过程，则是第一阶段在加热前，将肉糜在较低温度下放置一段时间，一般是将成型后的肉糜在 10℃左右保持一夜或者 35～50℃的温度条件下保持 30min，此过程可增加鱼糜制品的弹性和持水性；第二阶段是在较高温度下加热，使蛋白质凝固变性，形成凝胶体，并具有杀菌作用。在第二阶段加热的方式通常有蒸、煮、焙烤、油炸等方式。在二段式凝胶化过程中，第一阶段加热可促使溶胶形成凝胶，第二阶段加热可使凝胶快速通过凝胶劣化温度带，形成有序不可逆的凝胶网络结构，所制得的鱼糜制品的凝胶特性要优于一段式加热。因此，实际生产工序中，常采用二段式方法。在凝胶化过程中，加热温度对肉糜如鱼糜的凝胶性能有重要影响。在研究肌原纤维蛋白变性展开温度中发现（Tornberg，2005），肌原纤维蛋白的变性展开温度一般在 30～32℃，之后蛋白质分子之间的交联温度一般在 36～40℃，凝胶化温度一般在 45～50℃，具体温度因肉的种类不同而略有不同。

2.1.4　灭菌

在食品工业的应用中，常用的灭菌方式主要分为两种：热杀菌和非加热杀菌。热杀菌主要是使蛋白质变性直至微生物死亡，作为传统且常用的杀菌方式，应用广泛。热杀菌方式主要有三类：一是低温杀菌，在 100℃以下，主要适用于 pH<4.5 的酸性或酸化食品，低温贮藏的肉制品常采用低温杀菌方式，低温可降低食品的损失率，保留肉制品的弹性和口感风味；二是高温杀菌法，温度在 100℃以上，主要应用于 pH>4.5 的低酸性食品；三是超高温瞬时杀菌，迅速升温至 130℃以上，几秒内就杀死微生物。有研究表明，杀菌的强度和温度对肉糜制品如罗非鱼糜的凝胶特性有较大的影响，杀菌作用过强或杀菌温度越高，则会导致凝胶强度、硬度、持水性的下降（陈斌，2012）。这可能是由于在高温条件下，蛋白质二级结构发生改变,无规则卷曲被破坏,凝胶网络结构会变得脆弱,孔隙变大,从而导致了凝胶强度、持水性等的减弱(Zhang et al.,2016)。在实际生产中,常通过添加一些外源添加物来改善肉糜制品的凝胶性能,如转谷氨酰胺酶(TG)、淀粉、膳食纤维、三聚磷酸钠等。

非热杀菌技术包括多种新兴的杀菌方式,如①脉冲强光杀菌:利用瞬间产生的高能脉冲光达到杀死微生物的效果,无化学物质残留,且对产品中的抗氧化物质具有较好的保持作用;②超高压杀菌:将制得的食品在100MPa以上压力条件下处理,高压条件使得蛋白质变性,酶失活,进而杀死微生物(沈生文,2020)。

2.1.5　包装与贮藏

在对肉糜制品灭菌后进行包装,以便于低温储藏。常用的包装方式有真空包装、气调包装、活性包装等(励建荣等,2011)。

真空包装是最传统、应用较为广泛的包装方式,将包装内的空气抽真空之后,使产品包装处于高度减压状态,内部空气稀少,低氧,进而在一定程度上抑制微生物生长繁殖,有效保存食品的色香味。例如,午餐肉类的肉糜制品包装通常为真空密封罐装,在真空罐装杀菌后室温贮藏。但真空包装不能抑制厌氧菌的生长繁殖,所以真空包装之后需冷藏或速冻,以延长肉糜制品的货架期。

气调包装保鲜技术是指使用高阻隔性能的包装材料,用一种或几种混合气体如 O_2、N_2、CO_2 等,代替食品包装袋内的空气,从而抑制细菌等导致的腐败变质,是一种新型的食品包装保鲜技术。在实际应用中,根据不同肉糜产品的微生物菌群生长特性,以及对 CO_2、O_2 等气体的敏感性、颜色稳定性等,按一定比例混合不同的气体(DeWitt and Oliveira,2016)。CO_2 是水产品肉糜制品的主要抑菌因子,一定范围内 CO_2 含量与产品中包含的 CO_2 体积成正比。研究表明,25%~100%的 CO_2 含量均可抑制微生物生长,但是需避免过高的 CO_2 含量从而使 CO_2 溶解于产品中导致包装塌陷,进而使得产品变质(Sivertsvik et al.,2002)。O_2 作为气调包装中的另一种关键气体成分,可以促进需氧菌的生长,抑制厌氧菌的繁殖。O_2 含量较高易引起蛋白质分子之间交联,降低肉品的嫩度,使得必需氨基酸含量减少并对消化吸收有一定影响(Campos et al.,2011)。而 N_2 作为一种无色无味的惰性气体,常被用作气调包装的填充气体,以减少 CO_2 或 O_2 含量不恰当而带来的品质问题。但目前在我国,气调包装技术在肉糜制品包装上的应用还处于起步阶段。

活性包装是指将去氧剂、抗菌剂、异味消除剂、水分和 CO_2 控制剂等与包装材料结合起来,利用这些成分可延缓化学反应、抑制微生物生长、酶促反应和氧化变质(Umaraw et al.,2020)。而根据对影响货架期的因素的调控方法可将活性包装技术分为吸收型、释放型、涂膜型(Yildirim et al.,2018)。吸收型活性包装主要为降低湿度、去异味、吸收 O_2 等。释放型活性包装主要有释放乙醇、CO_2、生物抗菌活性物质。乙醇作为一种理想的食品杀菌剂成分,将乙醇杀菌袋放入包装中,乙醇缓释能够抑制微生物的生长,但可能会给肉糜制品带来异味。释放 CO_2 的包装,在抑制食品氧化的同时,能抑制大量有害微生物的生长。在肉糜制品如熟制火腿包装于装有 CO_2 释放器的活性包装中,在低温下贮藏,对需氧菌和大肠杆菌有明显的抑制作用。涂膜型活性包装通常具有抗菌性质,抗菌材料能与食品表面无直接接触但可以抑制微生物生长繁殖。食品级的天然抗菌剂大多来自植物,而纳他霉素、乳酸链球菌素和其他细菌素则可以从细菌和真菌中获得。经过一系列包装的肉糜制品一般置于-18℃以下贮藏,可保存长达 12 个月。

2.2 肉糜蛋白加工特性的调控

肉糜制品是基于肉糜蛋白(主要为肌原纤维蛋白)的胶凝性能所形成的弹性凝胶体。在肉糜制品加工过程中,肉糜蛋白的种类、温度、pH 和离子强度等对蛋白质加工特性产生较大影响。在不同加工条件下,肉糜蛋白结构发生改变,会直接影响其功能特性,进而引起肉糜制品物理、化学和营养等各方面的变化。因此,在肉糜制品加工过程中,有效控制蛋白质结构性质变化,进一步改善肉糜蛋白的凝胶性能,是生产优质肉糜制品的关键。

2.2.1 肉糜蛋白的种类

不同种类肉中蛋白质的性能和蛋白质种类及含量的不同,导致不同种类肉糜的加工特性有一定的差异。有报道称,在不同种类肉的盐溶性蛋白中,鸡胸肉和腿肉肌原纤维蛋白凝胶的强度和持水性均高于其他种类的肉,鱼肉的凝胶强度和持水性最低,猪肉居中(杨龙江和南庆贤,2001)。例如,在相同的蛋白质提取条件下,鸡胸肉的凝胶强度和持水性明显高于猪背最长肌和牛背最长肌,而牛背最长肌的凝胶强度比猪背最长肌的要高(彭增起,2005)。陈昌(2011)对鸡胸肉和腿肉的研究发现,在相同的条件下,鸡胸肉肌原纤维蛋白形成的三维网状结构比腿肉肌原纤维蛋白形成的三维网状结构更致密,持水性更好。不同肌肉来源的肌球蛋白间的差异有可能来源于蛋白质一级结构的氨基酸组成和顺序以及由此引起的蛋白质性质如溶解性、表面疏水性等的差异。研究人员研究了猪不同部位肌肉肌原纤维蛋白热诱导凝胶流变学特性,发现肌肉类型对凝胶持水性的作用甚至大于 pH,可见肌肉种类对其热诱导凝胶特性的影响也很大(郭世良,2008;Westphalen et al.,2006)。

多项研究表明,无论肉的种类、蛋白质组成和介质条件如何,白肉中的肌原纤维蛋白具有更高的凝胶形成能力(倪娜,2014;Westphalen et al.,2006;Boyer et al., 1996；Egelandsdal et al., 1995）。例如，许柯等（2010）通过流变-动力学方法分析发现，腰大肌（白肌）肌球蛋白形成凝胶的强度大于半膜肌（红肌），原因是腰大肌（白肌）肌球蛋白的流动活化能高于半膜肌（红肌）。Mohan 等（2008）在研究印度马鲛鱼（Indian mackerel）白肌和红肌肌原纤维蛋白理化性质时发现，白肌（后肌）的乳化稳定性最高，而红肌的乳化活性最高，在三种白肌（前肌、背中肌和后肌）中，后肌的乳化活性最高，这可能与不同类型肌肉中肌球蛋白和肌动蛋白的含量以及其所特有的肌球蛋白重链（MHC）异构体有关。Lesiow 和 Xiong（2003）也证实了红肌蛋白形成的凝胶比白肌差，其原因是蛋白质异构体或多晶型现象。

2.2.2　温度

同其他蛋白质一样，温度是影响肌原纤维蛋白功能特性的最常见因素之一，它主要通过使肌原纤维蛋白的分子活动加强，引起肌原纤维蛋白构象的改变（张维悦，2018）。国内外关于肌原纤维蛋白热加工特性的研究较多，主要涉及热加工对肌原纤维蛋白黏度、浊度、凝胶强度等的影响方面以及对蛋白的聚集、降解等研究。Tornberg（2005）认为肌原纤维蛋白的分子展开开始于 $30 \sim 32 \, ℃$，随后在 $36 \sim 40 \, ℃$ 蛋白质开始交联，$45 \sim 50 \, ℃$ 开始形成凝胶，$53 \sim 63 \, ℃$ 凝胶变性，随后凝胶发生收缩。鲁长新（2007）研究了鲢鱼蛋白的变性温度，肌球蛋白和肌动蛋白的变性温度分别为 $41.50 \, ℃$ 和 $72.40 \, ℃$。其结果与 Thorarinsdottir 等（2002）所测定的鳕鱼蛋白变性温度（$43.5 \, ℃$ 和 $73.6 \, ℃$）类似。刘海梅等（2008）研究发现，在鲢鱼鱼糜凝胶形成过程中，采用 $40 \, ℃$ 和 $90 \, ℃$ 两段加热，鲢鱼肌球蛋白的 α 螺旋结构部分转变成 β 转角和无规卷曲结构，以无规卷曲结构为主，其中 α 螺旋和无规卷曲结构是维持鲢鱼鱼糜凝胶网络结构的主要蛋白质构象。而在张莉莉（2013）的研究中发现，随着处理温度（$100 \sim 121 \, ℃$）的升高，鱼糜凝胶中蛋白质二级结构无规卷曲被破坏，离子键减少，疏水相互作用剧烈下降，而氢键和二硫键整体呈上升的趋势。

研究显示，猪肉肌原纤维蛋白凝胶的持水性在 $70 \sim 80 \, ℃$ 之间时最高，其原因可能是在该温度范围内，肌原纤维蛋白相互作用形成的三维网状结构最好，提高了持水性（孔保华等，2011）。在 $90 \, ℃$ 时，蛋白质分子之间的相互作用加剧，凝胶的强度也增加，但温度过高引起蛋白质网络结构的收缩，存留水分子的空间变小，网状结构遭到破坏，持水性降低。研究中还发现，蛋白凝胶的硬度随温度的升高而增大，并在 $80 \, ℃$ 时达到最大值，之后随温度的增加逐渐减小，而蛋白凝胶的黏聚性则随温度的升高不断下降。这说明随着温度的增加，蛋白质变性加剧，黏聚性降低。此外，肌原纤维蛋白对热变性作用的敏感性也取决于蛋白质自身的性质和所处的环境条件，包括蛋白质浓度、pH、离子强度和种类等。例如，林伟伟（2015）的研究表明，pH 的增加导致热诱导肌原纤维蛋白聚集体更密实，且凝胶持水性随 pH 和盐离子浓度升高而增大。

2.2.3　pH

　　肉糜凝胶的形成是由于肌原纤维蛋白结构的改变引起其变性和聚集，从而产生三维凝胶基质。酸/碱处理是蛋白质结构修饰的常用技术，蛋白质的变性程度和成胶能力强烈依赖于 pH。pH 通过影响肌原纤维蛋白氨基酸侧链电荷分布，改变蛋白质分子间的相互作用，从而影响蛋白质及其热诱导凝胶的非共价键作用力和结构（倪娜等，2013）。肌原纤维蛋白的等电点约为 5.0～5.2，在低离子强度下，当 pH 接近等电点时，蛋白质会因为疏水相互作用而形成随机聚集物。因此，酸处理比中性和碱性处理更能诱导肌原纤维蛋白结构展开，使疏水基团暴露，表面疏水性显著增加。特别是当 pH 为 6.0 时，蛋白质的热诱导聚集行为表现得更加规律和明显（Du et al.，2021；Hunt et al.，2009）。研究表明，pH 与肌原纤维蛋白凝胶的持水力密切相关，提高 pH 可使肌原纤维蛋白的等电点偏离，蛋白质与水的相互作用得到加强，从而使肌原纤维蛋白凝胶的持水力增大。但当 pH 降低至等电点范围时，肌原纤维蛋白结构稳定性降低，α 螺旋结构更多地向 β 折叠转化，导致溶解度和持水性的下降，而蛋白质的溶解度、分子柔性和疏水性是决定其乳化和凝胶特性的关键因素（费英，2009）。张兴等（2017）的研究显示了肌原纤维蛋白凝胶中非共价键作用力、二级结构和微观结构与 pH 密切相关。当 pH 从 7.0 降到 5.0 时，静电斥力减小、疏水相互作用增大、分子间氢键增大，导致 α 螺旋向 β 折叠结构转变，是肌原纤维蛋白凝胶的微观结构变得无序、孔径减小的原因。另外，在对牛肉和鸡肉的肌原纤维蛋白研究中发现，在较低的 pH 变化范围内（5.0～6.5），两种肉的乳化能力均随着 pH 的增加而增大。原因可能是，当 pH 远离蛋白质的等电点时，由于溶液中静电荷和静电斥力的增加，蛋白质的溶解度增加，从而增强了蛋白质的乳化能力（闫海鹏，2013）。

2.2.4　离子强度

　　肌原纤维蛋白（MP）属于盐溶性蛋白质类，尤其是肌原纤维蛋白中的肌球蛋白，仅能溶于盐溶液中。肌原纤维蛋白凝胶是影响凝胶类肉糜制品的重要因素，而形成热诱导凝胶的必要条件是使蛋白质溶解。所以，从这一方面讲，在肉糜制品中添加一定的离子来增加肌原纤维蛋白的溶解度是十分有必要的。一般来说，高浓度（2%～3%，0.47～0.68mol/L）NaCl 能促进肌原纤维蛋白的充分溶解和优良凝胶品质的形成（Sun and Holley，2011）。肌球蛋白在低离子强度下（<0.3mol/L）会自发聚集，形成不溶性的粗纤丝，加热时蛋白质分子间发生随机聚集，不利于凝胶网络结构的形成；高离子强度下（>0.3mol/L），肌球蛋白以溶解的单体形式分散在溶液中，加热时蛋白质分子间发生有序聚集，有利于形成良好的蛋白质凝胶网络结构（Chen et al.，2017）。周茹等（2015）的研究也表明，蛋白质溶解度随着盐浓度的改变呈现变化曲线，当盐（KCl）浓度低于0.3mol/L时，肌原纤维蛋白的溶解度与盐浓度呈正相关，盐浓度越大，肌原纤维蛋白溶解度越大；当浓度高于0.8mol/L时，肌原纤维蛋白的溶解度反而会因为盐浓度的上升而降低；但当盐浓度处在这两个数值之间时，肌原纤维蛋白溶解度会围着一个常量上下起伏。此外，二价离子类型也会影响肌原纤维蛋白的溶解性。研究发现，小于5mmol/L的$CaCl_2$提高了肌原纤维蛋白的溶解度，$CaCl_2$浓度的继续增加导致肌原纤维蛋白溶解度的下降；20mmol/L以内的$MgCl_2$可改善肌原纤维蛋白的溶解度，进一步增加$MgCl_2$浓度对肌原纤维蛋白的溶解度没有影响。$CaCl_2$和$MgCl_2$引起的肌原纤维蛋白溶解度的差异可能与镁离子和钙离子半径的不同有关（王昱，2020）。

肌原纤维蛋白的凝胶特性因离子强度的不同而表现出较大差异。高离子强度下，可形成聚集型三维凝胶网络，而低离子强度下，形成的是链式凝胶网络（Fu et al.，2017；Hayakawa et al.，2012）。有研究表明，链状结构的凝胶比网状结构具有更高的凝胶强度（Iwasaki et al.，2005）。而在Zhao和Feng的研究中则显示出与低离子强度下的肌原纤维蛋白凝胶相比，高离子强度下的凝胶质量更好（Zhao et al.，2020；Feng et al.，2018）。造成此差异的原因可能是在凝胶形成过程中，肌球蛋白单体和肌球蛋白丝在某些介质中共存，处理条件的变化导致共存比例不同，从而决定了凝胶品质的变化（Fu et al.，2017）。肌原纤维蛋白的凝胶强度随着离子强度的升高会增大、持水性增强。徐幸莲等（2004）研究显示，当pH 6.0、NaCl离子强度为0.2~1.0mol/L时，随着离子强度的升高，凝胶的硬度和持水性均显著增加。研究证明添加适量$CaCl_2$可以提高低值肉糜的凝胶特性，而过量$CaCl_2$则会导致蛋白凝胶强度及持水性的下降。主要原因有两方面：一方面，低浓度的$CaCl_2$可以促进肌肉蛋白发生适度聚集，蛋白基质呈现小孔结构，有利于水的保存，并且在低离子强度下，肌肉蛋白的负电荷较多，促进肌肉蛋白凝胶吸水；另一方面，过高离子强度下，肌动球蛋白过度聚集，从而阻止了蛋白凝胶化，降低了凝胶强度和持水性（Pan et al.，2017）。

2.3 转谷氨酰胺酶交联技术

2.3.1 转谷氨酰胺酶的来源与性质

转谷氨酰胺酶（transglutaminase，TGase），全名为蛋白质-谷氨酰胺-γ-谷氨酰胺基转移酶，是一种可催化转酰胺基反应的酶，对改善蛋白质的功能性质、风味及货架期有独特的影响（Kuraishi et al., 2001）。TGase 在自然界中广泛分布，可分为动物源、植物源、微生物源，不同来源的 TGase 的分子量、氨基酸序列、结构等均不一样，差异大。

1. 动物源

动物来源的 TGase 是一种 Ca^{2+} 依赖酶，能催化多种酰基转移反应，分布在哺乳动物的血液、毛囊、肠、肝脏等各种组织器官，可分为组织型、膜结合型、血浆转谷氨酰胺酶三种类型（Folk et al., 1980）。动物源 TGase 的催化活性位点包括 Cys272、His332 和 Asp355（图 2.2），其中催化 Cys 残基，其位于一个 Tyr 残基和另一个 Cys 残基之间，催化活性会被其组成的氢键抑制，因此需要底物中存在 Ca^{2+}，使 Try 残基从催化位点被释放，来显示其催化活性（Noguchi et al., 2001）。

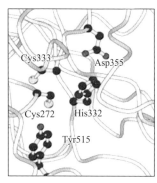

图 2.2　动物源转谷氨酰胺酶活性位点立体图

豚鼠肝脏提取的 TGase 是动物源的代表，学者对其研究最为深入。其分子量为 80000，底物特异性强，最适 pH 为 6，但热稳定差，在 50～55℃范围内保温 10min，酶活力只剩 40%。从 1960 年开始，该酶就实现了商业化生产，但是由于提取工艺复杂，来源稀少，价格非常昂贵。直到 20 世纪 90 年代，从动物血液中提取的 TGase 也实现了商业化生产，但其需要凝血酶激活，而且会产生色素沉积，影响产品外观，不能应用到食品工业。

2. 植物源

相比于动物源 TGase，植物源 TGase 研究较少。1987 年，Icekson 和 Apelbaum 第一次在豌豆种子中发现 TGase。之后在马铃薯、菊芋、大豆等植物中也发现了 TGase。植物源 TGase 能够催化蛋白质交联，也能催化蛋白质与多胺结合，参与细胞骨架重组，影响细胞分裂和生长，并能稳定蛋白质结构，影响叶绿体光化学反应性能。植物源 TGase 与动物源 TGase 具有相同的免疫原性，最适 pH 为 7.5～8.5，但对 Ca^{2+} 的依赖有所不同，低浓度对酶活力有促进作用，高浓度有抑制作用。但因为来源少、得率低、分离纯化过程复杂等，一直没有广泛应用。

3. 微生物源

微生物源的转谷氨酰胺酶（microbial transglutaminase，MTGase）主要包括链霉菌属和芽孢杆菌属。Ando 等（1989）采用微生物发酵法首次成功提纯出活性高、不依赖 Ca²⁺ 的 MTGase，之后学者们在其他微生物中都发现了转谷氨酰胺酶的存在。MTGase 分子质量相对较小，大多是 40000Da 左右，如茂原链轮丝菌谷氨酰胺酶由 331 个氨基酸组成，分子质量为 37900Da，显著低于动物转谷氨酰胺酶的分子质量（Kanaji et al.，1993）。MTGase 的一级结构是包含 331 个氨基酸残基的多肽链。进一步研究表明（Strop，2014；Kashiwagi et al.，2002），其二级结构由 11 个 α 螺旋和 8 个 β 折叠组成，主要分布在多肽的 N 端与 C 端，氨基末端是由一条含 18 个氨基酸残基的肽链组成。活性位点位于由两个突出螺旋形成的裂缝底部，由 Cys64-His274-Asp255 这三个氨基酸组成三联体结构，这样位点位置使 Cys64 会充分暴露在溶剂中，不需要 Ca²⁺ 就能进行催化反应（图 2.3）。Asp255 残基位于 Cys64 附近，当利用突变手段用 Ala 取代 Asp255，则酶的催化活性下降很多，说明 Asp255 残基在酶催化反应中起着重要作用，推测 Asp255 主要是使活性位点的半胱氨酸硫醇去质子化，这也是大部分半胱氨酸蛋白酶催化反应的第一步。同样地，His274 被 Ala 取代，保留了 50% 的天然酶活性，这表明 His274 在酶反应中不是绝对必需的，推测主要是 Asp255 和 His274 可以形成氢键，这个氢键会降低 Asp255 的亲核性，因此对维持酶活性中心的良好构象起作用（Shleikin and Danilov，2011）。正由于 MTGase 在结构上具有上述这些特点，MTGase 具有独特优势的催化特性。

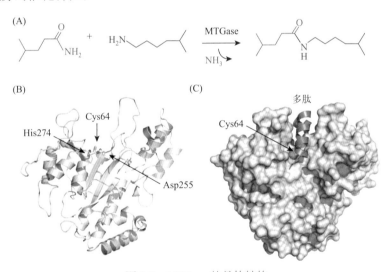

图 2.3　MTGase 的晶体结构

不同菌株来源的 MTGase 都有不依赖 Ca²⁺、分子质量小、稳定性好、催化活性强等特点。但它们在等电点、最适 pH 及最适反应温度等方面仍存在差异（表 2.1）。此外，MTGase 是一种胞外酶，提取工艺容易，易于培养，发酵成本低，生产周期短，不受环境因素制约。这些优点在食品生产中非常有利，因此 MTGase

实现了大规模生产，降低了生产成本，在食品工业中的应用研究迅速发展起来，广泛应用于肉制品、鱼糜制品、海鲜等。

表 2.1　不同菌株来源 MTGase 的理化性质

来源	分子质量/kDa	等电点	最适 pH	pH 稳定范围	最适反应温度/℃
茂原链轮丝菌 S-8112	37.9	8.9	6.0～7.0	5.0～9.0	55
链轮丝霉菌	39.0		5.5	5.0～7.0	40
吸水链霉菌 WSH03-13	38.0		6.0～7.0	4.5～9.0	37～45
芽孢杆菌	45.0	6.3	7.0	6.0～8.5	47
枯草芽孢杆菌 AJ1307	29.0		8.2	7.0～8.5	60

2.3.2　转谷氨酰胺酶交联原理

转谷氨酰胺酶可以催化蛋白质发生反应，导致蛋白质分子间或分子内发生交联，由于酰基受体不同，可以催化三种类型的反应（图 2.4）。

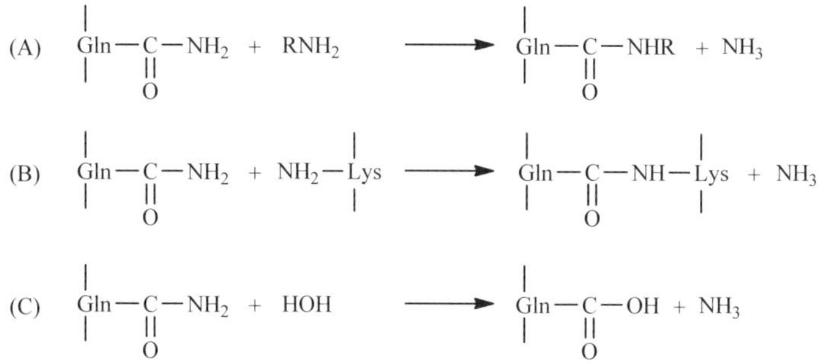

$$(A)\quad Gln\!-\!C\!-\!NH_2 + RNH_2 \longrightarrow Gln\!-\!C\!-\!NHR + NH_3$$

$$(B)\quad Gln\!-\!C\!-\!NH_2 + NH_2\!-\!Lys \longrightarrow Gln\!-\!C\!-\!NH\!-\!Lys + NH_3$$

$$(C)\quad Gln\!-\!C\!-\!NH_2 + HOH \longrightarrow Gln\!-\!C\!-\!OH + NH_3$$

图 2.4　TGase 的催化机理：（A）转酰基反应；（B）交联反应；（C）脱酰胺作用

（1）蛋白质和肽链中谷氨酰基的 γ-羧酰氨基（酰基供体）和伯氨基（酰基受体）之间发生反应，这就是转酰基反应（Kuraishi et al.，2001）。该反应能够把赖氨酸等限制性氨基酸引入蛋白质来提高额外营养价值，弥补了加工过程中流失或损坏的必需氨基酸。

（2）当赖氨酸残基的 ε-氨基作为酰基受体时，谷氨酰胺与其发生交联反应，能够形成蛋白质分子内和分子间的 γ-谷氨酰基-ε-赖氨酸共价键，形成稳定的蛋白网状结构（Luisa et al.，2015）。该反应对蛋白质来说是极其重要的，能够影响蛋白质的起泡性、溶解性等许多物理性质。通过此反应将异源蛋白质利用 TGase 结合成大分子，开发出新蛋白食品。关于两个大分子蛋白怎么形成交联键的机制还不明确，但是两种蛋白质之间通过转谷氨酰胺酶的异源交联取决于酶活性位点底物蛋白的热力学相容性是否相同，即只有相同的热力学相容性更容易发生交联（Han and Damodaran，1996）。

（3）当没有伯胺、赖氨酸残基时，水就成为酰基受体，谷氨酰胺残基就发生水解反应，生成谷氨酸，该反应能够改变蛋白质的等电点和溶解度，而这些改变同样会影响到蛋白质的界面性质。目前有一种假说，在食品加工中使用微生物转谷氨酰胺酶的量增加可能促进体外乳糜泻发病机制，在食品加工过程中越来越多地使用 MTGase，可能促进了体外乳糜泻发病机制的形成，这也可能解释了乳糜泻发病率激增的原因。但这只是一种假设（Lerner and Matthias，2015）。事实上脱酰胺作用会比酰基转移反应和交联反应慢很多。

2.3.3　异源蛋白分子交联互作

TGase 几乎能够催化任何单底物蛋白聚合，但由于蛋白质种类和其他方面的原因，转谷氨酰胺酶对每种蛋白质催化交联都是不同的，因此对不同蛋白质混合交联的方式亟待研究。一般来说，转谷氨酰胺酶催化蛋白质底物分为四种：①Gln-Lys 型，同时含有催化反应需要的 Glu 和 Lys 残基；②Gln-型，只有 Gln 残基适用催化反应；③Lys-型，只有 Lys 残基适用催化反应；④非活性型，没有 Gln 或 Lys 残基适用催化反应。根据此分类，所有 Gln-Lys 型蛋白质底物或者 Gln-型和 Lys-型的蛋白质混合物都可以形成交联聚合物。但事实并非如此，不同的蛋白质之间能否形成异源聚合物还涉及蛋白质底物的热力学相容性，热力学相容性不同，蛋白质在酶活性部位不能相叠，则不能反应（de Jong et al.，2001）。一些学者的研究证明了这个观点（石天臣等，2018；唐传核等，2003a，2003b，2003c），探讨了 TGase 催化不同蛋白质（酪蛋白酸钠、乳清蛋白、大豆球蛋白等）之间发生交联的影响因素（表 2.2），表明了表面疏水性差异较大的异源蛋白质确定不能发生交联，如酪蛋白酸钠与 β-乳球蛋白和大豆球蛋白，因为它们的催化活性位点和速率不一样。另外，像牛血清白蛋白与大豆球蛋白的空间构象位阻大也不可能发生交联，而蛋白质的乙酰化作用可以适当改变它们的空间结构和表面疏水性，可以促进异源蛋白质之间的交联反应，例如，大豆球蛋白经过乙酰化处理后可以与酪蛋白酸钠发生交联，乙酰化 11S 球蛋白和 α-乳清蛋白也能交联聚合。因此 TGase 有可能交联异源蛋白质满足以下几点：①蛋白空间结构位阻小；②相似的表面疏水性；③一些技术手段改变了蛋白质的表面疏水性或空间结构，可能会促进异源蛋白质的交联。He 等（2021）阐明 MTGase 如何影响水稻谷蛋白-酪蛋白混合蛋白的结构、流变性，与未添加 MTGase 的样品相比，添加 MTGase 影响交联蛋白的微观结构，导致 α 螺旋的消失和 β 折叠结构的减少，并且不会促进游离巯基（—SH）转化为二硫键（S—S）。

表 2.2　蛋白质之间相互形成杂源聚合物的可能性

蛋白质	底物类型	交联					
		SC	suSC	LG	GN	suGN	BSA
酪蛋白酸钠（SC）	Gln-Lys	+	+	−	−	（+）	（+）
乙酰酪蛋白酸钠（suSC）	Gln	+	−	−	（+）	−	−
β-乳球蛋白（LG）	Gln-Lys	−	−	+	（+）	没做	（+）
大豆球蛋白（GN）	Gln-Lys	−	（+）	（+）	+	+	−
乙酰大豆球蛋白（suGN）	Gln	（+）	−	没做	+	+	
牛血清白蛋白（BSA）	Gln-Lys	（+）	−	（+）	−	−	+

注："+"为发生交联；"−"为不可能交联；"（+）"有可能交联。

　　TGase 在肉类工业中通常用于发生交联反应，这是因为肌肉蛋白中包含许多的赖氨酸作为酰基受体，尤其肌球蛋白是 TGase 催化蛋白交联的良好底物，其结构会发生变化，降低了 α 螺旋结构的百分比，增加了 β 折叠，有助于生成大分子聚集体（Li and Xiong，2015）。TGase 对不同来源的肉类蛋白的作用是不同的，只对肌球蛋白产生作用，对肌动蛋白没有太明显作用，其在肉类产品中主要是改变其机械性能，减少烹饪损失和作为黏结剂，调整了肉类的组织结构，使重组后的产品具有良好的质地（Strop，2014；Ahmhed et al.，2009）。吴妙鸿等（2015）通过 TGase 交联鸡肉蛋白与芸豆蛋白，利用单因素和响应面试验筛选、优化出新型鸡肉丸的工艺条件。当 TGase 添加量 0.24%，交联时间 65.62min，交联温度 43.63℃，芸豆蛋白添加量 1.5%，鸡肉丸硬度最好，达到了 681.062g，说明了新型鸡肉丸的品质得到显著改善。同样地，何庆燕等（2018）以鸡肉蛋白、芸豆蛋白为原料，研究 TGase 对其的交联作用，采用十二烷基硫酸钠-聚丙烯酰胺凝胶电泳（SDS-PAGE）和浊度法研究其交联情况与程度，表明 TGase 不仅促进蛋白自身共价交联，也会发生异源蛋白之间的交联，显著改善了蛋白质的凝胶性能和乳化性能，提高了鸡肉制品品质。贺江航等（2012）采用 TGase、黑鲨鱼肌原纤维蛋白（MPI）和大豆分离蛋白（SPI）发生共价交联，探讨其对蛋白质凝胶持水性、乳化性等重要功能性质的影响，表明经过 TGase 处理，MPI 和 SPI 这两种蛋白共同形成的凝胶具有较高的持水性，改善了凝胶质构。王玲娣（2012）研究 TGase 对鲢鱼肌原纤维蛋白和大豆蛋白复合蛋白相互作用的影响，研究表明，混合蛋白未添加 TGase 时，交联程度较浅，此时表现为弱凝胶；添加 TGase 后，SDS-PAGE 电泳条带变浅或消失，大多数小分子条带也消失，说明发生了较强的交联作用，产生了聚合物，形成弹性凝胶。王志江等（2019）研究组织化植物蛋白、南极磷虾肉糜在 TGase 作用下的共价交联反应，当组织化植物蛋白为 4%、

TGase 为 0.5% 时，制得的虾肉糜具有更高的凝胶强度，白里透红，提高了南极磷虾产业价值。同样地，鲢鱼-鳕鱼复合鱼糜凝胶在 16% 马铃薯淀粉、0.4%TGase、6.0% 蛋清蛋白的外援物添加量时，其凝胶强度最大，质构特性参数优于未添加外源物组（张一鸣等，2021）。总的来说，为满足人们提高食品营养品质的要求，采用 TGase 催化多底物蛋白是食品工业发展的一个趋势。

2.3.4　异源蛋白互作调控技术

蛋白质经过物理预处理或 TGase 交联后，其功能性质会发生变化，越来越多研究者将异源蛋白交联调控的研究重点聚集在物理预处理和 TGase 的复配使用。

1. 微波

微波是一种高效快速的加热技术，广泛应用于蛋白质功能特性的改善。微波和 TGase 的协同作用主要有以下三种方式：①食品采用微波预处理再通过 TGase 改性；②先对 TGase 进行微波辐射，再利用改性后的 TGase 对食品进行催化；③微波辐射与 TGase 同时进行。Qin 等（2016）阐明微波预处理对大豆分离蛋白（SPI）和小麦面筋（WG）混合蛋白与 TGase 交联的凝胶特性的影响，经过微波预处理后，TGase 诱导的 SPI/WG 的凝胶强度、持水力和凝胶储能模量（G'）值得到改善，并且具有更致密和更均匀的微观结构，因此，微波预处理的作用有助于提高 TGase 诱导的 SPI/WG 凝胶的凝胶特性。学者通过微波和 TGase 的复合作用对乳蛋白进行改性，跟单独使用 TGase 相比，聚合时间缩短，可能是因为微波处理提高了 TGase 的酶活，促进了 TGase 的交联作用（Icekson and Apelbaum，1987）。因此，微波复合 TGase 处理具有操作简便、低能耗、时间短等优点。

2. 超高压

超高压是一种非加热技术，可以改变蛋白质的构象，导致蛋白质变性，相对于热处理有其独特优点，在食品工业中引起了人们广泛的兴趣。特别是，据推测，超高压介导的蛋白质变性让 TGase 更好地诱导 Gln 和 Lys 残基，从而加速蛋白质交联反应（Zhang et al.，2015）。TGase 结合超高压技术使用时，相比单独使用，鱼糜的凝胶性能更好，产生协同效应。Qin 等（2017）研究表明 100~400MPa 超高压预处理 10min 可诱导 SPI/WG 的展开和聚集，使 TGase 交联的 SPI/WG 凝胶具有更高的存储模量、凝胶强度和持水力。因此，超高压处理能够被认为是在食品蛋白胶凝工业中扩大 SPI/WG 凝胶利用的一种新技术。

3. 超声波

近年来，超声波因其低成本、低污染和不会对原材料造成热损伤的特点在食品工业中应用广泛（Taha et al.，2020）。超声波是一种频率高于 20000Hz 的声波，大于人类的听觉阈值，可分为低频和高频，高频超声波常用于食品的非破坏性检测，低频超声波则是以物理或化学方法应用于食品中（Chen et al.，2020）。许多研究（Zheng et al.，2018；Li et al.，2015）表明，超声波能够增强化学反应，引起蛋白质的交联，对蛋白质进行改性。Qin 等（2016）用 40kHz、300W 的高强度超声波对 TGase 诱导的 SPI 和 WG 混合蛋白进行处理，结果表明，超声波处理减小了蛋白质分子的粒径，将巯基基团和疏水残基从蛋白质分子内部暴露到外部，促进了随后的转谷氨酰胺酶交联反应，提高了 SPI/WG 凝胶强度、持水力和储能模量。同样地，采用不同超声功率和 TGase 复合制备大豆蛋白和乳清蛋白混合物，相比单一蛋白凝胶，大豆-乳清混合蛋白的凝胶硬度最高，达到 998.9g，持水力最高可达 87%，蛋白之间产生交叠作用，缩短分子之间的距离，使得凝胶网络结构更加致密规则（Cui et al.，2019）。尹艺霖（2019）研究发现，超声波处理、添加 TGase 处理、超声波复合 TGase 处理对鲢鱼肌原纤维蛋白及其凝胶性质都具有一定改善作用，但超声波复合 TGase 处理效果最佳。食品先通过超声波处理，再经 TGase 改性，能够最大限度改善食品的理化性质，具有非常大的应用前景。

4. 热处理

热处理在食品加工中是不可或缺的操作单元，是控制蛋白质变性的一种手段，进而影响蛋白质的功能性质。蛋白质经过热处理会影响球状结构，暴露之前埋藏的疏水基团。展开的多肽链中官能团通过分子间相互作用，导致聚集，形成复杂的网络。汪亚强（2016）研究不同时间的热处理对 TGase 催化大豆和小麦混合蛋白凝胶特性的影响，经过预热处理，混合蛋白的凝胶强度增强，蛋白质趋向于通过交联发生聚集，形成紧密而有序的网状结构。学者将从鲢鱼和鲱鱼分别提取的可溶性蛋白混合在一起，制备混合蛋白，研究了 TGase 和不同温度条件对混合蛋白的凝胶性能的影响，少量的 TGase 可显著改善凝胶的质地性能和持水力，温度条件对混合蛋白凝胶特性影响不一样，30℃和 35℃提高了凝胶的机械强度，但 40℃诱导蛋白质水解，导致凝胶弱化，因此优化温度条件对改善以混合蛋白为基础的凝胶结构有很大作用（Abdollahi et al.，2019）。Zhang 等（2020）研究预加热 SPI 和 TGase 协同作用对鸡蛋蛋白-SPI 复合凝胶的影响，与无处理、各自预热处理、添加 TGase 的样品相比，复合处理提高了凝胶的硬度，其力学性能和持水性均得到改善。因此预加热 SPI 与 TGase 处理相结合是改善鸡蛋蛋白-SPI 复合凝胶成胶性能的可靠方法。

5. 离子强度

在不同的盐浓度下，蛋白质的结构也会发生变化，直接影响其胶凝性能。非肉类蛋白质广泛用于肉类加工，最终产品受盐分的影响很大。在 NaCl 或无 NaCl 条件下，大豆分离蛋白和蛋清（EW）对鸡肌原纤维蛋白（MP）凝胶品质的影响不一样，当不含 NaCl 时，非肉类蛋白质改善了 MP 凝胶质量，但添加 NaCl 会暴露更多的巯基，特别在 0.3mol/L NaCl 时更为明显，显著提高了 MP 凝胶的质量，包括凝胶硬度的提高和蒸煮损失的减少（Lv et al., 2021）。

2.4　肉糜制品凝胶强度的形成

肉糜类制品在加工过程中，肌肉蛋白的功能特性是决定肉糜制品凝胶形成的关键因素。肉糜通过加热，肌肉蛋白会发生变性，聚集在一起形成凝胶网络结构，其决定了肉糜制品的质构、黏着力及持水性等功能特性，从而直接影响鱼糜制品的感官性质。本节介绍了肉糜制品凝胶强度的形成，为进一步了解肉制品凝胶加工特性提供一定的理论指导作用。

2.4.1　肉糜蛋白凝胶特性简介

肉糜肌肉组织内的蛋白质通常可以分为三类：盐溶性的肌原纤维蛋白（11.5%）、水溶性的肌浆蛋白（5.5%）及不溶性的基质蛋白（2.0%）（潘腾，2017）。

肌原纤维蛋白是肉糜肌肉中一类重要的结构蛋白质群，约占总蛋白成分含量60%～70%，是肉糜凝胶形成的关键蛋白。肌原纤维蛋白除了参与肌肉的收缩、影响肌肉的嫩度外，在经过热诱导后能形成具有弹性的凝胶体，对肉制品品质和功能特性有非常重要的影响。肌原纤维蛋白由肌球蛋白、肌动球蛋白、肌动蛋白以及调节蛋白的原肌球蛋白、肌钙蛋白等组成（孙静文，2016），如图 2.5 所示。已有研究通过对肌肉中蛋白质凝胶特性进行对比发现，肌原纤维蛋白（主要是肌

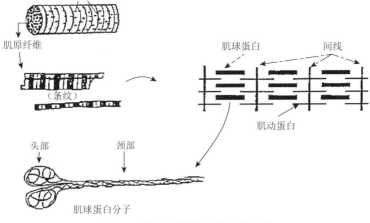

图 2.5　肌原纤维蛋白组成示意图

球蛋白）拥有良好的凝胶能力，特别是在肉制品加工中，肌球蛋白的热诱导凝胶特性对肉制品水分的保持、质构的提高及风味的保留等具有重要影响，在肉制品品质特性方面贡献最大（潘腾，2017）。

肌球蛋白约占到肌原纤维蛋白的 55%～60%，肌原纤维蛋白的粗丝由肌球蛋白构成，约 300 个肌球蛋白分子组成一根粗丝。如图 2.6 所示，肌球蛋白整体形状如豆芽状，是分子质量约为 480kDa 的纤维状蛋白，分子长为 160nm，宽约为2nm，等电点 pI 为 5.3。每个肌球蛋白分子由两条分子质量为 220kDa 肌球蛋白重链（MHC）和两对分子质量为 17～20kDa 的肌球蛋白轻链（MLC）组成（Lowey and Risby，1971），两条重链组合成一对球状头部和长杆状的尾部，螺旋形的杆状尾部由两条重链的另一部分相互缠绕形成，相对具有亲水性，也因此肌球蛋白同时具有纤维蛋白和球蛋白的功能特性。其中，轻链 LC-2 能被巯基特异反应剂5,5′-二硫代双-2-硝基苯甲酸（DTNB）从肌球蛋白上选择性地解离，因此又称为DTNB 链。轻链 LC-1 和轻链 LC-3 因能在碱性条件下（pH＞8.0）从肌肉蛋白中解离，又称为碱性轻链（于楠楠，2017）。因此，肌球蛋白含有多个结构域，具有结构独特性，其凝胶性质不同于其他纤维状蛋白。

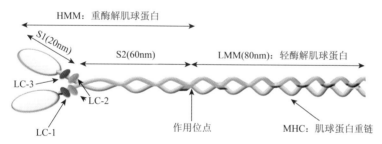

图 2.6　肌球蛋白分子结构示意图（于楠楠，2017）

在胰蛋白酶的作用下，肌球蛋白可以被水解为重酶解肌球蛋白（heavy meromyosin，HMM）和轻酶解肌球蛋白（light meromyosin，LMM）。HMM 又可被木瓜蛋白酶进一步分解为 S1 区和 S2 区（Nishita et al.，1994）。HMM 是由 N端双头球状区（头部）和 C 端的棒状区（尾部）组成。棒状尾长约为 150nm，直径为 2nm，并分为两个主要区域：①N 端，称为重酶解肌球蛋白亚片段 2（heavy meromyosin-S2，HMM-S2），连接头部和 LMM；②C 端，占尾部的三分之二，即为轻酶解肌球蛋白，一般认为，HMM-S2 是连接肌球蛋白头部的活性部位，而LMM 赋予了肌球蛋白分子形成粗丝骨架的溶解性和聚集性（叶贝贝，2019）。每个肌球蛋白分子头部含有一个三磷酸腺苷（ATP）结合位点和一个肌动蛋白结合位点，在每个球状的头部，两条小的轻链以非共价键连接，但是这些轻链在肌肉蛋白质的凝胶化中不起重要作用（叶贝贝，2019）。肌球蛋白分子大约由 4500 个氨基酸残基组成，螺旋杆部含有较多的带电氨基酸残基，而 S1 区则含有较多的疏水性氨基酸。每个肌球蛋白分子大约含有 40 个半胱氨酸，头部约分布 27 个巯基，剩下的 13 个分布在尾部，头部和尾部都不含二硫键（于楠楠，2017）。头部蛋白结构主要含有 60% α 螺旋与 15% β 折叠，尾部 90%以上是由 α 螺旋组成的卷曲结构，而与凝胶相关的部位主要分布在球状头部。肌球蛋白在肉糜热凝胶过程中发挥着主要作用，是形成凝胶三维网络结构的关键，而肌动蛋白占到肌原纤维蛋白 15%～30%，肌动蛋白在加热的时候不能单独形成凝胶，但影响肌球蛋白的凝胶特性，在肉糜中肌球蛋白和肌动蛋白多以肌动球蛋白复合体形式存在，肌动蛋白分子量为 43kDa，多为球蛋白，其自身可形成凝胶，但其凝胶强度较低。

水溶性的肌浆蛋白，其三级结构呈球状，分子量一般在 100kDa 以下，主要包括组织蛋白酶 B（23～29kDa）、组织蛋白酶 L（28～30kDa）、丝氨酸蛋白酶（碱性蛋白酶）等（孙静文，2016）。肌浆蛋白一般难以形成凝胶，并且会对肌球蛋白凝胶产生拮抗作用，不利于肉糜凝胶过程，但有研究表明一定浓度的肌浆蛋白有利于肌原纤维蛋白凝胶化（Kim et al.，2005）。

基质蛋白又称结缔组织蛋白，主要为胶原蛋白，基质蛋白在一定条件下拥有凝胶能力，但其含量较低，在肉制品特性形成方面贡献很小，因此可以忽略基质蛋白的不利影响。

2.4.2 肉糜凝胶形成过程

肉糜凝胶的形成主要经历了凝胶化、凝胶劣化、凝胶三个过程（Lanier，1986）。肉糜中加入一定量的食盐（2%～3%）进行擂溃或斩拌后，肌原纤维肌丝中的肌动蛋白和肌球蛋白在食盐的作用下溶解，吸收大量的水分，形成黏稠且具有可塑性的溶胶状态。在 50℃前，肉糜溶胶中的肌原纤维蛋白形成较松散的网状结构，截留大量水分，此时肉糜由溶胶状态向初始的凝胶状态转变，形成一个富有弹性的凝胶体，此为凝胶化过程。而在 50～70℃温度域中，该凝胶体会发生劣化、崩溃现象，凝胶性能变差，此为凝胶劣化过程。凝胶劣化有多种假说，其中一种普遍的解释，认为凝胶劣化主要和肉糜含有的内源性组织蛋白酶密切相关，内源性组织蛋白酶类活性在 60℃时较高，可将肌球蛋白水解，破坏由肌动球蛋白分子之间形成的网状结构，疏水基团暴露，导致凝胶网状结构破裂。鱼糜的凝胶劣化降低产品的凝胶强度（An et al.，1996）。凝胶劣化会使肉糜制品的品质下降，所以在肉糜制品的实际生产中，通常采取两端加热法使肉糜制品快速通过凝胶劣化温度带。随温度进一步升高，肉糜凝胶转变为有序的非透明状态，形成稳定的不可逆的三维网状结构，肉糜的凝胶强度也显著增加，此过程形成凝胶。

2.4.3 肉糜凝胶形成机理

国内外许多学者对肉糜凝胶形成机理进行了研究，相关研究已验证了凝胶三维网状结构的形成主要与肌原纤维蛋白热诱导密切相关，其中肌球蛋白是诱导凝胶形成的关键性成分（Ogawa et al.，1995；Wu et al.，1985）。关于肌原纤维蛋白形成凝胶的过程，我国学者有两种观点，一种是盐溶性的肌球蛋白、肌动蛋白被溶出，重合成肌动球蛋白而互相缠绕，通过加热形成高度有序的三维网络结构，游离水被封闭于网络结构中，从而形成有弹性的鱼糜。另一种观点是：肉糜游离的肌球蛋白和肌动球蛋白呈分离状态，加热到 43℃，游离的肌球蛋白间发生凝集反应，在 55℃左右时，游离肌球蛋白分子尾部与肌动球蛋白中肌球蛋白分子尾部间形成架桥，60～70℃时，网络结构形成，即完成凝胶化（高建峰，1994；王靖国，1993）。而国外学者的认识与此并不完全相同，早在 20 世纪 40 年代末，国外学者 Ferry（1948）提出了经典的 Ferry 凝胶理论，他认为凝胶形成经历原生态蛋白质受热变性伸展和展开蛋白质相互凝结形成较大分子凝胶两个过程，即天然蛋白质到变性蛋白质（长链）再到聚集的蛋白质（连接的网络）的过程，并指出肌球蛋白疏水基团是影响蛋白质聚集的主要因素。Ferry 认为，由于蛋白质分子的解旋和展开，疏水基团等反应基团暴露，促进了蛋白质与蛋白质间的相互作用，引起蛋白质发生聚集。

肌原纤维蛋白的热胶凝能力主要表现为三个过程：①盐存在下，收缩蛋白质结构的解离；②加热引起的蛋白质分子展开；③未折叠的蛋白质结构域通过氢键和二硫键、静电相互作用和疏水相互作用聚集，形成三维网络（叶贝贝，2019）。换句话说，肉糜凝胶结构的形成主要依靠肌原纤维蛋白的变性，在加热条件下，肌原纤维蛋白分子内部的结构被破坏，使得蛋白质内部原本隐藏的一些疏水性残基和反应基团直接裸露在蛋白质表面，蛋白质分子聚在一起，形成网络凝胶结构。由于蛋白分子之间存在各种引力（氢键、疏水相互作用和二硫键等）和斥力（静电相互作用等），可以构成稳定的网络凝胶结构，不易产生沉淀。热诱导凝胶主要取决于蛋白质变性展开速度和聚集速度大小关系：当蛋白质展开的速度较大时，肌原纤维蛋白的凝胶结构变得平滑而均匀，当蛋白质聚集的速度较大时，肌原纤维蛋白的凝胶结构变得粗糙而杂乱。除此之外，在较高温度时（大于 35℃），肌原纤维蛋白中的 α 螺旋逐步展开，β 折叠和 β 转角逐步形成，有利于网络凝胶的构成。

在肌原纤维蛋白热诱导过程中，虽然其他蛋白也参与了凝胶的形成，但其中肌球蛋白起主要作用，而在肌肉中肌球蛋白与肌动蛋白多以肌动球蛋白的形式存在，肌动球蛋白是横纹肌纤维中肌原纤维的主要成分，其与肌肉收缩有关。肌球蛋白的凝胶形成过程可以被看作是天然蛋白质的变性、聚集进而形成凝胶网络结构的过程，在此过程中，肌球蛋白同时发生解旋和聚集，当聚集速度快于解旋速度时，凝胶形成杂乱无章的网络结构；当聚集速度慢于解旋速度时，凝胶形成均匀、有序的网络结构（张怡等，2016）。Samejima 等（1981）认为具有天然完整结构的肌球蛋白对凝胶三维网络结构的形成非常重要，形成凝胶能力：完整肌球蛋白分子＞杆部＞头部，在肌球蛋白热胶凝过程中，重链的凝胶形成过程与肌球蛋白极为相似，因此重链在凝胶形成过程中起重要作用，其形成凝胶的能力为：球状头部＜螺旋杆状部分＜原肌球蛋白分子。图 2.7 为热诱导肌球蛋白单体形成凝胶的过程：未加热时，肌球蛋白会以单体形式存在；在肌球蛋白胶凝过程中，肌球蛋白的头部先发生凝聚，然后尾部发生交联。温度为 35℃时，肌球蛋白头部 S1 片段（图 2.6）或颈部中间的区域（图 2.5）展开，通过头头相连形成二聚物和低聚物；温度达到 40℃时，头部发生紧密聚集而尾部呈现放射状分布；48℃时，头部相连形成的低聚物和由两个或多个低聚物组成的聚集体共同存在；温度进一步升高至 50～60℃时，发生尾尾相连，低聚物进一步发生聚集，形成凝胶网络。Sharp 和 Offer（1992）认为，肌球蛋白头部聚集产生的主要原因是加热诱导蛋白质展开，通过疏水相互作用发生交联。Sano 等（1990）则认为，对于较难形成凝胶的淡水鱼类，肌球蛋白 LMM 部分首先在 30～45℃之间变性解旋；然后变性展开的 LMM 部分之间进一步发生交联，形成调节肌凝蛋白分子（mediate myosin molecule，MMM）区；温度大于 50℃时，MMM 区再与肌球蛋白的 HMM 区继续交联成更大的聚集，从而形成网络结构。An 等（1996）研究报道加热可使肌球蛋白的螺旋尾部发生变性，进一步通过分子间的相互作用形成稳定的凝胶网络结构。

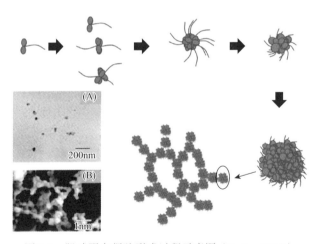

图 2.7　肌球蛋白凝胶形成过程示意图（Park，2013）

2.4.4　肉糜凝胶形成中主要分子间作用力

在肉糜凝胶形成过程中，蛋白质成分发生变性，使得相邻蛋白质分子的活性表面暴露在外面，并相互作用生成分子间化学键。当足够多的分子间化学键生成时，蛋白质就形成一个三维网络，进而形成凝胶。参与肉糜凝胶形成的化学键主要包含疏水相互作用、二硫键、氢键、离子键、静电相互作用等，其中疏水相互作用被认为是凝胶形成的主要作用力。

1. 疏水相互作用

疏水相互作用是指疏水基团为了避开水相而相互聚集在一起形成的作用力，是升温过程中形成凝胶的主要的非共价作用，也是维持蛋白质三维结构的重要作用力之一。分子内部与分子间的疏水相互作用起因于蛋白质表面与水接触的热力学反应，而折叠的蛋白质链内部具有更密集的疏水氨基酸。相反地，折叠蛋白质链表面的氨基酸主要是亲水性的氨基酸。在这种结构下，折叠的蛋白质链在水中可达到热力学的动态平衡。这是因为蛋白质链内部掩藏的疏水残基的裸露最大限度地减弱了蛋白质在水中的裸露程度与排序（Park，2013）。当一个蛋白质链展开时（通常是对加热的响应），疏水核心裸露在水中。裸露的疏水基附近的水分子开始有序定向地进入氢键包合物，形成冰晶一样的结构。这种定向且有序的结构有助于减小水分子的流动性，进而显著减小系统的随机性与自由度，因此系统的熵减小。为了最大限度地减少蛋白质在水中的裸露并建立更加稳定的热力学系统，蛋白质的疏水部分与其他蛋白质的疏水部分会紧密地结合在一起，类似于置于水中的脂肪粒和油滴聚结成团的方式。两个相邻蛋白质分子的疏水部分的紧密结合，会减小系统的熵，使得蛋白质分子间因疏水相互作用而更加有效结合，进一步导致蛋白质之间的聚集，从而形成特定条件下的蛋白质凝胶网络（张春岭，2009）。

在肉糜蛋白由溶胶向凝胶转变过程中，疏水相互作用是热诱导凝胶形成的主要机制，随温度的升高（大于60℃），氢键受热易分解，与此相反，疏水相互作用随着温度的升高而增强（Chan et al.，1993）。由于热力学反应，蛋白分子发生变性展开，包埋的疏水结构暴露在分子表面，增强了相邻分子非极性基团的相互作用，从而发生疏水相互作用，此时溶胶体系呈有序化，熵值降低，肌球蛋白分子聚集形成凝胶（张春岭，2009）。肌球蛋白受热变性，头部轻链的解离使得头部疏水基团暴露，发生分子内或分子间头部的结合，因此，肌球蛋白头部聚集行为受到疏水相互作用影响显著，而肌球蛋白尾部结构中疏水基团均匀分布，被包埋于肌球蛋白 α 螺旋之间的界面内，热处理温度的升高，导致肌球蛋白尾部发生解螺旋行为，内部疏水基团暴露，发生疏水相互作用，尾部结合，最终形成凝胶网络结构。因此，疏水相互作用不仅参与了肌球蛋白凝胶过程中头部之间的聚集，也参与了尾部之间的连接，在凝胶形成过程中作用重大（潘腾，2017）。有研究认为（Visessanguan et al.，2000），兔肉、鱼肉、鸡肉等肉糜在肌球蛋白凝胶过程中疏水相互作用的增强导致凝胶强度显著增加。Riebroy 等（2008）同样发现肌动球蛋白作为肉制品热凝胶形成的主要蛋白之一，其高度聚集与表面疏水性有关，说明疏水相互作用参与了肌球蛋白分子的凝胶形成。Morita 和 Yasui（1991）研究发现疏水相互作用是兔骨骼肌肌球蛋白热诱导凝胶形成中重要的分子间作用力。Liu 等（2011）研究发现，随着温度的升高，鱼糜和猪肉糜凝胶中疏水相互作用先增加后下降，鱼肉和猪肉分别在 60℃和 70℃时达到最大值，从而具有不同凝胶特性。

2. 二硫键

二硫键是蛋白分子间共用电子对而形成的化学键，是蛋白质凝胶形成的主要共价键，非常牢固，一旦形成，则难被破坏。二硫键的形成与肌球蛋白结构密切相关，肌球蛋白热凝胶的形成包含了巯基含量的变化，肌球蛋白 42 个巯基中有 24 个或 26 个位于肌球蛋白头部，肌球蛋白凝胶初始阶段，巯基含量逐渐减少，说明凝胶体系中二硫键的形成，并且参与了肌球蛋白头部的聚集。在凝胶过程中，当加热温度高于 40℃时，由相邻蛋白链间半胱氨酸的巯基氧化结合生成二硫键，随着二硫键的逐渐增多，共价交联增多，蛋白质构象变得紧密牢固，肉糜凝胶强度逐渐增强（Visschers and de Jongh，2005）。Sano 等（1990）研究鲤鱼中肌动球蛋白活性巯基在热凝胶形成过程中变化，发现活性巯基在 30～50℃易氧化成二硫键。二硫苏糖醇（DTT）可以抑制二硫键的形成，Smyth 等（1998）在肌球蛋白中加入 DTT，发现经处理后凝胶形成的初始温度升高，凝胶强度降低，说明二硫键减少不利于蛋白凝胶网络的形成。Liu 等（2011）研究发现巯基基团通过二硫键相互连接，促进了凝胶网络的形成。当凝胶化时间低于 60min 时，二硫键含量与凝胶强度呈显著正相关。Hemung 和 Yongsawatdigul（2005）发现肌球蛋白加热过程中添加钙离子引起巯基基团的含量降低，二硫键含量增加，提高了蛋白凝胶品质。Brenner 等（2009）利用动态和静态光散射研究了大西洋鳕鱼肌球蛋白聚集，结果发现在温度低于 20℃时，肌球蛋白头部通过二硫键的作用相连，是肌球蛋白聚集的主要原因。而 Ko 等（2007）在研究加热条件下罗非鱼肌球蛋白变化时，发现在温度 75℃时，肌球蛋白的聚集主要归功于二硫键的作用。但是，另有研究认为二硫键不是肌球蛋白凝胶形成的必要条件，通过溶解度和层析图谱分析发现，兔肉肌球蛋白凝胶过程中，疏水相互作用的贡献大于二硫键（Foegeding et al.，1987）。

3. 氢键

氢键是一种偶极键，结合能力较弱，但在蛋白质凝胶体系中，氢键数量极大，主要由分子内、分子间以及蛋白分子与水分子间的氢键作用组成，通过稳定结合水，可以增强凝胶强度，因此对稳定蛋白质分子结构具有重要作用。肌

球蛋白尾部 α 螺旋结构是通过与酰胺基团和羧基基团之间的氧键来稳定的，是维持蛋白质分子二级结构的基础（Sano et al.，1994）。肉糜形成凝胶过程中的加热阶段，肽链上羧基基团与酰胺基团间维持蛋白质折叠的氢键被破坏，α 螺旋结构解旋；冷却阶段，蛋白质之间又重新形成了大量的氢键，有助于形成稳定的蛋白质构象（李杰，2011）。温度的升高会破坏维持蛋白质空间网络结构的大量氧键，使多肽链之间发生广泛的水合作用，减少水分子的移动性，因此多肽链之间的水合作用成为影响凝胶持水性的重要因素，且可使鱼糜的凝胶强度增大。刘海梅等（2008）研究发现，热诱导凝胶形成过程中，α 螺旋结构含量的降低一般伴随着氢键能量的减少，而 α 螺旋的解离对蛋白凝胶的形成至关重要，冷却后氢键能够再次形成，有助于维持蛋白质稳定的构象。Shan 等（2015）研究发现尿素能够破坏氢键和疏水键，阻碍蛋白凝胶网络的形成，引起凝胶硬度的显著降低。

4. 静电相互作用

蛋白质凝胶形成过程中，带有不同电荷的蛋白之间会发生相互排斥或吸引，从而形成两种静电作用。一种是蛋白质表面带相反电荷的位点由于静电引力而形成的离子键，离子键是蛋白质之间的吸引力，它影响蛋白质分子之间及蛋白质与溶剂之间的静电相互作用（刘海梅等，2008）。一般肉类的正常 pH 接近中性，离子键是蛋白质表面带正电的粒子和带负电的粒子之间的相互吸引作用，蛋白链上精氨酸和赖氨酸的氨基带正电荷，天冬氨酸和谷氨酸的羧基带负电荷，羧基和氨基之间存在阴阳离子间的相互吸引作用，因此便可形成离子键（也称为盐桥），从而使肌原纤维蛋白分子互相结合，形成难溶于水的凝集物。阴阳离子间的静电吸引作用被认为是合成肌球蛋白粗丝结构最重要的作用力，添加盐可以阻碍这种静电吸引作用，使得肌球蛋白无法合成粗丝结构，进而增加肌球蛋白或肌动球蛋白在水中的溶解。

另一种是当 pH 远离等电点时，因蛋白质分子所带的大量相同净电荷而表现出的静电斥力。肌原纤维蛋白分子总的净负电荷会随着肉质 pH 与离子强度的增大而增加，这导致蛋白质分子之间互相排斥，从而有助于蛋白质聚集体的稳定，并会促进蛋白质的散布，直到充分的加热给振动的分子提供足够的能量以克服这种排斥作用。不同肌肉类型其蛋白等电点不同，凝胶形成过程中所需最佳 pH 也不同，在凝胶形成前，必须加入适量食盐来破坏离子键，促进蛋白质均匀分散，这是因为随着蛋白中离子强度的增大，Na^+ 和 Cl^- 会选择性地与蛋白质表面电荷相结合，pH 和离子强度通过改变蛋白质中氨基酸残基的电荷分布和解离状态，破坏肌原纤维蛋白分子间的离子键，影响蛋白分子间的静电相互作用，增强蛋白质对水的亲和力，此时蛋白质的溶解度增大，从而更有利于形成良好的凝胶（Lanier，1986）。Martin 等（2014）研究发现在球形蛋白中加入少量盐能够通过减小静电斥力促进聚集，从而增强了凝胶网络的形成。林伟伟（2015）研究发现 pH 和盐可以通过调节蛋白粒子表面净电荷和屏蔽作用对分子间相互作用力进行调节，进而影响粒子间的缔合。在较高 pH 条件下，粒子间由于净电荷数量的增多而引力变小，斥力增强，溶剂化作用增强。Riebro 等（2008）认为降低 pH 可导致静电相互作用的形成，进一步促进肌球蛋白分子的聚集和变性。

2.5 肉糜制品凝胶特性影响因素

肉糜制品（鱼丸、香肠等）因为其健康营养、方便快捷等特点而深受消费者欢迎，具有广阔的市场前景。衡量肉糜制品品质的重要感官理化指标主要有风味、形态、凝胶性能等，其中凝胶性能是尤为重要的指标。肉糜制品的凝胶性能主要取决于肉糜蛋白质的胶凝情况，常用凝胶强度、持水力、质构特性等来反映。影响肉糜制品凝胶特性的因素主要是肉糜种类、加工条件以及外源添加物等。

2.5.1 肉糜的来源和类型

不同肉源的肌原纤维蛋白的凝胶性质不同，导致肉糜制品品质存在差异。研究表明（Wang et al.，2022），猪肉肌原纤维蛋白可形成最刚性和致密的凝胶微观结构，其次是牛肉肌原纤维蛋白凝胶、羊肉肌原纤维蛋白凝胶和鱼肉肌原纤维蛋白凝胶，这可能归因于猪肉肌原纤维蛋白中肌球蛋白重链和肌动蛋白含量最高。鱼类蛋白的成胶能力和凝胶强度均低于哺乳动物蛋白，因此，对于鱼糜制品的研究应侧重于提高鱼蛋白的凝胶强度。不同类型肌肉加工成的肉制品存在质量上的差异。浅色肉和深色肉加工而成的肉制品之间在持水性、脂肪黏合性和结构特性等方面存在着差异。鸡白肌肉的肌球蛋白、肌动球蛋白比红肌肉相应蛋白质有更大的凝胶强度；在热聚合过程中，鸡仔胸部肌肉的肌动球蛋白比腿部肌肉的肌动球蛋白具有较低的热转化温度；在 pH 5.7 以下，牛白肌肉肌球蛋白比红肌肉肌球蛋白的持水性、溶解性和胰蛋白酶敏感性更高。Westphalen 等（2006）研究发现，猪肉半膜肌与背最长肌相比，所制得的凝胶的强度较强。

不同的鱼种形成鱼糜凝胶的能力有很大的差别，进而导致鱼糜制品弹性的强弱差异。大部分红肉鱼类比白肉鱼类弹性差，淡水鱼比海水鱼弹性差，软骨鱼比硬骨鱼弹性差，不同原料鱼种引起的对鱼糜制品弹性的影响是很复杂的。鱼种对鱼糜制品弹性强弱的影响主要包括：鱼类肌肉中所含的盐溶性蛋白含量，尤其是肌球蛋白的含量；鱼种肌原纤维蛋白 Ca-ATPase 的热稳定性；个体大小和捕捞季节。原料鱼鲜度也影响鱼糜制品的弹性，随着鲜度的下降，其凝胶形成能力和弹性也逐渐下降。研究发现采用不同新鲜度的鲢鱼肉糜制作鱼糜制品，其凝胶强度、持水性和白度均有显著差异，其中以新鲜鲢鱼为原料制作的鱼糜制品的凝胶强度最高，以僵直期鱼肉为原料制作的鱼糜制品的持水性和白度最差。这主要是由于肌原纤维蛋白变性随着鱼糜鲜度的下降而加剧，失去亲水性，因此在加热后形成包含水分少或不包含水分的网状结构而使弹性下降。这种变性在红肉鱼类中更易发生，红肉鱼类死后肌肉的 pH 向偏酸性方向变化导致肌原纤维蛋白容易变性，其肌动球蛋白溶解度下降，而且溶解出来的肌动球蛋白的某些理化性质也有所改变，从而影响凝胶网状结构的形成（朱蓓薇等，2019）。此外，鱼肉的化学组成成分影响鱼类肉糜的凝胶形成能力和制品的弹性。肌肉中的肌原纤维蛋白和肌浆蛋白对鱼糜制品品质影响大，其与鱼糜制品弹性的形成直接相关。鱼类肌肉中水溶性蛋白质与肌动球蛋白一起加热时，会影响肌动球蛋白的充分溶出和凝胶网状结构的形成，从而导致鱼糜制品弹性的下降，且鱼糜制品弹性下降程度基本上与水溶性蛋白质的含量成正比。鱼体脂肪、碳水化合物、无机盐含量对鱼糜制品弹性的形成影响不大，这是由于大部分脂肪、40%左右的无机盐成分会在漂洗鱼糜时被除去，但脂肪、碳水化合物的存在，在一定程度上也能改善产品口感，增强其营养与风味。

　　不同来源和类型的肉糜导致肉糜制品凝胶特性存在差异，这可能是由于不同肉糜中的肌原纤维蛋白一级结构的氨基酸组成及其排序不同，使得蛋白质的物化性质如溶解性、表面疏水性等存在很大差异。并且在相同的处理条件下，不同肉糜蛋白质的提取性以及溶液的黏度、肌丝存在状态不同，也会导致其凝胶特性存在差异。另外，动物骨骼肌中红肌和白肌在肌肉纤维孔径、肌原纤维 ATPase 等许多方面存在差异以及红肌与白肌肌球蛋白中的头部和尾部形成凝胶的能力不同，导致同一种动物不同部位肌肉所形成的凝胶特性存在差异。

2.5.2　加工条件

　　温度对肉糜制品凝胶特性的影响是通过对肌原纤维蛋白凝胶的影响来达到的，温度会影响肌原纤维蛋白分子的形状变化及聚集体的形成，进而影响到凝胶网络的形成，温度对于肉糜凝胶特性的影响是显著的。加热过程中的温度、时间及速率等参数影响凝胶特性。通常加热时间越久、温度越高，则蛋白质聚合程度越大，因此所形成的凝胶体可能较硬，持水性较差，组织不细腻。在一定温度范围内，肌原纤维蛋白凝胶的持水性随着温度的升高而增大，但当温度达到一定程度时，持水性就会降低。这是由于初始阶段的温度升高使肌原纤维蛋白肽链展开，然后重新聚合成寡聚体，最终形成复杂的网络结构，凝胶持水性得以提高，但随着温度继续上升，这种前期形成的网络结构会被破坏，造成凝胶持水性降低。加热速率的不同导致肉糜制品的凝胶特性存在差异的原因可能在于：与恒温加热相比，初始温度较低的线性升温能够给蛋白质变性提供温和的环境与足够的时间，保证蛋白质能够发生有序的相互作用，最终形成三维网络凝胶。研究表明，鱼糜与盐混匀，并先在低温（0～40℃）下保存，再于80℃或更高温度下加热，该加热方式形成的凝胶的强度高于直接在80℃或更高温度下加热形成的凝胶的强度。因此不同加热处理方式可能会导致鱼糜制品的品质存在差异。闫虹等（2014）发现相比于单独微波，水浴微波联用加热得到的鱼糜凝胶特性最优。戴妍（2014）发现在添加0.5%转谷氨酰胺酶的基础上，欧姆加热可以加工出与传统水浴加热相仿的肉糜凝胶制品。

超高压技术可作用于肉糜肌原纤维蛋白，提高肉糜颗粒之间蛋白的黏结力，适当的压力能够促进肉糜蛋白质的变性，促进一些热不稳定性氢键的产生，可能会影响物质分子间的结合形式，导致键的破坏和重组，使某些大分子功能特性发生变化，利于形成凝胶网络结构，进而影响肉糜制品的弹性、硬度、胶着性等特性。而过高的压力则会增加经济投入，也可能会使蛋白质变性过快而导致凝胶网络结构交联度降低，从而减弱凝胶强度。研究表明鸡肉肌原纤维蛋白在加热之前，先经200MPa处理，其凝胶网络结构排列有序。沙丁鱼糜在90℃加热处理之前，先经300MPa处理，相比于仅加热处理，其凝胶形成的时间明显缩短且流变性提高（Iwasaki et al.，2006）。

离子强度影响肉糜肌原纤维蛋白的溶解能力和分子存在状态（郭世良等，2008），因此对肉糜制品的凝胶特性有重要的影响。离子强度低于0.3mol/L，中性pH条件下，肌球蛋白相互连接形成纤丝状，有利于形成网络，同时，离子强度的降低，使肌球蛋白分子间的距离缩小，增强纤丝间的相互作用，有利于形成连贯有序的网络结构；离子强度高于0.3mol/L，肌球蛋白分子从纤丝结构中解离出来，分散成单分子状态且以独立的单分子状态存在。离子强度通过影响肌球蛋白纤丝的结构来影响凝胶的形成和性质。短的纤丝受热形成的凝胶表现为多孔的结构和粗糙的聚集，形成的网状结构很不均一，且结点很大。当纤丝长度增加后，凝胶网络变得完美，线状结构显得稀松、光滑，没有明显的结点。然而当蛋白浓度很低时，肌球蛋白纤丝受热只发生聚集，而不能形成有效的凝胶网络结构。研究表明，低离子强度下形成的凝胶较为细腻，而在高离子强度下形成的蛋白凝胶则较为粗糙。此外，离子种类影响肉糜蛋白凝胶的形成。大量研究表明，钙离子可能通过两种机制来增强鱼糜凝胶特性，一是钙离子与带负电的鱼糜蛋白发生键合，形成蛋白质-钙-蛋白质的钙桥结构；二是钙离子激活鱼糜中的内源转谷氨酰胺酶，使其在热凝胶化过程中催化肌球蛋白重链间发生共价交联形成非二硫共价键（Yongsawatdigul and Sinsuwan，2007）。镁离子能够与肉糜蛋白形成很强的极性键，增强蛋白分子间的相互作用，提高肉糜凝胶的持水性，但随着镁离子浓度增大，肉糜凝胶的持水性开始降低，这可能是因为过高浓度的镁离子反而会破坏蛋白质分子间的相互作用（常青等，2009）。锌离子能够降低蛋白质的溶解性，限制了肌球蛋白与水的相互作用，使得肉糜凝胶的持水性降低。

　　肉糜蛋白质的变性程度和成胶能力强烈地依赖于 pH，pH 的变化不仅会影响肌原纤维蛋白的提取效率，还会改变肌原纤维蛋白的电荷性质，进而引起官能团的电离。此外，pH 通过对蛋白质的等电点的影响改变蛋白质分子间相互作用力，进而改变肌原纤维蛋白的凝胶性质。当 pH 高于 pI 时，增加的负电荷不但会引起凝胶网络中肌球蛋白分子间产生静电斥力，同时为周围水分子提供了更多氢键结合位点，增大了水合作用表面积，提高了凝胶的持水性（Westphalen et al.，2005）。研究表明，在没有 NaCl 的情况下，鸡胸肉蛋白凝胶强度与 pH 密切相关。Omura 等（2020）向阿拉斯加狭鳕鱼糜中添加葡萄糖氧化酶、葡萄糖以降低鱼糜 pH 制备低酸诱导鱼糜凝胶，研究发现鱼糜添加葡萄糖氧化酶后，在一定条件下，鱼糜 pH 下降，且随着葡萄糖氧化酶浓度的增加（0%～1.0%），鱼糜凝胶的破断力和破断形变均有所增加。

2.5.3　外源添加物

　　添加外源物质用于改善肉糜制品凝胶特性是当下的一个研究应用热点，也有比较高的经济及实用价值。目前添加的外源物质主要是淀粉、脂肪、非肉蛋白质等。

　　淀粉作为食品工业中广泛使用的食品原料，应用非常广泛，于肉糜产品中添加淀粉具有改善凝胶强度的作用。其原理可能是通过淀粉颗粒填充在肉糜蛋白质网络的空隙中，从而起到增强其凝胶强度的作用。当肉制品受热时，蛋白质因变性而失去对水分的结合能力，而淀粉则能够吸收这部分水分，糊化并形成稳定的结构。在肉糜制品加工中常用天然淀粉来改善肉制品的持水性、组织结构。但在某些肉糜制品加工中，天然淀粉却不能改善肉糜制品品质。因此，利用淀粉的变性原理来改善其分子的基本特性，生产出能改善肉糜凝胶品质的变性淀粉。与天然的淀粉相比，变性淀粉糊化温度低，肉糜制品中蛋白质变性和淀粉糊化两种作用几乎同时进行，肉类蛋白质受热变性后形成网状结构，变性淀粉能及时吸收结合蛋白质因加热变性而失去的水分，淀粉颗粒变得柔软而有弹性，起到黏着和持水的双重作用。变性淀粉具有极高的膨胀度，吸水能力非常强，能够保持肉糜中的水分。所以添加变性淀粉的肉糜制品鲜嫩适口、富有弹性、组织均匀细腻、结构紧密、切面光滑，在长期保存和低温冷藏时持水性极强。

　　肉糜中本身含有小部分脂肪，在加工过程中，脂肪会被去除，因此在生产含油脂的肉糜制品时，通常会加入一些外源油脂。添加到鱼糜及畜禽肉糜制品中的油脂可分为植物油脂（花生油、菜籽油、大豆油等）（米红波等，2017；Shi et al.，

2014）和动物油脂（牛油、猪油等）（Asuming-Bediako et al., 2014; Yıldız-Turp and Serdaroğlu, 2008）。适当添加油脂不仅能够改善肉糜制品的风味和质地，也能够丰富肉糜制品的营养组成（许雪萍等，2020; Zhou et al., 2017）。在加热期间，适量脂肪通常具有稳定肉糜凝胶网络的作用。脂肪作为凝胶的"填充物"，可使肉糜的收缩减少。在不影响乳化力的前提下，切得越细，脂肪分散越好，肉糜基质的品质越好。油脂的添加能够对鱼糜及畜禽肉糜制品品质产生影响，这种影响主要取决于油脂、蛋白质和水分间的比例关系，以及油脂的种类和 pH 等环境因素，当油脂、蛋白质和水分间的比例关系适当时，油脂通常能够提升肉糜制品的持水能力、凝胶特性及亮度等品质特征，反之则能够降低这些特征。此外，使用植物油替代动物脂肪，能够降低肉糜制品中饱和脂肪酸的含量，提升不饱和脂肪酸含量。在形成肉糜制品凝胶过程中，肉糜蛋白通过静电引力作用形成界面蛋白膜，油脂与界面蛋白膜相互作用，最终形成油脂-界面蛋白膜-蛋白质基质乳化体系，而油脂的种类和 pH 等环境因素，通过影响油脂与蛋白质间作用力的形成，改变了乳化体系的稳定性，进而对肉糜制品的品质产生影响（仪淑敏等，2021）。目前，油脂对鱼糜制品凝胶特性的影响是有争议的，Shi 等（2014）研究发现，随着鱼糜制品中油脂添加量的增加，鱼糜凝胶的破断距离、破断力和持水率均呈下降趋势，这是因为油脂的添加导致鱼糜凝胶中的蛋白含量减少，同时抑制蛋白质与水间的相互作用。Pérez 等（2002）研究表明，添加适当含量油脂，并未改变鱼糜凝胶构象的形成能力，只是改变了部分水与蛋白质相互作用。而也有研究表明（Zhou et al., 2017; Pietrowski et al., 2012），油脂的加入能够改善鱼糜凝胶的质构特性和弹性模量、持水力，这可能是由于油脂的加入增强肌动蛋白的热转变，改善热致蛋白凝胶化，油脂填充了蛋白质基质的空隙，形成了更加牢固的结构，从而锁住水分。此外，脂肪颗粒的大小也会影响肉糜制品的凝胶特性。吴满刚（2010）认为，相同脂肪含量情况下，含有较小脂肪颗粒的脂肪-蛋白质复合凝胶具有更好的弹性模量和更强凝胶结构。

非肉蛋白通过填充肌原纤维蛋白凝胶系统的空隙或改变其构造而影响肉制品的质构特性。非肉蛋白可直接与肉蛋白相互作用，填满凝胶基质的空隙，或在基质结构上作为不连续的凝胶相。在肉制品的混合凝胶系统中可形成三种类型的凝胶，即填充型、复合型和混合型。填充型凝胶是指添加的非肉蛋白成分填充在肉蛋白凝胶网络中。复合型凝胶是指非肉蛋白与肌肉蛋白质之间相互作用，产生组分间的物理缔合，共同形成凝胶。混合型凝胶指肌肉蛋白质形成的连续相和非肉蛋白质形成的连续介质彼此穿插共同形成一个混合连续相。因为肌肉蛋白和非肉蛋白（如植物蛋白或乳蛋白）形成热凝胶的温度不同，导致不同蛋白质之间很少发生聚集，从而在多数情况下以相互渗透方式形成混合凝胶。目前应用于改善肉糜制品质构和持水特性的非肉蛋白包括大豆分离蛋白、豌豆蛋白、鹰嘴豆蛋白等。研究表明，添加大豆分离蛋白可以显著改善鸡肉肌球蛋白凝胶的持水性和凝胶微观结构（朱佳倩等，2019），且 2%～4%添加量更有利于形成理想的凝胶（张秋会等，2015）。添加 1.2%鹰嘴豆蛋白能改善低盐猪肉糜凝胶的质构及持水性（栗俊广等，2020）。

参 考 文 献

常青，黄启超，胡永金，等. 2009. NaCl 离子强度、Mg^{2+}浓度、热变温度和 pH 对云南地方黄牛肌肉盐溶蛋白凝胶保水性的影响. 食品工业科技，30（1）：101-104.

陈斌. 2012. 热杀菌及添加物对罗非鱼鱼糜肠质构的影响. 广州：华南理工大学.

陈昌. 2011. 鸡胸肉、腿肉混合肌原纤维蛋白热诱导凝胶特性的研究. 南京：南京农业大学.

戴妍. 2014. 欧姆加热对猪肉蛋白质降解、氧化以及凝胶特性的影响. 北京：中国农业大学.

费英. 2009. 基于不同酸碱度的猪肉肌原纤维蛋白结构与其热诱导凝胶特性的关系研究. 南京：南京农业大学.

高建峰. 1994. 鱼糜制品的加工理论及方法. 食品科技，（4）：22-23.

郭世良. 2008. 肌原纤维蛋白和猪肉的热诱导凝胶影响因素及特性研究. 郑州：河南农业大学.

郭世良，赵改名，王玉芬，等. 2008. 离子强度和 pH 值对肌原纤维蛋白热诱导凝胶特性的影响. 食品科技，33（1）：84-87.

何庆燕，洪永祥，周红，等. 2018. 鸡肉蛋白与芸豆蛋白酶联重组及其功能性质的研究. 中国食品学报，18（7）：83-89.

贺江航，吕峰，黄金燕. 2012. TG 催化鱼肉蛋白共价交联作用研究. 徐州工程学院学报（自然科学版），27（2）：50-56.

霍景庭. 2006. 乳化型肉产品的理论和实际应用. 中外食品，（5）：64-66.

孔保华，王宇，夏秀芳，等. 2011. 加热温度对猪肉肌原纤维蛋白凝胶特性的影响. 食品科学，32（5）：50-54.

李杰. 2011. 草鱼鱼糜凝胶及形成机理的研究. 上海：上海海洋大学.

励建荣，刘永吉，朱军莉，等. 2011. 真空、空气和气调包装对冷藏鱼糜制品品质的影响. 水产学报，35（3）：446-455.

栗俊广，陈宇豪，王登顺，等. 2020. 鹰嘴豆分离蛋白对减盐猪肉糜凝胶品质的影响. 食品与发酵工业，46（1）：143-148.

林伟伟. 2015. pH 和盐浓度对秘鲁鱿鱼肌原纤维蛋白聚集过程的影响. 杭州：浙江工商大学.

刘迪迪，孔保华. 2009. 斩拌条件和添加成分对肉糜类制品质量的影响. 肉类研究，（3）：14-18.

刘海梅，熊善柏，谢笔钧，等. 2008. 鲢鱼糜凝胶形成过程中化学作用力及蛋白质构象的变化. 中国水产科学，（3）：469-475.

刘军. 2013. 罗非鱼鱼糜及其复合鱼糜加工工艺的研究. 南宁：广西大学.

鲁长新. 2007. 淡水鱼肌肉的热特性研究. 武汉：华中农业大学.

米红波，王聪，赵博，等. 2017. 大豆油、亚麻籽油和紫苏籽油对草鱼鱼糜品质的影响. 食品工业科技，38（18）：60-64.

倪娜. 2014. 羊血浆蛋白-肌原纤维蛋白复合凝胶形成的作用力分析. 北京：中国农业科学院.

倪娜，王振宇，韩志慧，等. 2013. pH 对羔羊背最长肌肌原纤维蛋白热诱导凝胶的影响. 中国农业科学，46（17）：3680-3687.

潘腾. 2017. 猪肉肌球蛋白热诱导凝胶形成机制. 北京：中国农业大学.

彭增起. 2005. 肌肉盐溶蛋白质溶解性和凝胶特性研究. 南京：南京农业大学.

沈生文. 2020. 食品杀菌技术概述. 食品安全导刊，（35）：52.

石天臣，黄学，王学锋. 2018. 转谷氨酰胺酶改性蛋白质的研究进展. 食品安全导刊，（36）：162-164.

孙静文. 2016. 不同漂洗对草鱼和白鲢鱼糜蛋白及其凝胶性能的影响. 武汉：华中农业大学.

唐传核，杨晓泉，陈中，等. 2003a. 微生物转谷氨酰胺酶的蛋白质底物催化特性及其催化机理研究——（Ⅲ）MTGase 催化多底物蛋白的聚合特性. 食品科学，24（7）：26-31.

唐传核，杨晓泉，陈中，等. 2003b. 微生物转谷氨酰胺酶（MTGase）的蛋白质底物催化特性及其催化机理研究（Ⅰ）MTGase 催化单底物蛋白质的聚合特性. 食品科学，24（5）：19-24.

唐传核，杨晓泉，彭志英，等. 2003c. 微生物转谷氨酰胺酶（MTGase）的蛋白质底物催化特性及其催化机理研究——（Ⅱ）MTGase 催化球状蛋白质的聚合机理. 食品科学，24（6）：23-27.

汪亚强. 2016. 谷氨酰胺转氨酶对大豆与小麦混合蛋白凝胶性质的影响. 合肥：合肥工业大学.

王靖国. 1993. 鱼糜制品及其加工技术. 食品工业，（1）：14-15.

王玲娣. 2012. 大豆蛋白改善鲢鱼肌原纤维蛋白功能特性的研究. 天津：天津商业大学.

王昱. 2020. 超高压协同氯化钙影响低钠盐肌原纤维蛋白凝胶特性的机制及其应用. 合肥：合肥工业大学.

王志江，谭志文. 2019. 南极磷虾肉糜制作研发. 食品研究与开发，40（19）：141-144.

吴满刚. 2010. 脂肪和淀粉对肌原纤维蛋白凝胶性能的影响机理. 无锡：江南大学.

吴妙鸿，何庆燕，洪永祥，等. 2015. 利用 TGase 交联动植物异源蛋白研制新型鸡肉丸. 中国食品学报，15（6）：123-128.

徐幸莲，周光宏，黄鸿兵，等. 2004. 蛋白质浓度、pH 值、离子强度对兔骨骼肌肌球蛋白热凝胶特性的影响. 江苏农业学报，20（3）：159-163.

许柯，吴烨，徐幸莲，等. 不同条件下兔骨骼肌肌球蛋白流变特性的研究. 食品科学，31（21）：10-14.

许雪萍，李静，范亚苇，等. 2020. 烹调方式对猪肉肌内脂肪中脂肪酸组成的影响. 中国食品学报，20（5）：196-203.

雅昊. 2007. 低温乳化肉制品的加工工艺. 肉类研究，（9）：21-24.

闫海鹏. 2013. 不同种类肉肌原纤维蛋白功能特性的研究. 南京：南京农业大学.

闫虹，林琳，叶应旺，等. 2014. 两种微波加热处理方式对白鲢鱼糜凝胶特性的影响. 现代食品科技，30（4）：196-204.

杨龙江，南庆贤. 2001. 肌肉蛋白质的热诱导凝胶特性及其影响因素. 肉类工业，（10）：39-42.

叶贝贝. 2009. 白鲢鱼/金线鱼混合肌原纤维蛋白及肌球蛋白热聚集的作用机制. 锦州：渤海大学.

仪淑敏，李强，张畅，等. 2021. 油脂对鱼糜及畜禽肉糜制品的影响研究进展. 中国食品学报，21（11）：359-367.

尹艺霖. 2019. 超声辅助 TG 酶处理对鲢鱼肌原纤维蛋白凝胶特性影响及应用研究. 长春：吉林农业大学.

于楠楠. 2017. 盐和多糖对鱼糜凝胶形成的影响与机制. 无锡：江南大学.

张春岭. 2009. 大豆疏水分离蛋白的结构表征及新型胶粘剂的研究. 武汉：华中农业大学.

张莉莉. 2013. 高温（100～120℃）处理对鱼糜及其复合凝胶热稳定性的影响. 青岛：中国海洋大学.

张秋会，李苗云，高晓平，等. 2015. 11S 大豆球蛋白对鸡肌球蛋白凝胶品质特性的影响. 现代食品科技，31（3）：103-107.

张维悦. 2018. KCl、CaCl$_2$ 和氨基酸部分替代 NaCl 对鸭肉蛋白结构和功能特性的影响. 重庆：西南大学.

张兴，杨玉玲，马云，等. 2017. pH 对肌原纤维蛋白及其热诱导凝胶非共价键作用力与结构的影响. 中国农业科学，50（3）：564-573.

张一鸣，李思仪，沈晓溪，等. 2021. 外源添加物对鲢鱼-鳕鱼复合鱼糜凝胶性能的影响. 食品工业科技，42（19）：197-203.

张怡，陈秉彦，曾红亮，等. 2016. 肌原纤维蛋白与鱼糜凝胶特性相关性概述. 亚热带农业研究，12（1）：13-24.

赵永强. 2013. 罗非鱼片臭氧减菌化处理中自由基的产生及其对产品品质与安全性的影响. 青岛：中国海洋大学.

周茹，倪渠峰，林伟伟，等. 2015. 肌原纤维蛋白溶解度对盐离子浓度的依赖性. 中国食品学报，15（3）：32-39.

朱蓓薇，董秀萍，吴海涛，等. 2019. 水产品加工学. 北京：化学工业出版社.

朱佳倩，张顺亮，赵冰，等. 2019. 大豆分离蛋白对肌原纤维蛋白加热过程中结构及流变特性的影响. 肉类研究，33（9）：1-7.

Abdollahi M，Rezaei M，Jafarpour A，et al. 2010. Effect of microbial transglutaminase and setting condition on gel properties of blend fish protein isolate recovered by alkaline solubilisation/isoelectric precipitation. International Journal of Food Science and Technology，54（3）：762-770.

Ahhmed A M，Kuroda R，Kawahara S，et al. 2009. Dependence of microbial transglutaminase on meat type in myofibrillar proteins cross-linking. Food Chemistry，112（2）：354-361.

Allais I，Viaud C，Pierre A，et al. 2004. A rapid method based on front-face fluorescence spectroscopy for the monitoring of the texture of meat emulsions and frankfurters. Meat Science，67（2）：219-229.

An H J，Peters M Y，Seymour T A. 1996. Roles of endogenous enzymes in surimi gelation. Trends in Food Science & Technology，7（10）：321-327.

Ando H，Adachi M，Umeda K，et al. 1989. Purification and characteristics of a novel transglutaminase derived from microorganisms. Agricultural and Biological Chemistry，53（10）：2613-2617.

Asuming-bediako N，Jaspal M H，Hallett K，et al. 2014. Effects of replacing pork backfat with emulsified vegetable oil on fatty acid composition and quality of UK-style sausages. Meat Science，96（1）：187-194.

Boyer C，Joandel S，Roussilhes V，et al.1996. Heat-induced gelation of myofibrillar proteins and myosin from fast-and slow-twitch rabbit muscles. Journal of Food Science，61（6）：1138-1142.

Brenner T，Johannsson R，Nicolai T. 2009. Characterization of fish myosin aggregates using static and dynamic light scattering. Food Hydrocolloids，23（2）：296-305.

Campo-Deano L，Tovar C A，Jesus Pombo M，et al. 2009. Rheological study of giant squid surimi（*Dosidicus gigas*）made by two methods with different cryoprotectants added. Journal of Food Engineering，94（1）：26-33.

Campos C A，Gerschenson L N，Flores S K. 2011. Development of edible films and coatings with antimicrobial activity. Food and Bioprocess Technology，4（6）：849-875.

Chan J K，Gill T A，Paulson A T. 1993. Thermal aggregation of myosin subfragments from cod and herring. Journal of Food Science，58（5）：1057-1061.

Chen F，Zhang M，Yang C H. 2020. Application of ultrasound technology in processing of ready-to-eat fresh food：a review. Ultrasonics Sonochemistry，63：104953.

Chen X，Tume R K，Xu X L，et al. 2017. Solubilization of myofibrillar proteins in water or low ionic strength media：classical techniques，basic principles，and novel functionalities. Critical Reviews in Food Science and Nutrition，57（15）：3260-3280.

Cui Q，Wang X B，Wang G R，et al. 2019. Effects of ultrasonic treatment on the gel properties of microbial transglutaminase crosslinked soy，whey and soy-whey proteins. Food Science and Biotechnology，28（5）：1455-1464.

de Jong G A H，Wijngaards G，Boumans H，et al. 2001. Purification and substrate specificity of transglutaminases from blood and *Streptoverticillium mobaraense*. Journal of Agricultural and Food Chemistry，49（7）：3389-3393.

DeWitt C A M，Oliveira A C M. 2016. Modified atmosphere systems and shelf-life extension of fish and fishery products. Foods，5（3）：48.

Dolata W. 1997. The relationship of the blade angles of silent cutter knives and quality of the batters and sausages. Fleischwirtschaft，77（8）：700-703.

Du X，Zhao M，Pan N，et al. 2021. Tracking aggregation behaviour and gel properties induced by structural alterations in myofibrillar protein in mirror carp（*Cyprinus carpio*）under the synergistic effects of pH and heating. Food Chemistry，362：1-5.

Egelandsdal B，Martinsen B，Autio K. 1959. Rheological parameters as predictors of protein functionality：a model study using myofibrils of different fibre-type composition. Meat Science，39（1）：97-111.

Feng M，Pan L，Yang X，et al. 2018. Thermal gelling properties and mechanism of porcine myofibrillar protein containing flaxseed gum at different NaCl concentrations. LWT-Food Science and Technology，87：1-5.

Ferry J D. 1948. Protein gels. Advances in Protein Chemistry，4：1-78.

Foegeding E A，Dayton W R，Allen C E. 1987. Evaluation of molecular-interactions in myosin，fibrinogen，and myosin fibrinogen gels. Journal of Agricultural and Food Chemistry，35（4）：559-563.

Folk J E，Park M H，Chung S I，et al. 1980. Polyamines as physiological substrates for transglutaminases. The Journal of Biological Chemistry，255（8）：3695-3700.

Fu Y，Zheng Y，Lei Z，et al. 2017. Gelling properties of myosin as affected by L-lysine and L-arginine by changing the main molecular forces and microstructure. International Journal of

Food Properties，20（1）：884-898.

Han X Q，Damodaran S. 1996. Thermodynamic compatibility of substrate proteins affects their cross-linking by transglutaminase. Journal of Agricultural and Food Chemistry，44（5）：1211-1217.

Hayakawa T，Yoshida Y，Yasui M，et al. 2012. Heat-induced gelation of myosin in a low ionic strength solution containing L-histidine. Meat Science，90（1）：77-80.

He C，Hu Y，Woo M W，et al. 2021. Effect of microbial transglutaminase on the structural and rheological characteristics and in vitro digestion of rice glutelin-casein blends. Food Research International，139：109832.

Hemung B O，Yongsawatdigul J. 2005. Ca²⁺ affects physicochemical and conformational changes of threadfin bream myosin and actin in a setting model. Journal of Food Science，70（8）：C455-C460.

Hunt A，Getty K J K，Park J W. 2009. Roles of starch in surimi seafood：a review. Food Reviews International，25（4）：299-312.

Ickeson I，Apelbaum A. 1987. Evidence for transglutaminase activity in plant-tissue. Plant Physiology，84（4）：972-974.

Iwasaki T，Noshiroya K，Saitoh N，et al. 2006. Studies of the effect of hydrostatic pressure pretreatment on thermal gelation of chicken myofibrils and pork meat patty. Food Chemistry，95（3）：474-483.

Iwasaki T，Washio M，Yamamoto K，et al. 2005. Rheological and morphological comparison of thermal and hydrostatic pressure-induced filamentous myosin gels. Journal of Food Science，70（7）：1-4.

Kanaji T，Ozaki H，Takao T，et al. 1993. Primary structure of microbial transglutaminase from *Streptoverticillium* sp. strain-s-8112. Journal of Biological Chemistry，268（16）：11565-11572.

Kashiwagi T，Yokoyama K，Ishikawa K，et al. 2002. Crystal structure of microbial transglutaminase from *Streptoverticillium mobaraense*. Journal of Biological Chemistry，277（46）：44252-44260.

Kim Y S，Yongsawatdigul J，Park J W，et al. 2005. Characteristics of sarcoplasmic proteins and their interaction with myofibrillar proteins. Journal of Food Biochemistry，29（5）：517-532.

Ko W C，Yu C C，Hsu K C. 2007. Changes in conformation and sulfhydryl groups of tilapia actomyosin by thermal treatment. LWT-Food Science and Technology，40（8）：1316-1320.

Kuraishi C，Yamazaki K，Susa Y. 2001. Transglutaminase：its utilization in the food industry. Food Reviews International，17（2）：221-246.

Lanier T C. 1986. Functional-properties of surimi. Food Technology，40（3）：107-109.

Lerner A，Matthias T. 2015. Possible association between celiac disease and bacterial transglutaminase in food processing：a hypothesis. Nutrition Reviews，73（8）：544-552.

Lesiow T，Xiong Y L. 2003. Chicken muscle homogenate gelation properties：effect of pH and muscle fiber type. Meat Science，64（4）：399-403.

Li C，Xiong Y L. 2015. Disruption of secondary structure by oxidative stress alters the cross-linking pattern of myosin by microbial transglutaminase. Meat Science，108：97-105.

Li K，Kang Z L，Zou Y F，et al. 2015. Effect of ultrasound treatment on functional properties of reduced-salt chicken breast meat batter. Journal of Food Science and Technology, 52 (5): 2622-2633.

Liu R, Zhao S M, Xie B J, et al. 2011. Contribution of protein conformation and intermolecular bonds to fish and pork gelation properties. Food Hydrocolloids, 25 (5): 898-906.

Lowey S, Risby D. 1971. Light chains from fast and slow muscle myosins. Nature, 234 (5324): 81-85.

Luisa A, Gaspar C, Goes-Favoni S P. 2015. Action of microbial transglutaminase (MTGase) in the modification of food proteins: a review. Food Chemistry, 171: 315-322.

Lv Y, Xu L, Su Y, et al. 2021. Effect of soybean protein isolate and egg white mixture on gelation of chicken myofibrillar proteins under salt/-free conditions. LWT-Food Science and Technology, 149: 111871.

Martin A H, Nieuwland M, de Jong G A H. 2014. Characterization of heat-set gels from rubisco in comparison to those from other proteins. Journal of Agricultural and Food Chemistry, 62 (44): 10783-10791.

Mohan M, Ramachandran D, Sankar T V, et al. 2008. Physicochemical characterization of muscle proteins from different regions of mackerel (*Rastrelliger kanagurta*). Food Chemistry, 106 (2): 451-457.

Morita J I, Yasui T. 1991. Involvement of hydrophobic residues in heat-induced gelation of myosin tail subfragments from rabbit skeletal-muscle. Agricultural and Biological Chemistry, 55 (2): 597-599.

Nishita K, Kimura S, Watabe S. 1994. Structure-function-relationships of muscle proteins from fish and shellfish-foreword. Nippon Suisan Gakkaishi, 60 (4): 541.

Noguchi K, Ishikawa K, Yokoyama K, et al. 2001. Crystal structure of red sea bream transglutaminase. Journal of Biological Chemistry, 276 (15): 12055-12059.

Ogawa M, Kanamaru J, Miyashita H, et al. 1995. α-helical structure of fish actomyosin: changes during setting. Journal of Food Science, 60 (2): 297-299.

Omura F, Takahashi K, Okazaki E, et al. 2020. A novel and simple non-thermal procedure for preparing low-pH-induced surimi gel from Alaska pollock (*Theragra chalcogramma*) using glucose oxidase. Food Chemistry, 321: 7.

Pan T, Guo H, Li Y, et al. 2017. The effects of calcium chloride on the gel properties of porcine myosin-κ-carrageenan mixtures. Food Hydrocolloids, 63: 467-477.

Park J W. 2013. Surimi and Surimi Seafood. 3rd ed. Boca Raton: CRC Press.

Pérez-Mateos M, Gómez-Guillén M C, Hurtado J L, et al. 2002. The effect of rosemary extract and omega-3 unsaturated fatty acids on the properties of gels made from the flesh of mackerel (*Scomber scombrus*) by high pressure and heat treatments. Food Chemistry, 79 (1): 1-8.

Pietrowski B N, Tahergorabi R, Jaczynski J. 2012. Dynamic rheology and thermal transitions of surimi seafood enhanced with ω-3-rich oils. Food Hydrocolloids, 27 (2): 384-389.

Qin X S, Chen S S, Li X J, et al. 2017. Gelation properties of transglutaminase-induced soy protein isolate and wheat gluten mixture with ultrahigh pressure pretreatment. Food and Bioprocess Technology, 10 (5): 866-874.

Qin X S，Luo S Z，Cai J，et al. 2016a. Effects of microwave pretreatment and transglutaminase crosslinking on the gelation properties of soybean protein isolate and wheat gluten mixtures. Journal of the Science of Food and Agriculture，96（10）：3559-3566.

Qin X S，Luo S Z，Cai J，et al. 2016b. Transglutaminase-induced gelation properties of soy protein isolate and wheat gluten mixtures with high intensity ultrasonic pretreatment. Ultrasonics Sonochemistry，31：590-597.

Riebroy S，Benjakul S，Visessanguan W，et al. 2008. Comparative study on acid-induced gelation of myosin from Atlantic cod（ *Gardus morhua* ）and burbot（ *Lota lota* ）. Food Chemistry，109（1）：42-53.

Samejima K，Ishioroshi M，Yasui T. 1981. Relative roles of the head and tail portions of the molecule in heat-induced gelation of myosin. Journal of Food Science，46（5）：1412-1418.

Sano T，Noguchi S F，Matsumoto J J，et al. 1990. Thermal gelation characteristics of myosin subfragments. Journal of Food Science，44：90.

Sano T，Ohno T，Otsukafuchino H，et al. 1994. Carp natural actomyosin-thermal-denaturation mechanism. Journal of Food Science，59（5）：1002-1008.

Shan H，Lu S W，Jiang L Z，et al. 2015. Gelation property of alcohol-extracted soy protein isolate and effects of various reagents on the firmness of heat-induced gels. International Journal of Food Properties，18（3）：627-637.

Sharp A，Offer G. 1992. The mechanism of formation of gels from myosin molecules. Journal of the Science of Food and Agriculture，58（1）：63-73.

Shi L，Wang X F，Chang T，et al. 2014. Effects of vegetable oils on gel properties of surimi gels. LWT-Food Science and Technology，57（2）：586-593.

Shleikin A G，Danilov N P. 2011. Evolutionary-biological peculiarities of transglutaminase. Structure，physiological functions，application. Journal of Evolutionary Biochemistry and Physiology，47（1）：1-14.

Sivertsvik M，Jeksrud W K，Rosnes J T. 2002. A review of modified atmosphere packaging of fish and fishery products-significance of microbial growth，activities and safety. International Journal of Food Science and Technology，37（2）：107-127.

Smyth A B，Smith D M，O'Neill E. 1998. Disulfide bonds influence the heat-induced gel properties of chicken breast muscle myosin. Journal of Food Science，63（4）：584-588.

Strop P. 2014. Versatility of microbial transglutaminase. Bioconjugate Chemistry，25（5）：855-862.

Sun X D，Holley R A. 2011. Factors influencing gel formation by myofibrillar proteins in muscle foods. Comprehensive Reviews in Food Science and Food Safety，10（1）：33-51.

Taha A，Ahmed E，Ismaiel A，et al. 2020. Ultrasonic emulsification：an overview on the preparation of different emulsifiers-stabilized emulsions. Trends in Food Science & Technology，105：363-377.

Thomas R，Anjaneyulu A S R，Gadekar Y P，et al. 2007. Effect of comminution temperature on the quality and shelf life of buffalo meat nuggets. Food Chemistry，103（3）：787-794.

Thorarinsdottir K A，Arason S，Geirsdottir M，et al. 2002. Changes in myofibrillar proteins during processing of salted cod（ *Gadus morhua* ）as determined by electrophoresis and differential scanning calorimetry. Food Chemistry, 77（3）: 377-385.

Tornberg E. 2005. Effects of heat on meat proteins: implications on structure and quality of meat products. Meat Science, 70（3）: 493-508.

Umaraw P, Munekata P E S, Verma A K, et al. 2020. Edible films/coating with tailored properties for active packaging of meat, fish and derived products. Trends in Food Science & Technology, 98: 10-24.

Visessanguan W, Ogawa M, Nakai S, et al. 2000. Physicochemical changes and mechanism of heat-induced gelation of arrowtooth flounder myosin. Journal of Agricultural and Food Chemistry, 48（4）: 1016-1023.

Visschers R W, de Jongh H H J. 2005. Disulphide bond formation in food protein aggregation and gelation. Biotechnology Advances, 23（1）: 75-80.

Vodyanova I V, Storro I, Olsen A, et al. 2012. Mathematical modelling of mixing of salt in minced meat by bowl-cutter. Journal of Food Engineering, 112（3）: 144-151.

Wang H F, Yang Z, Yang H J, et al. 2022. Comparative study on the rheological properties of myofibrillar proteins from different kinds of meat. LWT-Food Science and Technology, 153: 112458.

Westphalen A D, Briggs J L, Lonergan S M. 2005. Influence of pH on rheological properties of porcine myofibrillar protein during heat induced gelation. Meat Science, 70（2）: 293-299.

Westphalen A D, Briggs J L, Lonergan S M. 2006. Influence of muscle type on rheological properties of porcine myofibrillar protein during heat-induced gelation. Meat Science, 72（4）: 697-703.

Wu M C, Akahane T, Lanier T C, et al. 1985. Thermal transitions of actomyosin and surimi prepared from atlantic croaker as studied by differential scanning calorimetry. Journal of Food Science, 50（1）: 10-13.

Yildirim S, Rocker B, Pettersen M K, et al. 2018. Active packaging applications for food. Comprehensive Reviews in Food Science and Food Safety, 17（1）: 165-199.

Yıldız-Turp G, Serdaroğlu M. 2008. Effect of replacing beef fat with hazelnut oil on quality characteristics of sucuk—A Turkish fermented sausage. Meat Science, 78（4）: 447-454.

Yongsawatdigul J, Sinsuwan S. 2007. Aggregation and conformational changes of tilapia actomyosin as affected by calcium ion during setting. Food Hydrocolloids, 21（3）: 359-367.

Zhang L L, Zhang F X, Wang X. 2016. Changes of protein secondary structures of pollock surimi gels under high-temperature（100℃ and 120℃）treatment. Journal of Food Engineering, 171: 159-163.

Zhang M Q, Yang Y J, Acevedo N C. 2020. Effects of pre-heating soybean protein isolate and transglutaminase treatments on the properties of egg-soybean protein isolate composite gels. Food Chemistry, 318: 126-221.

Zhang T, Xue Y, Li Z J, et al. 2016. Effects of ozone on the removal of geosmin and the physicochemical properties of fish meat from bighead carp（*Hypophthalmichthys nobilis*）. Innovative Food Science & Emerging Technologies, 34: 16-23.

Zhang Z Y, Yang Y L, Tang X Z, et al. 2015. Chemical forces and water holding capacity study of heat-induced myofibrillar protein gel as affected by high pressure. Food Chemistry, 188: 111-118.

Zhao X X，Han G，Wen R X，et al. 2020. Influence of lard-based diacylglycerol on rheological and physicochemical properties of thermally induced gels of porcine myofibrillar protein at different NaCl concentrations. Food Research International，127：2-4.

Zheng J，Zeng R Q，Kan J Q，et al. 2018. Effects of ultrasonic treatment on gel rheological properties and gel formation of high-methoxyl pectin. Journal of Food Engineering，231：83-90.

Zhou X X，Jiang S，Zhao D D，et al. 2017. Changes in physicochemical properties and protein structure of surimi enhanced with camellia tea oil. LWT-Food Science and Technology，84：562-571.

第 3 章　抗冻多肽品质调控技术

3.1　抗冻多肽的简介

在低温环境中大多数的生物体会受到冰冻的伤害，因为生物体的体液在冰点以下的温度会结冰，从而对生物体细胞产生致命的伤害。而有部分特殊的生物体为了适应寒冷的环境得以生存，经过长期的进化在其体内产生出一类具有抗冻生理功能的蛋白，这种蛋白最早于 1969 年被动物生理学家 DeVries 在南极鱼类体内的血清中发现，并被分离提纯出来，将其称为抗冻蛋白（DeVries and Wohlschlag，1969）。抗冻蛋白是一种对冰晶的生长和重结晶有抑制作用的特殊蛋白质，具有热滞（thermal hysteresis，TH）效应、重结晶抑制（recrystallization inhibition，RI）效应和修饰冰晶形态效应等三个基本特征；因此，抗冻蛋白又称为热滞蛋白、冰结构蛋白或冰核蛋白。抗冻蛋白主要存在于部分高寒、高海拔地区的生物体内，生物体内抗冻蛋白含量极少，要将这些微量的抗冻蛋白从生物体内纯化出来成本太高，非常有限的数量以及价格昂贵等原因，制约了抗冻蛋白的规模化应用。此外，对于抗冻蛋白的作用机制尚不够明晰。因此，当前对于抗冻蛋白的研究，主要集中在抗冻蛋白的作用机制上。

有研究发现，抗冻蛋白的抗冻活性主要取决于局部的特异多肽链结构域（domain）部位，并非整体蛋白质在起作用，即使是纯化的抗冻蛋白，抗冻活性往往也不理想。获取特异性多肽链结构域片段，已成为抗冻蛋白新的研究方向。有科学家把大分子抗冻蛋白突变为小分子活性片段以进一步提高其抗冻效率，也有科学家通过生物酶解技术，从食源性蛋白源中筛选出高活性抗冻多肽（antifreeze peptides，AFPs），尤其从食源性明胶、胶原蛋白中获取具有特异性的高活性多肽片段的报道居多（Chen et al.，2021）。AFPs 是一类在结冰或亚结冰状态下能保护生物体，降低冰冻损伤的一类小分子蛋白或蛋白质水解物。AFPs 不但具有良好的抗冻活性，而且其理化性质较为稳定，重要的是 AFPs 安全、不受原料来源限制且生产成本相对低，这些特性有利于 AFPs 的规模化生产应用；因此，与抗冻蛋白相比 AFPs 更具有应用前景（陈旭等，2019）。

AFPs 能有效降低冰晶生长率、抑制冰晶重结晶的发生，减少生命有机体在所处的水环境中由于冻结所造成的低温损伤，它们在冷冻食品的低温保鲜、生物医药、低温组织工程等方面发挥重大作用，成为一种有前景的低温保护剂或食品配料（陈旭等，2019）。本章主要从 AFPs 的来源及分类、功能与活性评价方法、作用机制、制备方法及对肉糜制品品质调控等方面进行总体概述。

3.2　抗冻多肽的来源及分类

根据制备方法不同，AFPs 可以分为：酶解 AFPs、发酵 AFPs 和合成 AFPs 三类。

3.2.1　酶解抗冻多肽

目前，国内外学者对于 AFPs 的研究，主要集中于从天然食源性蛋白源的原料中筛选出具有活性的多肽片段。对于胶原蛋白/明胶酶解物的研究居多，发现胶原多肽蕴藏着显著的抗冻活性。而胶原蛋白/明胶来源广泛，是蛋白质含量大于 82% 的食源性原料。它作为一种食品组分在国内外普遍使用并被广泛接受，其中欧美盛行的"Jell-O"果冻就是以明胶为主要原材料的餐后甜点（Ward and Courts，2006）。同时，明胶是一种结构独特的蛋白质，它含有约 33% Gly、33% Pro（Hyp），其典型的氨基酸一级结构为 $+\mathrm{Gly}-x-y+_n$（x、y 表示其组成氨基酸，n 表示若干长度），与天然生物体中存在微量的一类富含 Gly 结构的抗冻蛋白的氨基酸序列有高度相似之处。研究发现抗冻蛋白或 AFPs 的抗冻活性与 Gly、Ala、Pro、Hyp 都是相关的（Duman and DeVries，1972），因此这些含量增加的氨基酸可能是提高多肽复合物抗冻活性的关键，再加上胶原蛋白/明胶中的 Pro、Hyp 及 Ala 残基的烷基侧链可以提供部分的非极性环境，通过疏水作用维持 AFPs 和水分子之间形成的氢键，使之表现出冰晶抑制效应。

通过生物酶可控酶解技术获取特定的多肽结构域是当前 AFPs 研究的热点之一。研究发现，冰结合蛋白（ice binding protein，IBPs）的抗冻活性与特定氨基酸残基，如 Gly、Ser、Asp、Thr 和 Ala 的排列及含量密切相关。而胶原蛋白中富含上述氨基酸，此外胶原蛋白中富含的 Pro 和 Ala 残基的烷基侧链可以构成非极性环境的一部分，AFPs 和水分子之间形成的氢键可以通过疏水相互作用来维持，有利于与冰晶结合。因此，目前报道的酶解 AFPs 的制备，多以食用明胶（Wang et al.，2015）或者新鲜动物皮（Du and Betti，2016）、鱼鳞（Chen et al.，2019）、动物肌腱（Wang and Damodaran，2009）等加工副产物通过生物酶解得到。

Chen 等（2019）以罗非鱼鳞为原料，在最佳的酶解工艺条件下（温度 50℃，时间 6.35h，pH 7.38，酶添加量 7.30%，底物浓度 4%）制备罗非鱼鳞抗冻多肽（tilapia scales antifreeze peptides，TSAFPs）。通过对 TSAFPs 的基本理化特性测定发现：TSAFPs 的分子质量主要分布在 180~2000Da 之间，富含 Gly、Pro、Glu、Ala 等氨基酸，其表面疏水性和等电点分别为 0.1235 和 2.35，且具有较好的热稳定性。

此外，TSAFPs 的 TH 活性为 0.29℃，而 T_g 为 17.08℃；低温显微镜观察发现 TSAFPs 具有抑制冰晶重结晶能力；核磁共振显微成像表明 TSAFPs 可以使冰在较低温度和较短时间下发生融化。通过酶解技术，Wang 等（2011）从白鲨鲨鱼皮中筛选得到鲨鱼皮 AFPs 样品，发现当添加质量浓度为 250μg/mL 时，保加利亚乳杆菌冷冻保存后的存活率有显著提高。同样地，Wang 等（2013）优化酶解工艺，从牛皮胶原蛋白中筛选得到分子质量为 2107Da 的 AFPs。质谱测序得到该 AFPs 的氨基酸序列为 GERGFPGERGSPGAQGLQGPR。Wang 等（2015）利用碱性蛋白酶酶解猪皮胶原获得 AFPs，并探究该 AFPs 对嗜热链球菌的低温保护作用机理，发现 AFPs 可以保护冻干细菌细胞内 β-半乳糖苷酶和乳酸脱氢酶，且会包裹在细胞表面，维持菌体的饱满形态。此外，Hui 等（2016）从猪皮胶原蛋白水解物中，分离得到具有较好的 TH 活性和冰晶重结晶抑制（IRI）活性的 AFPs，通过蛋白测序，得到该 AFPs 的氨基酸序列为 GLLGPLGPRGLL。Du 和 Betti（2016）研究了鸡胶原蛋白水解物在冻融循环中对肌动蛋白的保护作用及其机理，发现其水解物可以显著抑制冰晶的生长。

3.2.2　合成抗冻多肽

化学合成是实验室常用的制备具有特定氨基酸序列的多肽的方法，包括液相和固相合成以及生物催化合成等方法。多肽的液相合成需要在每接上一个氨基酸后对产物进行分离纯化，以去除反应底物，该方法步骤非常耗时，技术要求高。多肽合成是一个氨基酸重复添加的过程，液相合成序列一般是从 C 端合成到 N 端。而固相合成的优点是所有的反应都可以在一个容器中进行。偶联步骤完成后，未反应的试剂和副产物可以很容易地通过水洗去除，省去中间体的纯化过程，极大地降低了产品合成过程的纯化难度。为了避免出现不期望的反应产物，需对参与合成反应的氨基酸侧链进行保护，同时暴露出羧基端，激活羧基端。固相合成是氨基酸残基数在 100 个以内的多肽合成最常用的方法。

AFPs 有一些共同的结构特征，如分子质量一般小于 3000Da。而基于胶原蛋白来源的 AFPs 通常具有三肽重复序列（-Gly-Pro-X-，-Gly-X-，-Gly-Z-X-），以及特殊的带电基团或两亲性区域。此外，AFPs 可通过其烷基侧链形成的非极性环境维持水与冰晶之间的氢键稳定性，使 AFPs 抑制冰的重结晶。基于上述研究，Yang 等（2016）合成了序列为 GAGP[(GVGVP)(GEGVP)$_9$]$_2$-GWPH6 的 AFPs，显示出良好的 IRI 活性。同样，Zhang 等（2018）合成了一种 AFPs（DTASDAFAAAAL），该 AFPs 同时具备良好的 IRI 活性和 TH 活性。

3.2.3　发酵抗冻多肽

微生物发酵法制备活性肽，其原理是通过微生物代谢过程中分泌的蛋白酶对反应底物中的蛋白质进行水解，形成小分子多肽的过程；该方法主要通过调控发酵条件来制备出不同分子量和不同活性的多肽产物。微生物发酵的原料含有丰富的蛋白质，产生的多肽因发酵条件的不同而不同。此外，发酵制备的肽可以直接被人体消化系统吸收。与酶水解比，通过发酵法制备的多肽风味更佳，且食用安全。但发酵法制多肽，因生产时间长，特异性和制备效率低，工业中实际应用较少。

3.3　抗冻多肽的功能和活性

当生物体的体液低于冰点时，细胞所处环境会形成冰晶，冰晶的形成会破坏细胞膜，从而导致细胞裂解，这对细胞、组织、器官造成的伤害是不可逆，甚至是致死的。AFPs 是一种广泛分布于生物界的活性蛋白，具有 TH 活性、IRI 活性、冰核异构化活性、冰黏附活性（图 3.1），能非浓度依赖性地降低溶液的冰点。基于以上良好的冰晶调控效果，AFPs 可应用于冷冻手术、低温组织工程，如细胞、微生物、组织、器官和幼体等系列超低温冻藏生物制品和生物体中，提高冷冻生物制品存活率和成活率（Cheung et al.，2017）。可见，AFPs 具有很高的实际应用价值，也因此一度成为广大学者研究报道的热点。

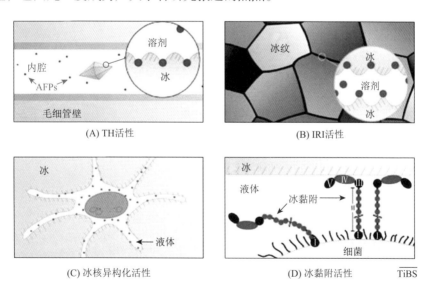

(A) TH活性　　　　　　　　　　　　(B) IRI活性

(C) 冰核异构化活性　　　　　　　　(D) 冰黏附活性

图 3.1　AFPs 的已知功能（Davies，2014）

3.3.1　热滞活性

一般来说，固-液两相在蒸气压平衡时的温度称为溶液的冰点，因而溶液的冰点与熔点相同。而当 AFPs 存在时，AFPs 可以吸附在冰晶表面，阻挡冰晶的生长通道，使冰晶的表面曲率增大，表面蒸气压力升高，冰晶必须在更低的冰点下才能继续生长，从而使得溶液冰点降低，而对溶液熔点影响甚微，也就是 Kelvin 效应（Knight，2000），而冰点与熔点之间出现的差值称为 TH。TH 是评价 AFPs 活性高低的关键指标之一。AFPs 之所以能使溶液产生 TH 现象，是因为 AFPs 能够将溶液的凝固点降低到平衡熔点以下，从而导致溶液冻结滞后，产生 TH 现象（图 3.2）。凝固点的降低是由于冰核在二次成核过程中受阻。过冷液体中新形成的冰晶称为初次成核，与初次成核不同，二次成核是从现有晶体中产生的。AFPs 会阻止现有冰晶的进一步生长，也就是会抑制冰晶的二次成核。这是由于 AFPs 能吸附冰核表面，导致冰晶表面曲率增加，这使得溶液的冰点降低，从而发生熔点滞后。AFPs 的 TH 现象可以通过 Kelvin 效应来解释（Knight，2000），从热力学的角度来看，冰晶表面曲率增加后冰水界面的蒸气压升高，蒸气压升高冰点降低，这样在弯曲的冰界面上加水分子会比在平坦的冰面上加水分子更难，从而发挥抗冻的效果。

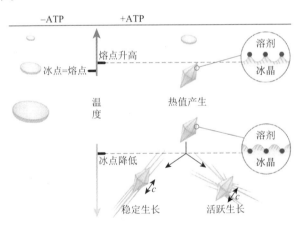

图 3.2　AFPs 的热滞活性产生机制（Davies，2014）

　　寒冷生态系统中的生物依赖 AFPs 防止体液在过冷温度环境下冻结，使其具有较强的冷冻耐受性以适应寒冷的生长环境。例如，血液中含有中等活性水平 AFPs 的南极鱼科体液的平衡凝固点在 $-0.6 \sim -0.9$℃之间，但是它们却能生长于温度接近 -1.9℃的海水中，这个温度远低于能使海洋硬骨鱼体液形成冰核的温度。与鱼类 AFPs 相比，昆虫和其他陆地节肢动物表现出更强的耐低温性，能在气温低于 -20℃的极端环境下生存。从这些昆虫中分离出的 IBPs 可以降低体系的冰点 $2 \sim 3$℃，其在微摩尔级别的 TH 活性就远高于鱼源 IBPs 在毫摩尔级别的 TH 活性，因此昆虫源 IBPs 被称为极度活跃的 IBPs。随后，在许多微生物中也发现了具有较高 TH 活性的 IBPs，例如，来自雪腐病核瑚菌

（*Typhula ishikariensis*）的 TisAFPs，在亚微摩尔级别就能降低体系的冰点 3℃左右（Kawahara et al.，2007）。

3.3.2　重结晶抑制活性

冰晶的重结晶是一个典型的热力学过程，是内能较高的小冰晶熔化形成更大冰晶的过程，该过程称为奥斯特瓦尔德熟化过程（Mizrahy et al.，2013）。IBPs 的 IRI 活性是耐寒生物在极冷环境中生存的关键特性，甚至 IRI 活性比 TH 活性对于寒冷地区生物来讲更为重要。因为当生物体液达到冰点时，由于非均相成核剂的存在，在细胞外会形成许多小冰晶，随着时间推移和气温波动，小冰晶在奥斯特瓦尔德熟化过程中熔化形成大冰晶。更大冰晶形成导致的机械应力损伤对低温保存的细胞以及处于极地或寒冷地区的生物都是致命的。

AFPs 具有良好的 RI 活性，是一种卓越的冰晶重结晶抑制剂，这种活性被认为是耐寒植物体内的 AFPs 的主要作用。目前已知的 AFPs 均具有 RI 活性。虽然 AFPs 的 RI 活性与 TH 活性都是通过吸附抑制发挥作用，但是 RI 活性和 TH 活性之间并没有明显的相关性。IBPs 在亚微摩尔浓度时通常足以产生 RI 活性，而相同 AFPs 表现出 TH 活性通常必须达到毫摩尔浓度级别以上。此外，有趣的是，同一种 AFPs 可以同时通过两种不同的途径提高低温生物的抗冻性：一种是通过降低冰点起到防护作用（TH 活性），另一种是提高低温生物的冷冻耐受性（RI 活性）。耐冻生物中的 AFPs 也可能通过阻止冰晶穿过植物的细胞壁［图 3.3（B）］或微生物的细胞膜［图 3.3（C）］来保护细胞内部免受致命的胞外冰晶的侵袭。

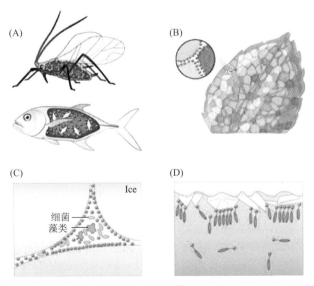

图 3.3　AFPs 在生物体内的已知功能（Bar Dolev et al.，2016）

自 20 世纪 90 年代初以来，人们就开始研究 AFPs 与膜相互作用的观点，当时鱼类 AFPs 和抗冻糖蛋白（AFGPs）被证明可以保护细胞和组织的结构完整性，并防止低温条件下模型膜的渗漏（Tomalty and Walker，2014）。

3.3.3　冰核异构化活性

冰核异构化（ice nucleus isomerization，INI）就是能够改变冰核原本的特定形态，INI 活性是 AFPs 的另一个重要的特性。纯水中冰晶的生长是以垂直于 c 轴方向同时向四周生长，所以通过低温显微镜观察到的是呈现圆盘形状（图 3.4）。当溶液中存在 IBPs 时，IBPs 与冰晶结合，改变冰晶的正常生长模式，限制其大小和形态。AFPs 优先结合于冰晶的棱面（prism planes），抑制了冰晶在 a 轴方向上的生长。随着 AFPs 的结合，冰的生长只发生在基面（basal plane）特定的界面（c 轴），从而限制了它们在特定轴上的尺寸扩展，并改变其形态为独特的双向六棱锥体。有趣的是，中等活性的 AFPs 不抑制冰晶基面方向的生长，但在晶体生长过程中诱导冰的特征形状，而高活性的 AFPs 可以同时抑制冰晶基面和棱面冰的生长，AFPs 为何优先吸附于冰晶棱面的机制目前还不清晰。

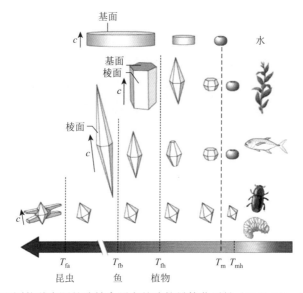

图 3.4　不同物种来源的冰结合蛋白的冰核异构化活性（Haji-Akbari，2016）

3.3.4　冰黏附活性

冰黏附活性是一类特殊的 AFPs 才具有的活性，是通过分泌的形式将 AFPs 分泌到细胞周围，通过 AFPs 两端特殊的结构域分别与细胞和冰晶结合，将细胞黏附在冰层表面 [图 3.5（A）]。Gilbert 等（2005）从南极耐寒性海洋细菌

Marinomonas primoryensis 中提取出一种具有 Ca^{2+} 依赖性的 AFP，并将其命名为
MpAFP。与以往被发现的 AFPs 不同，MpAFP 具有 RTX（repeats in toxin）黏附
素特征，且相邻的结构域（RV）也具有 RTX 重复特征，可以通过 I 型分泌途径
将蛋白质引导出细胞。这种蛋白质通常由 120 个 *β*-sandwich 结构域（R II）组成，
N 端区域（R I）负责将蛋白质与细菌外膜结合，而 C 端的冰结合结构域（R IV）
与冰层结合，以帮助细菌附着在海或湖冰的底部，附着在冰上可使细菌在光感区
中接近营养物和氧气，从而维持细菌活力［图 3.5（B）］（Guo et al.，2013）。

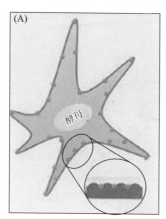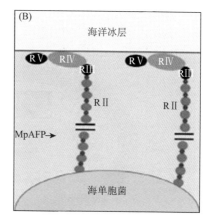

图 3.5　AFPs 的冰黏附活性（Białkowska et al.，2020）

3.3.5　保护细胞膜

在鱼类和昆虫中发现的部分 AFPs 可以和细胞膜结合，在低温环境下可以增
强细胞活性，从而增加细胞膜稳定性，起到抗冻的作用。此外，当细胞处于结冰
或者过冷状态时，细胞周围及内部环境产生的冰晶会对细胞产生机械损伤，冷应
激会诱发细胞发生凋亡，进而加速细胞死亡。Davies 和 Hew（1990）报道了鱼类
AFPs 能够保护细胞膜免受低温伤害。Graham 等（2005）研究发现在昆虫细胞膜
上的部分 AFPs 在冰点以下能增强细胞活力。Tomczak 等（2002）认为 AFPs 能
与细胞膜上的磷脂基团结合，提高细胞膜相变温度，降低冰晶对细胞膜损伤，
进而防止细胞内容物泄漏，维持细胞内外离子平衡，从而提高生物体的抗寒性。
Chen 等（2019）研究发现，AFPs 同样可能通过与细胞膜上的磷脂双分子层结合
（图 3.6），起到保护细胞的作用。

3.3.6　双重功能特性

除上述特性外，许多植物 AFPs 还具有参与其他正常生理反应的双重功能，
包括一些酶活性、抗菌和抗虫活性等。这些功能一般都与双重功能（PR）特性相
关。这活性蛋白包括 *β*-1,3-葡聚糖酶、植物脱水素及类甜蛋白等。可以将这类

AFPs 当作类 PR 型 AFPs，也可以认为是具有抗冻活性的 PR 蛋白。目前发现含 PR 型 AFPs 的植物主要包括冬黑麦（*Secale cereale*）、欧白英（*Solanum dulcamara*）以及胡萝卜等（Griffith and Ewart，1995）。另外在南极发草（*Deschampsia antarctica*）和黑麦草（*Lolium perenne*）中发现的 AFPs 也具有类似的生化特征（John et al.，2009）。Lin 等（2011）从桃树树皮中提取到的 AFPs 是一种脱水素蛋白 PCA60。尽管这类 AFPs 与 PR 蛋白具有同源性，且都具有抗病性，它们的调节模式却并不相同。例如，PR-AFPs 能被低温诱导，却不能被病原体诱导，也就是说病原体诱导的 PR 蛋白是不具有抗冻活性的，只有低温诱导的 PR 蛋白才具有抗病和抗冻双重功能（李文轲和马春森，2012）。

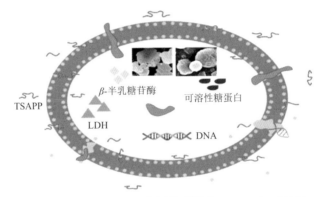

图 3.6　AFPs 与细胞相互作用模型图（Chen et al.，2019）

TSAPP：罗非鱼鳞抗冻多肽（tilapia scales antifreeze peptides）；LDH：乳酸脱氢酶（lactic dehydrogenase）

3.4　抗冻多肽的活性评价方法

　　AFPs 是一类冰结构蛋白/多肽，亦称热滞蛋白/多肽，具有热滞效应、重结晶抑制效应和冰晶形态效应，从而能够有效保护低温环境下生物体的正常生活。抗冻蛋白-多肽因其独特的结构和功能特性受到日益广泛的关注，抗冻活性的检测和评价是研究抗冻蛋白-多肽的关键步骤之一。抗冻活性检测和评价方法的发展伴随着抗冻蛋白-多肽的发展。

　　由于抗冻蛋白-多肽来源广泛、结构多样、抗冻活性差异大。因此，精准的抗冻活性检测和评价方法尤为重要。现有的抗冻活性检测和评价方法主要是基于热滞活性和冰晶重结晶抑制原理衍生出的定量或者定性的方法。热滞活性和冰晶是反映抗冻蛋白-多肽抗冻活性的 2 个重要指标，分别从降低冰点提高热滞差值和修饰冰晶形态 2 个不同层面反映了抗冻蛋白-多肽的抗冻活性。在研究抗冻活性时应从这 2 个方面进行检测鉴定，建立其抗冻活性的联合检测机制。由于方法的基本原理的差异，不同检测和评价方法的结果的准确性、相关性、重现性不同。现有的抗冻活性检测和评价方法存在的不足，为探究新的检测和评价方法提供了机会。

目前，抗冻蛋白-多肽常用的抗冻活性检测方法可以归纳为三种：一是冰晶观察检测法，是早期使用较多的方法，该方法使用显微镜观察冰晶的生长和消失，操作简单，冰晶形态直观性强，但由于是肉眼进行观察，误差较大，不仅给熔点和冰点的确定带来误差，而且不能定量确定冰点滞后前样品中已存在的冰晶量；二是纳升渗透压仪法，该方法是根据体系结晶前后的渗透压变化，通过经验公式来计算 THA，它受体系溶液种类、浓度和冷台温度程序等的影响，测定结果的精确度和重复性都较高，缺点在于无法精确控制和测定体系的冰晶含量，不利于进一步揭示结晶过程中体系发生的变化；三是目前对抗冻蛋白-多肽的 THA 检测最常用的方法差示扫描量热法（differential scanning calorimetry，DSC），通过测定体系升降温过程中热熔的变化来确定冰点和熔点，进而得到 TH 活性，由于能够精确控制和测定体系的冰晶含量，测定结果更加准确客观，精确度和重复性高，缺点在于检测花费的时间较长，仪器价格昂贵。

近年来，材料科学、低温成像技术、信息技术的迅猛发展，都为抗冻活性检测和评价方法的发展提供了有效的材料基础、理论储备和方法学支撑。本章重点阐述抗冻蛋白-多肽活性检测和评价方法，抗冻蛋白-多肽活性检测比较经典的方法有：低温显微镜法、差示扫描量热法、纳升渗透压法、冷台-偏振光法、低场核磁成像等。

3.4.1　低温显微镜

冰晶重结晶是指在低于体系熔点温度时发生的冰晶重结晶，即已形成的冰晶体颗粒之间的重新分配，小的冰晶相互结合，大的冰晶不断长大的过程，该过程称为奥斯特瓦尔德熟化过程（Ostwald ripening）（Mizrahy et al.，2013）。冰晶的重结晶是热力学驱动的过程，这会导致体系的总自由能降低，这也符合一切自发过程朝着体系自由能降低的方向进行的现象。因此，冰晶重结晶抑制活性也是评价抗冻蛋白-多肽抗冻活性的重要指标。结晶的形成主要取决于晶核，冰晶的重结晶是以较小冰晶的消失来实现的较大冰晶的生长，而与成核过程无关，这也是二者的关键区别。因此，冰晶重结晶抑制活性的量化主要是基于其终点的确定，冰晶重结晶抑制的评价是最灵敏的抗冻蛋白-多肽抗冻活性评价方法，即使纳摩尔浓度的抗冻蛋白-多肽也能抑制冰晶的重结晶。

抗冻蛋白-多肽的重结晶抑制活性可通过冷台-偏振光显微镜直接观察，重结晶抑制活性一般采用 Knight 等发展的"splat cooling"技术，通过迅速冷冻产生冰晶和在低温下用显微镜来检测冰晶的生长。该方法用两个圆形载玻片将 2μL 含有 30%蔗糖的液体压扁（三明治状），高浓度蔗糖的作用是避免了界面抑制现象。将载片置于已用干冰冷却至−80℃的庚烷中，然后转移至通过循环冷却的−6℃玻璃小盒内，恒温 30～60min 后，显微照相记录。该方法在低温下转移，操作难度

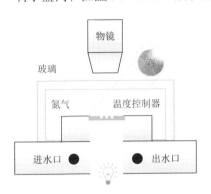

图 3.7　冷台-偏振光显微镜
示意图（Geng et al.，2017）

可想而知。随着技术的发展，现在用的较多的是带热台的偏光显微镜，程序控温，液氮系统降温，计算机软件采集冰晶形态图片，吹氮气防止空气冷凝影响图像采集。Wang 等（2009）将 AFPs 与冰淇淋基体混合，加到载玻片上压盖，将样品放入热台上，程序控温，先让样品迅速降至−50℃，再以缓慢的速率在−14～−12℃循环，用显微镜记录冰晶形态，加有 AFPs 样品的冰淇淋基体所形成的冰晶小且更均匀。冷台-偏振光显微镜主要由制冷系统、拍照系统及计算机图像处理系统三个部分组成，其构造如图 3.7 所示。

目前，冰晶重结晶抑制活性测定方法主要为溅射冷却（splat-cooling）法。实验过程：采用经液氮或干冰预冷却的金属板，将少量（10μL）抗冻蛋白溶液从距离经−80℃预冷金属板上方 1.5～3.0m 高的位置滴落。滴落的样品与金属板接触时，瞬间冻结形成一个薄薄的冰晶片，该法亦称平板实验。将冰晶片转移到显微镜载物台上，调整温度，使冰晶孵化一段时间进行重结晶。利用显微镜对各个时间段的冰晶形态图像进行观察并拍照，并对图像进行处理分析；通过比较、测算冰晶的变化情况，获得冰晶重结晶抑制活性。通常以 BSA、蒸馏水作为阴性对照。

在实际操作过程中，当样品溶液中溶质的浓度很高时，样品的下落及其他操作都比较困难，而且形成的冰晶可能不透明，对于冰晶变化的观察也比较困难。因此，Smallwood 等对其进行了改进，设计了蔗糖-三明治检测法（sucrose-sandwich assays）。将抗冻蛋白溶解于 23%～60%的蔗糖溶液（20mmol/L 碳酸氢铵，pH 8.0）；梯度稀释，分别取少量封于两个圆形薄片（直径 12～18mm）之间；然后"三明治"在有机溶剂（异辛烷、庚烷）中速冻至−80℃；随后"三明治"被转移至相同的溶剂中在−8～−6℃保温（30min 至过夜），冰晶形态的变化采用显微镜观测。早期采用的冰晶重结晶抑制活性测定方法是将样品溶液封存于玻璃片之间，然后，将溶液降温过冷至−6℃并且成核并于−4℃下保温 24h 让冰晶进行重结晶；利用显微镜观察拍照，得出冰晶重结晶抑制活性。但是此法中最终冰晶晶粒大小主要取决于晶核的数量以及晶界迁移率，样品形成晶核具有不确定性；而且该法一次只能观测一个样品，多个样品不能同时观测和比较，样品也不能保存另用。Tomczak 等（2003）为了解决这些问题，提出了毛细管法。在该法中，不同的样

品被注入毛细管中，在同一个显微视野中可以同时观测并排摆放 10～15 个样品。此外，注入毛细管中的蛋白样品可以保存 4 周而不降解，且可以继续用于后续分析。同样，采用该方法测定了抗冻糖蛋白类似物的冰晶重结晶抑制活性。

　　基于 RI 评价的 DSC 快速定性评价方法原理是，含有抗冻蛋白-多肽的样品在特定的时间和浓度范围内的热分析图表现出放热特性，而空白样品的热分析图则没有表现出放热特性。最终，该法可以用于任何含有抗冻蛋白-多肽或冰结构蛋白/多肽的样品（不论其是基于水或者缓冲液作为提取溶剂）。该法准确、快速，不需要烦琐的实验室准备工作或观察，所需样品量低于 1μL。此法还可与先前介绍的 DSC 法评价 THA 相结合。该法的局限是测试样品不能够再回收，样品的浓度范围需要确定，无法提供冰晶颗粒大小的信息。还有一种"重结晶抑制终点"（RI end point）的方法，通过梯度稀释样品用于检测样品的 RI 活性，直至确定样品的 RI 活性不被检出的浓度。抗冻蛋白-多肽浓度越低表明冰晶的重结晶抑制活性越高。相同浓度不同来源抗冻蛋白-多肽之间冰晶重结晶抑制的活性越高，其抗冻效果越好。该法的优势在于保留了样品，可以用于进一步的分析及同步的观测。

　　然而，采用上述方法，每次只能进行一个实验样品的测定，拍照时样品也必须放于显微镜固定的位置，以防因高度变化产生的误差。因此，必须等所有的样品都测定完毕之后才能将所得到的图像进行直接比较和分析，但仅能获得样品的冰晶重结晶抑制活性信息。由于样品是置于玻璃片或金属板上，测定之后样品不能进行保存，因此，样品也无法再次使用或留作参考，也不能用于其他应用或者同步分析。

3.4.2　差示扫描量热仪

　　差示扫描量热法是一种在差热分析（differential thermal analysis，DTA）的基础上发展起来的热分析技术，兼具 DTA 的功能并克服了 DTA 在计算热量变化方面的困难。DSC 法是以样品温度变化产生的热效应为基础，通过测定抗冻蛋白-多肽结晶过程中热量的变化，精确测定热容和热焓，进而确定真实的结晶起始温度，得到样品的热滞活性并精确测定体系的冰晶含量。DSC 法对冰晶含量可以做到比较准确的控制，也可以测定其体系中的含量，所显示出的结果精确度和重复性比较高，可以客观反映其抗冻活性。但是使用这种方法检测抗冻活性的不足之处是耗时长，所需仪器设备的精度要高。

　　DSC 测热滞活性的原理是通过测定溶液体系的结晶过程中吸热、放热变化，判断样品的冰点与熔点，确定真实的结晶起始温度，从而得出样品的热滞活性。DSC 可以对样品的吸热和放热过程进行有效的控制和计算，因而可以准确地测定体系的冰点和熔点。实际测定时，液体向固体发生相变的过程中，由于形成晶核需要极长的诱导期（即过冷现象），即使加入成核剂也难以消除，这对冰点的测定带来困难。然而，测定过程中，经退火处理可以克服由于过冷现象带来的困难。同时，DSC 法通过精确测定体系的吸热和放热，可以进一步计算出混合态样品中的冰晶含量，从而达到定量的目的。优化后的 DSC 方法能够精确地测定体系内冰晶含量、熔点、冰点和热滞活性，为 AFPs 的热滞活性测定方法开辟了新途径。

　　具体操作方法是先将样品以一定的速率降温至过冷点，平衡后再以一定的速率缓慢升温，通过热流图的变化计算出样品熔点（T_m）及熔融焓 ΔH_m。重复上述的升温降温过程，并将温度停留在一个特定值（保留温度 T_h），再以同样的速率降温至过冷点，计算熔化部分再次冻结时的焓变 ΔH_f 以及冻结起始温度 T_0。ΔH_f 和 ΔH_m 的比值是部分熔化样品的冰晶含量，而热滞活性则为保留温度 T_h 与冻结起始温度 T_0 的差值。通过改变停留温度可以得到不同温度下体系的冰晶含量以及样品的热滞活性。该方法的测定结果比其他方法更加客观准确而且可以得到整个体系精确的热滞活性和冰晶含量。Wu 等（2015）采用 DSC 法测定丝胶 AFPs 的热滞活性，取得良好的效果，作者将 5μL 肽溶液，先以−1℃/min 的速率使样品由室温降至−25℃，平衡 5min，样品结冰固化，再以 1℃/min 的速率升温至 10℃，平衡 5min，使样品全部融化，至此可得到体系过冷点、结晶热（ΔH_m）、样品熔点（T_m）和熔融热。然后以−1℃/min 速率降温至−25℃，平衡 5min，样品全部结冰；再以 1℃/min 速率升温至 T_{h1}，使样品处于部分熔融状态，平衡 5min；以−1℃/min 的速率降温至−10℃，平衡 5min，样品全部结冰；再以 1℃/min 的速率升温至改变的 $T_{h2}\cdots\cdots T_{hn}$，取不同 T_h，重复实验，得到热流图，然后通过软件计算分析获得溶液的热滞活性、冰晶含量等。

　　1988 年，DSC 法被用于黄粉虫抗冻蛋白热滞活性的评价并确定了影响因素。田童童等（2014）采用 DSC 法测定了胡萝卜抗冻蛋白的热滞活性。Ding 等（2015）从冷驯的啤酒大麦种子中提取了抗冻蛋白并采用 DSC 方法测定了其 THA，抗冻蛋白浓度为 18.0mg/mL 时，THA 为 1.04℃。Jia 等（2012）从越冬的女贞叶片中纯化出了抗冻蛋白，采用 DSC 方法测定了其 THA，抗冻蛋白浓度为 10mg/mL 时，冰晶含量 5%，THA 为 0.27℃。近年来诸多研究者将 DSC 法作为测定蛋白质功能性质的主要方法。Guerrero 和 Caba（2010）对不同 pH 条件下压缩处理大豆蛋白膜的热血性质和机械性质进行了研究，采用 DSC 法等技术来探讨 pH 对理化性质的影响同时也研究了机械性质与 pH 和储存时间的关系。黄晓毅等（2009）介绍了 DSC 在肌肉蛋白质热稳定性、压力稳定性、凝胶特性和持水性研究的应用进展并且对 DSC 在肉类研究中的应用进行了展望。目前，DSC 法已经成为测定抗冻蛋白-多肽热滞活性的主要方法之一。通常 DSC 法测定开始前，一般采用萘、镓、铟、辛烷等校正，以空的铝盘作为参照；以 BSA、蒸馏水作为阴性对照；待测样品常溶于蒸馏水、Tris/HCl 缓冲液、PBS 等体系。

　　相比于其他方法，在相同的测定环境中，DSC 法测定结果的精确度和重复性更高。通过过冷冻结及融化热流的温度曲线，还能反映抗冻蛋白特殊的相变和热力学行为。由于仪器测定范围的限制，DSC 法不能测定过冷点太低样品的热滞活性。尽管该法可以计算出样品中冰晶的体积，但是不能提供冰晶生长形态和冰晶大小的信息。此外，样品浓度、升降温速率、冰晶含量等都会影响测定结果甚至无法检测出热滞活性，检测时间较长，设备的成本和环境要求也较高。特别是较低的升/降温速率能够减少或避免过冷现象对热滞活性测定结果造成的误差和干扰。

尽管基于热滞活性的抗冻蛋白-多肽抗冻活性评价方法具有独特的优势，但在抗冻蛋白-多肽抗冻活性评价方面仍然受到样品来源、浓度、退火时间、测试环境、添加物盐离子种类及浓度、控温精度、升/降温速率等因素的影响。因此，抗冻蛋白-多肽热滞活性的评价结果重现性、可比性差异较大。虽然基于热滞活性的抗冻蛋白-多肽抗冻活性评价方法还存在一些问题，但热滞活性依然是评价抗冻活性的最重要方法之一。特别是近年来，伴随着新技术的出现，纳升渗透压法和 DSC 法的测量精确度和准确度都不断提高，它们已经成为热滞活性测定的主要方法。

3.4.3　纳升渗透压计

纳升渗透压法（nanolitre osmometer）是利用纳升渗透压计系统借助显微镜观察冰晶生长情况的方法。该法所需样品量少，能够提供冰晶图像的特点。纳升渗透压仪由温度控制单元和冷冻平台组成，样品支持盘（具有多个直径约为 0.33mm 的上样孔）安装在冻结盘上。测定前，首先要利用已知摩尔渗透压浓度的溶液进行两点定位校准，上样前将少量的浸油注入样品孔的底部（目的是保持表面张力及防止样品脱水）；然后采用微量注射器或毛细管取少量样品溶液注入或吹入样品槽的浸油中。纳升渗透压法的冷却台采用佩尔捷原理（Peltier principle）运行控制，能够在 0～9℃（误差为±0.01℃）范围内进行精确调节温度。通过调节冷却台的温度实现精确升/降温，诱导冰晶的生长或熔化，直至获得最后一个冰晶核。期间通过显微镜观察冰晶的生长情况，获得样品溶液的冻结点和熔点，进而获得样品的热滞活性。观测期间，冰晶的生长及减小还可以通过摄像机记录并采用计算机软件分析研究。有研究发现纳升渗透压法较毛细管法更灵敏，即使相同的样品，纳升渗透压法测得的热滞值大于毛细管法。原因可能是由于纳升渗透压法所需的冰晶小于毛细管法，所需样品量也少于毛细管法。冰晶的形状显示为圆形/圆盘形时，表明样品没有抗冻活性；冰晶的形状为多面体或者双六面体时，表明样品的抗冻活性较高；冰晶的形状为平的六棱柱型，表明样品的抗冻活性较低。此外，由于低温成像技术的不断发展，纳升渗透压计与显微镜相结合观察到的冰晶生长变化的图像更加清晰和准确。但是纳升渗透压计的操作过程主要是依靠人工完成，温度的变化速率和温度的波动也无法达到非常精准的控制，测定温度范围较小（测定下限大约为–7.5℃），而且该设备无法显示时间与温度之间的动态实时变化情况。Tomalty 和 Walker（2014）利用 Clifton 纳升渗透压计测定了多年生黑麦草抗冻蛋白的热滞活性，蛋白浓度为 1mg/mL 时，其热滞活性为 0.20℃。Gupta 和 Deswal（2012）利用 Otago 纳升渗透压计测定了沙棘抗冻蛋白的热滞活性，蛋白浓度为 0.2mg/mL 时，其热滞活性为 0.13℃。

　　Braslavsky 和 Drori（2013）设计了一个基于计算机控制的纳升渗透压系统，系统的冷台包括一个金属台和一个作为散热装置的微流装置，二者相连。系统的温度依靠温控仪控制的热电冷却器进行升/降温，而温控仪依靠计算机进行调控。改进的纳升渗透压法在原有装置基础上进行了检测室的改进并实现了控制系统的自动化，温度的控制与检测非常灵敏与精确（实现了以 0.001℃的分辨率降低到–25℃，也实现了 0.002℃的测量精度）；而且能够通过一个显微视频输出装置，自动将检测室内温度随时间的波动进行实时反馈。然而，该法采用冰晶的直接显微观测评价样品的热滞活性方法还存在不准确和不连续等问题。该法没有准确的方式确定冻结点和含有冰核溶液二次结晶的起始温度，因为它们的判断并不取决于视觉评价。此外，该法向金属板的孔中注入样品以及确定一个合适的冰晶作为观测对象也是非常耗时和烦琐的过程。纳升渗压计主要由毛细管上样系统、制冷系统、拍照系统及计算机图像处理系统四个部分组成，其构造如图 3.8 所示。

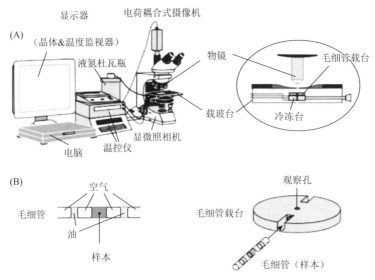

图 3.8　纳升-渗压计构造图（Takamichi et al.，2007）

　　冰点渗透压计是用来测量溶液冰点下降的精密仪器，它既能缓慢升温降温，也能够快速升温降温。纳升渗透压计是冰点渗透压计的一种，与一般渗透压计相比，纳升渗透压计只需少量样品。用纳升渗透压计测量 AFPs 的热滞活性，借助显微镜观察冰晶的增大或缩小。样品板放在渗透压计系统温控显微镜台上，用毛细管向样品槽中心加入大约 10μL 样品。通过快速降温到-40℃，样品快速冷冻，然后温度升高，溶化样品至一个约 50μm 的冰晶。小心升降温度，诱导冰晶缓慢生长或减小的温度分别看作冰点和熔点，二者之差即为样品热滞活性。此外，纳升渗透压法可以观察单冰晶形态，用于分析抗冻蛋白-多肽对冰晶形态的影响。

3.4.4　低场核磁成像

低场核磁共振技术是一种快速无损的检测技术，它具有测试速度快、灵敏度高、无损、绿色等优点，已经广泛应用于食品品质分析、种子育种、石油勘探、生命科学和橡胶交联密度等领域。该技术主要是借助于水分子的"无处不在"与"无孔不入"的特性，以水分子为探针，研究样品的物性特征。主要的测试参数包括纵向弛豫时间（T_1）、横向弛豫时间（T_2）、自扩散系数、T_1 加权成像、T_2 加权成像以及质子密度加权成像等。在核磁共振技术中，检测最为广泛的即是氢质子，以水为代表。氢原子在自然界丰度极高，由其产生的核磁共振信号很强，容易检测。核磁共振技术基于弛豫时间的差异可快速准确检测出样品中水分的性状以及不同性质水分的含量，以水分子为探针，研究样品的内部物性特征。

AFPs 具有的热滞活性，能使溶液的冰点低于熔点。为了确切地知道 AFPs 对冷冻溶液融化特性的影响，可以通过核磁成像技术来分析 AFPs 冷冻液的融化过程，这种技术可以将移动水的空间分布检测为正质子信号，冰冻 AFPs 溶液融化过程中的信号强度越强表示移动水越多，而固体冰不显示信号。Ba 等（2013）曾利用核磁成像技术观察添加抗冻保护剂的冷冻溶液融化特性，结果发现抗冻添加剂可以显著提高冰融化速率。

3.4.5　生物体低温保护法

上述测定 AFPs 抗冻活性的方法都需要一些精密的仪器设备，操作过程复杂，因此很多学着尝试寻找更多对仪器要求低、操作简单的抗冻活性检测方法，低温保护活性反映 AFPs 抗冻活性的方法应运而生。目前，已经形成的低温保护活性检测体系有细菌体系、细胞体系以及酶体系等。

细菌的低温保护活性检测，是将加有 AFPs 的菌液低温处理前后，用菌落计数法计算细菌的存活率，存活率越高，AFPs 的低温保护活性越高（吕国栋和马纪，2007）。细胞体系测定法原理与细菌体系相似，都通过低温处理后存活率的变化来检测抗冻活性，不同的是细胞体系需要测定一些指标从侧面反映细胞的存活，如 ATP 含量、LDH 释放量以及 WST-8 等。同样，细菌体系也可通过光密度（optical density，OD）值从侧面反映细菌的存活。600nm 处 OD 值是检测细菌生长的常用方法，细菌的生长状态可用 OD 值监测，当培养时间相等时，OD 值便能相对地反映样品中菌的多少。

3.4.6 新技术

综上所述，抗冻蛋白-多肽的抗冻活性评价方法各有优缺点，它们在抗冻蛋白的抗冻活性评价方法发展过程中发挥了应有的作用。研究发现，即使是相同物种来源的抗冻蛋白-多肽，由于其结构、测定方法的差异及产地的不同，抗冻活性测定结果的差异也非常显著，特别是 TH 和 RI 两种抗冻活性评价方法所获得的结果有时差异很大。这主要是由物种的来源、两类方法的评价原理、结果的表示方法等的差异不同所致。此外，在物种进化的过程中，为了抵御低温环境的胁迫，不同的物种采用迥异的抗冻方式和机理。极区鱼类或昆虫在寒冷环境中体液不能结冰，因此其抗冻蛋白-多肽的 TH 值较高；而越冬植物则通过抑制冰晶生长而防止其组织受低温伤害，因此其 RI 值较高，但 TH 值较低。因此，不同物种来源的抗冻蛋白-多肽与冰晶面的结合方式和途径也差异较大。

经过近半个世纪的发展，抗冻活性评价方法的发展已经由原来单一技术相对独立的发展状态逐渐过渡到多技术交叉、融合发展的状态，方法研究的理论基础不断深入；由原来较单一地基于生理感知或物质性的可视性研究向基于热力学、微观科学和信息技术相结合的研究发展。未来提高 AFPs 抗冻活性评价结果的准确性、精确性和相关性仍是抗冻蛋白-多肽抗冻活性评价研究的重点，尤其是进一步完善、规范现有的主要评价方法并明确二者之间的相关关系或者构建一种抗冻蛋白-多肽研究公认的标准定性/定量评价方法。研究人员可以基于统计学方法等分析两种评价结果的关联关系，进而为抗冻蛋白-多肽抗冻活性评价方法和结果的标准化奠定基础。随着科技的发展，分子动力学模拟、量子力学、计算化学等方法广泛应用于物理、化学、生物、材料等各个领域。比如，通过分子动力学模拟获取原子尺度的微观机制，模拟计算抗冻蛋白-多肽与冰水分子的作用模型；通过量子力学计算分析抗冻蛋白-多肽与冰水的结合能来预测其抗冻活性。

3.5　抗冻多肽的作用机制

3.5.1　抗冻多肽作用机制概述

不同来源 AFPs 在结构或抗冻活性方面虽然存在着明显差异，抗冻机理也不完全相同，但研究发现其作用机制具有共同相似之处，即 AFPs 都能通过一定作用方式结合在冰-水体系交界面，与不同的冰晶面或水相界面互作，调控冰晶的形状与大小，抑制冰晶生长从而发挥其抗冻活性（Chen et al.，2021）。虽然在实验体系很难得到一个清楚的 AFPs 与冰晶在冰-水界面层的作用结果图，但随着计算机化学中分子模拟技术、物理分析方法体系及新型生物光谱分析手段的应用，关于 AFPs 调控冰-水界面层结构的理论机制模型被不断完善与更新。结合国内外相关研究报道，发现至今为止有吸附-抑制模型、偶极子-偶极子模型、晶格匹配与占有模型、刚体能量模型、包合物锚定模型、亲和相互作用偶联团聚模型等理论模型被提出并广泛应用于对 AFPs 抗冻活性作用机制的理论解释。

3.5.2 吸附-抑制模型

吸附-抑制模型是最早也是目前被认可的用于解释 AFPs 热滞活性机制的一种理论模型。在低温条件下，AFPs 具有选择吸附性，与冰晶混合后吸附在冰晶生长的表面，冰晶在 AFPs 分子之间与水结合，在溶液中被 AFPs 分子覆盖的冰晶表面停止生长，而未被覆盖的区域则沿着平面继续向前推进形成一个圆形的表面，使其表面曲率增加（Chakraborty and Jana，2017a）。

该模型最早是依据 Raymond 和 Devries（1977）对 4 种 AFPs 与冰晶相互作用的研究结果得出。该研究发现当将含有少量氯化钠的 AFPs 溶液在-2℃下冷冻时，AFPs 不会在液相中浓缩，而是优先与冰相互作用，有很大一部分 AFPs 残留在冰中；同时观察冰晶形态发现，4 种 AFPs 质量浓度为 10mg/mL 时，其中 3 种 AFPs 都使冰晶生长为直径约 5～15μm 且与冰晶生长的 c 轴方向平行的针状。水溶液中形成的冰晶通常在垂直于 c 轴的方向上生长最快，而含有 AFPs 的溶液可以抑制冰晶在该方向生长，说明 AFPs 在平行于 c 轴的晶面优先进行吸附。此外，该研究还通过溶液中 AFPs 分子的浓度得到吸附结合到冰晶表面 AFPs 分子的分布情况，并计算由冰晶表面结合的 AFPs 分子引起的冰晶表面的曲率变化，最后由 Kelvin 效应推演得到由于 AFPs 表面效应而降低的溶液平衡冻结温度（热滞活性，$\Delta T/℃$）[式（3.1）]。

$$\Delta T = 27.2 \sqrt{\frac{\alpha C}{M_{\mathrm{w}}}} \tag{3.1}$$

式中，α 是分配系数；C 是 AFPs 物质的量浓度；M_{w} 是 AFPs 分子质量。针对所研究的 4 种 AFPs，根据公式（3.1）绘制热滞活性与 AFPs 质量浓度的关系曲线，曲线的形状和计算得到的热滞活性均与实际通过冻结曲线测量得到的热滞活性非常接近。

基于上述实验结果，Raymond 和 DeVries（1977）认为 AFPs 通过自身吸附到冰晶表面并通过 Kelvin 效应抑制冰晶生长。Kelvin 效应是指一般情况下冰晶生长垂直于晶体表面，假如杂质分子吸附于冰晶生长的表面，那么需要附加驱动力（冰点温度下降），促使冰晶在杂质间生长。由于表面曲率增大，因表面张力的影响，增加表面积将使体系的平衡状态发生改变，从而使冰点下降。因此，Raymond 等提出的模型为解释 AFPs 的热滞活性提供了一个重要的理论机制模型。

DeVries 和 Wohlschlag（1969）提出了沿着冰晶生长主要方向的基面 a 轴方向上 AFPs 与冰晶作用的吸附-抑制模型，并提出了吸附-抑制模型非凝集性降低水凝固点的作用机制（图 3.9）：吸附在基面上的 AFPs 分子会干扰台阶在基面上的扩散，导致台阶高度弯曲。由于 AFPs 分子直径大约是台阶高度的两倍，因此 AFPs 分子在基面台阶上的吸附阻止了 AFPs 覆盖的台阶区域的生长，因此冰晶无法在其上传播，仅在吸附的分子之间可能进一步生长，因此呈现弯曲的前沿。这些高度不规则的前沿导致冰晶表面积与体积的大幅增加，从而导致其凝固点下降，并且下降幅度取决于表面积相对于体积的变化率。

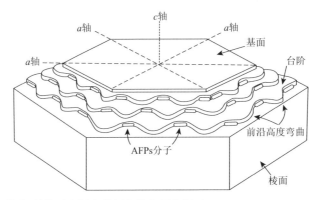

图 3.9　吸附-抑制模型降低水凝固点的作用机制（DeVries and Wohlschlag，1969）

Sönnichsen 等（1996）进一步揭示了在吸附-抑制作用模型中 AFPs 与冰吸附结合过程其分子结构域表面结构特征，其用多维核磁共振确定了Ⅲ型 AFPs 分子结构，发现 AFP Ⅲ具有两个非常平坦的正交表面，可以同时与两个正交的冰表面结合，同时位于 AFP Ⅲ分子 C 端的冰结合位点是平面且非极性的，具有低溶剂可及性和特定的冰结合残基（Gln9、Asn14、Thr15、Thr18 和 Gln44）极性侧链原子的特定空间排列特点。侧链的取向和可及性仅允许每个极性基团形成一个氢键（Gln9 除外），这限制了氢键长度和角度。AFP Ⅲ分子具有较大疏水核心，且非极性成分占比达到 73%，这说明 AFPs 分子中非极性基团可能比极性残基更易接近冰结合位点，导致冰结合位点的疏水性。该研究指出在吸附-抑制作用模型中，AFPs 分子除了氢键作用外，也可以通过分子间疏水作用吸附结合到冰晶表面。

Kristiansen 和 Zachariassen（2005）根据吸附-抑制模型，改进了定量计算热滞活性的理论模型。该模型假设结合到冰晶表面的 AFPs 分子的覆盖度反比于其溶解度，并由此计算结合在冰晶表面的 AFPs 分子之间的空间尺度，最终理论推导得到式（3.2）。

$$\Delta T = \frac{4\sigma T_{\mathrm{m}} \sin\theta \sqrt{K[\mathrm{AFP}]}}{\Delta H} \tag{3.2}$$

式中，ΔT 是热滞活性（℃）；σ 是界面张力（32erg/cm²[①]）；T_{m} 是熔点（K）；θ 是吸附的 AFPs 之间的冰-水临界凸面与平面夹角（°）；K 是与 AFPs 种类相关的常数；[AFP]是溶液中 AFPs 浓度[(mmol/L)[1/2]]；ΔH 是水的溶解热（3.3×10^9 erg/cm³）。式（3.2）理论模型重新估算了冰晶表面曲率的变化，并由此得到了 Ⅰ 型和Ⅲ型鱼类 AFPs（AFP Ⅰ、AFP Ⅲ）的热滞活性。该理论推导结果与通过冻结曲线或 DSC 实验测定得到的 AFPs 热滞活性基本吻合，从而证实了吸附-抑制作用理论模型的合理性。

吸附-抑制模型是目前最被接受的 AFPs 作用机制模型（Haji-Akbari，2016）。综上分析，该模型主要机理为 AFPs 通过氢键或疏水作用吸附到冰晶表面，通过 Kelvin 效应增加表面张力、改变冰晶表面曲率来抑制冰晶的生长速率和降低冰点，从而使 AFPs 具有热滞活性。但这种模型只能解释冰晶生长速度的降低而不能解释冰晶的生长停止，同时 AFPs 与冰晶两者之间的具体相互作用方式难以用简单的吸附-抑制模型来解释。因此，以吸附-抑制模型为基础，研究者又提出了偶极子-偶极子模型、晶体占位-晶格匹配模型、刚体能量模型、氢原子结合模型等，进一步解释 AFPs 与冰晶的结合方式以及其抗冻机制。

3.5.3　偶极子-偶极子模型

偶极子-偶极子模型主要从冰的晶体结构出发，着眼于 AFPs 如何阻止冰晶 a 轴向生长而提出的一种作用机制模型。该模型认为 AFPs 可以基于 AFPs 分子中的 α 螺旋极性与水分子极性的相互作用来阻止冰晶在基面（垂直于 c 轴）方向（a 轴）上的生长。蛋白质中多肽链形成 α 螺旋对亲水、疏水氨基酸残基的排列顺序有一定要求。通常情况下 α 螺旋因这种排列而同时具有亲水性和疏水性，并可简化为一个偶极子。对于最常见的冰的晶系——六方晶系（图 3.9）而言，其某个生长方向的外层水分子也可以看作是一个偶极子（Wathen et al.，2003）。因此，在偶极子-偶极子相互作用力下 AFPs 将被吸引到冰晶的生长 a 轴上，其 α 螺旋上的亲水氨基酸残基，尤其是 Thr 会与冰晶的水分子形成氢键，从而阻碍冰晶进一步生长（Graether et al.，2000）。

偶极子-偶极子模型最早由 Yang 等（1988）基于对一种冬季比目鱼体内的一类甲胎蛋白（Ⅰ型 AFPs，RCSB ID：1J5B）的抗冻作用机制研究结果所证实，其研究指出，冬季比目鱼来源的这种 AFPs 富含 Ala 以及它们二级结构上仅有一个 α 螺旋（图 3.10），在 α 螺旋与水分子的偶极相互作用驱动下 AFPs 贴近冰晶与游

---

① 1erg $= 10^{-7}$J。

离水的界面层，与冰晶、游离水同时形成氢键后通过 Kelvin 效应抑制了冰晶的进一步生长。后续研究发现（Graether et al.，2000），若将冬季比目鱼 AFPs 中几个 Thr 突变为 Ser，则其作用活性将显著降低，但此种突变并不会显著改变蛋白质的二级结构及偶极性。该模型将冬季比目鱼 AFPs 与冰的结合稳定性解释为二者之间氢键的形成，即 AFPs 与冰之间若能形成更多氢键则二者的结合就更牢固。Graham 等（2020）最近以一种跳虫体内的 AFPs 为研究对象，分析了其中几种同源 AFPs 结构，结果表明这几种 AFPs 均以 α 螺旋上特定氨基酸残基（Ala、Val、Pro 等）与冰面形成氢键。分析结果在一定程度上证实了偶极子-偶极子模型理论，并显示 α 螺旋结构对 AFPs 抗冻活性具有关键作用。

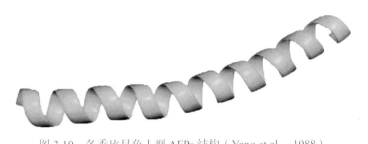

图 3.10   冬季比目鱼Ⅰ型 AFPs 结构（Yang et al.，1988）

偶极子-偶极子理论模型对在Ⅰ型 AFPs 干扰下冰晶外形角度参数发生变化这一现象作出了合理的解释，即轴向抑制结晶与另两个轴冰晶的生长相对独立。但该模型也存在一些问题，比如，对于以 β 片层为主要二级结构的 AFPs，该模型就不能很好地解释将蛋白推向冰水界面层的驱动力。该模型主要考虑整个 AFPs 分子与冰晶层的整体相互作用而忽略了不同的氨基酸残基与冰晶具体作用方式。例如，将该 AFPs 活性区域的 Thr 突变为 Ser 后活性下降，如果仅从偶极子作用角度出发并不能解释为什么同为亲水残基，Thr 有更强活性。

3.5.4   晶体占位-晶格匹配模型

晶体占位模型认为 AFPs 部分亲水残基与冰晶表层形成氢键，而这些氢键占据了晶体表面后晶胞（晶体中最小单元）中氧原子的位置，因而在 AFPs 吸附的生长 a 轴向上冰晶体生长受阻。在作用过程中，AFPs 会使冰晶体各个棱向生长速度不同而致使晶体截面发生变化，趋向于变为六边形（图 3.11）。

Knight 等（1993）基于对大西洋鱼（*Dissostichus mawsoni*）血液中的两种抗冻糖肽（antifreeze glycopeptide，AFGP）研究结果证实了晶体占位模型。这两种蛋白分子结构中有 4～5 个重复单元且均富含 Ala，同时在每个重复单元（Ala-Ala-Thr）中苏氨酸残基上以糖苷键与一个二糖结合。重复单元与冰结合位点呈平行轴向排列，每两个结合位点距离为 9.31Å，而冰晶生长轴上重复距离则为 4.519Å，近似为蛋白结合位点距离的一半（图 3.12）。图 3.12 结构模型中上面的 AFGP 与冰晶层在一个平面上的若干水分子以氢键结合，此结合恰好代替了冰晶层中最外面一层晶胞，形成牢固而不可逆的结合。此外，该模型研究还提出 Raymond 的过冷水模型（Raymond et al.，1989）中的双锥面并不是严格意义上具有合理参数的晶体学平面结构，而是 AFPs 吸附聚集形成的平面，这也解释了共聚冰晶在融化时表面蚀面形成，即在共聚冰晶融化过程中由于水分子与 AFPs 脱离共聚晶体的速度不同，表面有蚀面形成的现象。

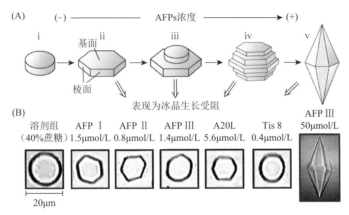

图 3.11　AFPs 对冰晶生长作用示意图（Knight et al.，1993）

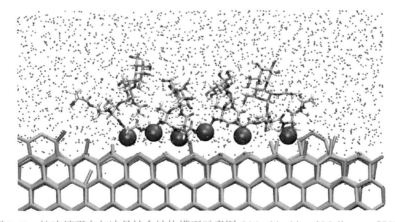

图 3.12　抗冻糖蛋白与冰晶结合结构模型示意图（Mochizuki and Molinero，2018）

Marks 和 Patel（2018）研究指出 AFPs 疏水性残基在其与冰面结合时起到重要作用。该研究基于分子动力学模拟研究结果发现一种细菌 AFPs（MpAFP）在与冰晶作用时整体结构中水分子具有高度有序的结构，在蛋白的疏水基团周围形成网格状的外壳，并且与其亲水基团形成氢键。这一结果支持晶体占位模型，并且指出了疏水性残基除了疏水外对整体结合也有一定贡献。

　　晶体占位理论模型作为偶极子-偶极子模型的补充和延伸，从分子层次很好地解释了 AFPs 为何能牢固地结合到冰晶体上，也补充解释了 AFPs 干扰下冰晶体生长为双锥的原因。这种模型不仅适用于Ⅰ型鱼 AFPs，也适用于很多其他的 AFPs，尤其是具有重复性 α 螺旋和 β 片层结构的 AFPs。但这种模型对于那些三级结构复杂和有多种二级结构包括螺旋、环、自由尾的 AFPs 的抗冻机理并不能很好解释，因为环等二级结构在起抗冻作用时有更复杂的行为。此外，此模型尚不能完美解释 AFPs 移动到冰-水界面层的驱动力。

　　晶格匹配模型是晶体占位模型的先导，其理论机制基本一致，并由 Vries 和 Price（1984）提出。Knight 和 DeVries（2009）作出了补充说明，将 AFPs 限制冰晶整体生长的作用归结为"台阶固定"（图 3.11）和"表面固定"（即蛋白尽可能铺满冰晶表面），并认为冰晶在生长中会形成新的表面，而冰晶伴随着新表面的形成会不可逆吸附更多 AFPs，直到冰晶体被完全不能生长的表面包围。这解释了 AFPs 与冰晶不可逆吸附过程中为何效果会随时间和浓度发生改变，因为两种固定模式可以认为是分步进行，即 AFPs 一般先选择性吸附到特定冰晶结合面形成台阶固定，然后随着 AFPs 吸附浓度的增加，又进一步形成了表面固定，最终使冰晶生长完全停止。

　　Berger 等（2019）研究了几种 AFPs 活跃亚型对不活跃亚型的协同作用，其研究结果显示，不同的 AFPs 在与冰晶结合的过程中会选择性地优先与冰晶的棱面或锥面结合。这一结果一定程度上支持 Knight 和 DeVries（2009）的"台阶固定"的观点，即单类 AFPs 在起作用时，其对冰晶结合面的选择性将导致台阶的形成。

3.5.5　刚体能量模型

　　刚体能量模型提出在冰水体系中 AFPs 在冰-水界面层具有较低的势能，即认为熵能是 AFPs 运动至冰层表面的驱动力；而 AFPs 到达冰-水界面层后的作用机制则由晶格匹配等理论解释，即到达冰-水界面层后与冰中的水分子形发生不可逆结合而锚定在晶体表面。

　　这种模型是 Knight（2000）引用 Asthana 和 Tewari（1993）的观点而提出的，此研究讨论了小颗粒在有固体表面的液体中是否能被固体表面黏附。该模型指出，AFPs 在整个体系中可以看作小颗粒，因此可将 AFPs 在体系中的热力学行为描述为颗粒与晶体生长的相互作用。这种作用具体表现依据黏附自由能的正负性来判断，当黏附自由能 $\Delta\sigma$［式（3.3）］数值为负时，AFPs 颗粒就会自发被冰晶体所"吞噬"。当颗粒黏附自由能为负值时，颗粒就会有被晶体界面黏附进而"吞噬"的热力学趋势（Asthana and Tewari，1993）。

$$\Delta\sigma = \sigma_{sp} - \sigma_{pl} - \sigma_{sl} \qquad\qquad (3.3)$$

式中，$\Delta\sigma$ 为黏附自由能；σ 为相应界面能；s 为晶体界面；l 为液体界面；p 为颗粒界面。

刚体能量模型较好地解释了使 AFPs 运动至冰-水界面层的驱动力，但是并不能解释 AFPs 的全部作用机理。Knight（2000）曾指出即使 AFPs 与冰晶和与水的作用力相当，界面能降低的趋势也会使 AFPs 聚集在冰晶表面。换言之，只要是 $\Delta\sigma<0$ 的小颗粒都会有这种性质。Knight 这种理论观点可作为吸附-抑制理论的一个补充说明，但也说明需要额外的模型来解释为何冰晶在"吞噬"AFPs 后无法继续生长。

Knight 和 DeVries（2009）在晶格匹配模型中对抗冻作用与 AFPs 浓度关系问题的解释，可认为是晶体占位模型和此模型的后续补充。后续有更多研究不断通过应用分子动力学模拟手段来模拟这个过程中体系的变化来进一步验证。例如，Liu 等（2016）使用分子动力学方法模拟了 AFPs 在即将结冰的水层中的行为，如图 3.13 所示，模拟之前体系分为冰层和水层两层，AFPs 在水层上部，模拟之后 AFPs 在体系中的位置下移，周围及后方水分子呈无序状

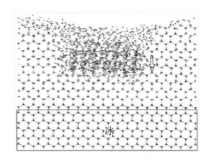

图 3.13　AFPs 对冰层的影响
（Liu et al.，2016）

态，表明 AFPs 移动到与冰-水界面层后起到了抗冻作用，在宏观上证实了 AFPs 有向界面层移动的趋势。对于接触界面层后，更深入的分析则与其他几种模型，如晶体占位模型等契合。

3.5.6　包合物锚定模型

近年来，在 AFPs 与冰-水界面层相互作用研究中，不少研究者提出了包合物锚定模型。该模型主要对冰晶结合域水合作用特征进行分析（Phippen et al.，2016）。包合物锚定模型认为，AFPs 通过疏水作用使水分子按晶格方式排列，并通过氢键锚定水分子晶格（Chakraborty and Jana，2017b）。锚定的水分子晶格又通过匹配特定的冰晶表面使 AFPs 与冰晶结合（Garnham et al.，2011）。

Garnham 等（2011）在研究来源于南极细菌（*Marinomonas primoryensis*）的一种 Ca^{2+} 依赖性 AFPs 抗冻作用机制时提出并证实了包合物锚定模型。该研究指出，这种 AFPs 中与抗冻活性相关分子结构区域具有一个由 Ca^{2+} 结合序列中的 Thr-Gly-Asx 基元形成的长而平坦的冰结合区（ice binding face，IBS），且沿 Ca^{2+} 结合侧的长度延伸。该 IBS 具有疏水性，通过疏水效应将水分子排列成一个冰状晶格，并使晶格通过氢键锚定在 AFPs 上（图 3.14）。这些锚定的水分子允许 AFPs 通过匹配一个或多个特定的冰平面来固定冰。研究发现高度活跃（即具有较高热

滞活性或重结晶抑制活性）的 AFPs 能够使水分子吸附到多个冰平面，其中一个冰平面是基面；而适度活跃的 AFPs 能够使水分子吸附到多个冰平面，但不能被吸附到基面。因此，从实验和分子水平上揭示了疏水作用和氢键在 AFPs 结合冰晶过程中共同的重要作用，由此提出并说明了包合物锚定模型。

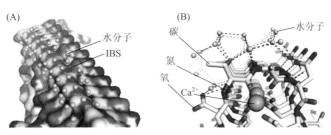

图 3.14　MP-AFP 包合物锚定模型结构（Garnham et al.，2011）

（A）MP-AFP 分子冰结合区（IBS）；（B）MP-AFP 截面图。碳为白色棒状，氮为蓝色棒状，氧为红色棒状，
Ca^{2+}为绿色小球，水分子为蓝色小球

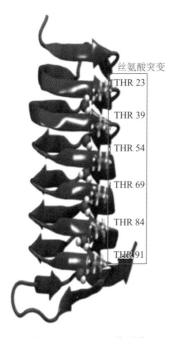

图 3.15　sbwAFP 分子中
THR 阶梯侧链结构及其
包合物锚定模型结构
（Chakraborty and Jana，2018）

此后，先后有不少研究者进一步解释和拓展了包合物锚定理论模型。Chakraborty 和 Jana（2018）在研究云杉蚜虫 sbwAFP 与冰-水界面层相互作用机制中，通过分子模拟研究发现，由苏氨酸残基排列形成甲基侧链（THR 阶梯），同时苏氨酸羟基与少量接近 THR 阶梯的那些高度有序的水分子形成强氢键，使 sbwAFP 围绕 IBS 通过氢键作用锚定包合水并实现在冰晶基面上固定（图 3.15）。

吸附的 sbwAFP-冰复合物在特定热滞值范围内经历动态交换形成氢键结合的复合物。Chakraborty 和 Jana（2018）通过自由能计算分析进一步发现 sbwAFP 对不同冰面的结合亲和力顺序为基面>棱柱面>棱锥面，而且平面特异性主要与包合水的数量及其瞬时波动密切相关，且包合水与 sbwAFP 的 IBS 和冰表面形成双氢键，从而将 AFPs 锚定在冰表面。在基面上，由于冰表面氧原子重复距离和 IBS 处苏氨酸重复距离的周期性是精确匹配的，因此锚定包合物-水的排列非常稳定。在棱镜平面吸附的情况下，IBS 处苏氨酸重复距离与氧原子重复距离之间的不匹配性较高，而在锥体平面吸附的情况下该不匹配性最高，因此锚定包合物-水阵列的稳定性随棱镜和锥平面吸附而逐渐降低。进一步分析发现，苏氨酸残基的甲基侧链在稳定被固定的包合水中起主要作用。其周围的水合作用在低温下变得非常显著，从而稳定了锚定的包合物-水阵列，而包合水与 sbwAFP 的 IBS 和冰表面形成的双氢键是这种稳定性的结果。

　　此外，Hudait 等（2018）使用分子模拟技术也发现高活性昆虫 AFPs，如 TmAFP、CfAFP 和 RiAFP 具有 TxT 重复结构特点的冰结合基序。该结合序列可使 AFPs 将水分子锚定在冰结合面上，从而使 AFPs 与冰晶结合。Sun 等（2014）研究发现一种富含丙氨酸的四螺旋束二聚体的 AFPs 分子晶体结构核心可保留了大约 400 个水分子，其冰结合残基指向分子内部，并将内部水分子协调成两个相交的多角形网络，使螺旋束之间接触减少，并通过 AFPs 分子内部的主链羰基锚定到半包合水单分子膜上而稳定。有序的水分子向外延伸到蛋白质表面，与冰晶结合面进行结合，从而形成 AFPs 吸附到冰上的包合物锚定模型。Cheng 等（2016）利用分子动力学模拟技术研究了牙鲆 AFPs 及其两个突变体在气相、溶剂化和水溶液等条件下吸附在冰晶基面上的作用模型。研究结果发现这些 AFPs 中的 Asp、Asn 和 Thr 残基在冰的结合中起重要作用；突变体氢键的数量越多，其抗冻活性就越大；同时范德瓦耳斯力和疏水效应在冰结合中也起重要作用，且冰的表面有一个有利于疏水基团分配到冰表面的包合结构。

　　上述这些包合物锚定理论模型较好地揭示了冰水界面层中的 AFPs 与其周围的水分子形成的水合作用在 AFPs 与冰晶结合过程中起到重要作用，并说明 AFPs 可通过氢键与疏水效应作用形成包合物，同时得到的水合结构的间隔能很好地将 AFPs 结合于冰晶棱面和基面上（李文轲和马春森，2012）。

3.5.7　亲和相互作用偶联团聚模型

　　相关研究显示，AFPs 与冰晶相互作用过程中，AFPs 不仅与冰晶作用，而且可与冰晶界面层处其他组分发生亲和作用，影响或改变 AFPs-冰晶复合体的分子结构（Wang，2000）。研究指出，当 AFPs-冰晶复合体与其他分子的亲和相互作用达到一定程度时，AFPs-冰晶复合体就会团聚起来，从而使冰核变大，表面自由能降低，冰晶生长被促进，AFPs 呈破坏作用；反之，若亲和相互作用小，AFPs-冰晶复合体不团聚，AFPs 仅起到抑制重结晶的作用，并有利于超低温保存。另外，冷冻保护剂的组成和浓度、降温和复温速度、AFPs 类型和浓度、最初冰晶数目，以及被冻细胞表面特征等，都可能影响亲和相互作用的强烈程度（钱卓蕾等，2002）。这种作用模式就是亲和相互作用偶联团聚模型。

　　亲和相互作用偶联团聚模型很好地解释了 AFPs 在超低温保存中具有双重作用。例如，一方面，AFPs 在结合冰晶后所暴露的疏水面能够与细胞膜磷脂双分子层发生相互作用，对细胞起低温保护作用（钱卓蕾等，2002）；另一方面，研究表明，Ⅱ型 AFPs 是从 C 型动物凝集素（一类含有钙离子依赖糖识别域的蛋白质）中碳水化合物识别区演化而来，因此Ⅱ型 AFPs 可结合细胞膜上的糖蛋白（Ewart et al., 1998）。体外实验证明，AFPs 活性可通过一系列低分子化合物来增强或减弱。一种含有碳水化合物的细菌 AFPs，既具有抗冻活性，又具有冰核活性（促进冰晶生长活性）；去除碳水化合物部分，冰核活性也随之消失（Xu et al., 1998）。亲和相互作用偶联团聚模型进一步揭示了其他组分对 AFPs 与冰水界面层相互作用过程的影响。这种影响是产生冰核效应还是抑制冰晶生长效应，还有待进一步研究。

3.6　抗冻多肽的制备及纯化方法

目前抗冻蛋白主要从能在寒冷环境生存的生物中提取，数量有限，生产成本高，这些都限制了抗冻蛋白的推广应用。当科学家致力于转基因技术以扩大生物体来源的抗冻蛋白产量时，转基因抗冻蛋白在食品应用中的安全性顾虑又成为广大消费者、欧盟组织和国际食品药品监督管理局（FDA）所共同担忧的焦点（Kontogiorgos et al., 2007）。因此，如何获得食品源的结构紧凑的高活性 AFPs，成为抗冻蛋白的新研究方向。胶原蛋白肽以其原料来源广、使用安全性高、生物活性高等特点，已成了当今研究热点，其工业化生产也成为当前食品和医药行业的发展趋势。肽是由氨基酸通过肽键连接而成的化合物，它是机体组织细胞的基本组成部分。AFPs 的生产制备的方法和途径有三条：①从自然界的生物体中提取其本身固有的各种天然活性肽类物质；②通过蛋白质降解的途径可以获得具有各种生理功能的生物活性肽；③通过化学方法和重组 DNA 技术合成的方法来制备生物活性肽。

3.6.1　抗冻多肽的制备

1. 蛋白质分解法

蛋白质分解法包括生物酶解法、微生物发酵法和化学水解法三种。

1）生物酶解法

在蛋白质的多肽链内部可能普遍存在着功能区，虽然部分蛋白质的活性中心被包埋，但是可以选择合适的蛋白质分解方式处理，释放出具有活性的肽片段，从而制备出具有生理功能的生物活性肽。生物酶解法是获得外源性 AFPs 最主要的制备方法。

酶解法是利用一种或多种特异性蛋白酶或非特异性蛋白酶对蛋白质进行酶解，从而获得小分子肽段的过程。由于不同蛋白酶对底物具有特异性，且不同蛋白酶的酶切位点也不一样，因此当用不同的酶催化水解同一蛋白质底物时将会获得大小不一的不同肽段。目前广泛应用于蛋白质酶解的蛋白酶主要有胰蛋白酶、胰凝乳蛋白酶、胃蛋白酶、碱性蛋白酶、中性蛋白酶、酸性蛋白酶、木瓜蛋白酶以及复合蛋白酶等。同时，底物环境往往会对酶解过程产生影响，因此生产 AFPs 通常会探索研究酶催化水解的最适温度和最佳 pH 等条件，通过对水解产物的水解度、抗冻活性等指标对所用蛋白酶进行筛选，以获得满足需求的小分子 AFPs。

2）微生物发酵法

微生物发酵法是利用微生物的生化代谢反应将植物体的大分子蛋白转化成小分子蛋白活性肽，并通过微生物的代谢和发酵条件生产各种氨基酸排序和分子质量大小不同的 AFPs 肽，是生产生物活性肽和食品级水解蛋白质的一种有效方法。可以根据所选的菌株不同制备不同类型的 AFPs。微生物发酵法制备 AFPs 能够有效对加工过程中产生的废料进行深度开发及利用，带来了经济效益，通过发酵制备 AFPs 在未来具有一定的发展空间。

3）化学水解法

化学水解法是指在一定的温度条件下，利用适当浓度的酸或碱溶液处理蛋白质，断裂蛋白质中的肽键，破坏蛋白质的空间结构，最终获得小分子肽的一种方法。常用的酸、碱溶液主要有盐酸、磷酸、氢氧化钠等。该法主要适用于富含胶原蛋白、角蛋白等结构蛋白的原料处理。该方法具有工艺简单、成本低等优点，但酸碱试剂可对氨基酸造成严重损害，降低蛋白质营养价值。例如，酸水解可导致色氨酸的完全破坏，甲硫氨酸的部分损失，以及谷氨酰胺转化为谷氨酸和天冬酰胺转化成天冬氨酸；碱水解可导致大多数氨基酸的完全破坏。此外，酸碱溶液水解蛋白的作用位点难以确定，对生产的多肽质量较难把控，在水解结束还需将酸碱除去等缺陷，故很少采用化学水解法来制备抗冻活性肽。

2. 生物提取法

生物提取法是利用溶剂和各种分离纯化技术将存在于细菌、真菌、动植物等生物体内的各种天然 AFPs 直接提取出来的方法。制备过程通常是将生物材料浸泡在适当的溶剂中，通过充分溶解、反复离心、调节 pH 等步骤去除原材料中的蛋白质、盐等杂质后，对活性肽粗提液进一步分离纯化，获得目标活性肽。常用的提取溶剂有水、乙酸、乙酸铵、高氯酸等缓冲溶液。

采用生物提取法制备 AFPs 操作简便，常用于内源性 AFPs 的分离。由于内源性 AFPs 是生物体自身具有的，因此它在生物体中的含量极其微量，提取分离纯化成本高，并且在提取过程中使用了大量的有机溶剂（多为丙酮、乙醇等），烦琐的抽提方式会大大提高加工制造成本，同时有机试剂的使用会对环境和水质造成一定的污染，也将直接导致所提取的生物活性肽存在试剂残留而带来毒性等问题，从而导致应用受限。因此，应用直接提取法制备生物活性肽难度较大，尚无法大规模工业化生产。

3. 合成法

人工合成法是实验室常用的一种制备特定氨基酸序列肽段的方法。人工合成法分为液相合成法、固相合成法和基因重组法等。液相合成法是早期常用的方法，是在均相溶液中合成多肽。但该法每次接肽以后都需要对产物分离纯化或结晶以便除去未反应的原料和副产物，这个步骤很耗时，对技术要求也较高。

多肽的合成是一个重复添加氨基酸的过程，固相合成顺序一般从 C 端向 N 端合成。固相合成法的优点是具有在单个容器中进行所有反应的可行性，在偶联步骤之后，可以通过冲洗轻易地除去未反应的试剂和副产物，这使得中间体的纯化成为多余，极大地降低了每步产品提纯的难度。同时，为了防止不良反应的发生，参加反应的氨基酸侧链都是被保护的，而且羧基端是游离的，并且在反应之前必须活化。固相合成方法是在小规模上合成由约 10～100 个残基组成的肽的最有效的方法。

4. 基因工程法

随着生物技术的发展和广泛应用，通过基因工程手段将外源生物活性肽转入到其他生物体内，以使其能够大量合成并分泌生物活性多肽，成为生产生物活性肽的新方法。尤以 AFPs 应用较多。未来随着基因工程技术的发展，通过转基因技术对生物体的改造，达到特定肽在体内的高效表达，然后进行 AFPs 提取，可以降低生产成本，提高 AFPs 的产量，从而在工业上进行大规模的生产。

5. 化学改性法

所谓化学改性法是指通过化学手段向蛋白质中引入某些功能基团或使氨基酸残基侧链基团或多肽链发生聚合、断裂反应，从而导致蛋白质的理化性质、功能性质发生变化。最常用的化学改性方法有碱处理、酸处理、酰化作用、去酰胺基、磷酸化作用、糖基化、硫醇化等。Wang 和 Ismail（2012）将比例为 1∶4 的蛋白质与葡聚糖的混合样品溶解于不同 pH 的磷酸盐缓冲液中，在 70～80℃下部分糖基化，发现糖基化后的蛋白质热稳定性提高 8 倍。

抗冻糖蛋白（AFGP）中的糖基不仅含量高，而且是抗冻活性形成的主要基团。但目前制备、纯化 AFGP 存在困难，目前主要利用化学合成或者化学改性的方法制备纯 AFGP，探究 AFGP 的结构与抗冻活性间的关系。因此，近年来国际研究开始致力于开发基于糖基化修饰的抗冻蛋白类似物就是其中的一个研究热点。例如，一个由 4 个 Ser-Gly-Gly 三肽重复的肽链为骨架并通过 Ser 残基的碳端连接一个半乳糖苷基形成的 AFPs 类似物就发现具有很强的重结晶抑制活性。此外，研究还发现糖基种类和肽链骨架中糖基化位置及氨基酸残基类型对抗冻活性有着显著的影响作用，如半乳糖基修饰的 AFPs 类似物 IRI 活性比甘露糖基修饰的 AFPs 类似物强，而脯氨酸由于具有限制的旋转角可使蛋白在溶液中具有明显二级结构，因此一些含脯氨酸的类似物具有较强的低温保护活性（Tam et al.，2008）。

3.6.2　抗冻多肽的纯化方法

经蛋白质分解和生物提取方法得到的低肽混合物，经预处理、分离纯化后，得到的 AFPs 分子量分布较为集中，低肽组成明确，功能较为突出。目前，分离纯化生物活性多肽最普遍采用的方法有冰亲和提取、超滤、离子交换层析、凝胶过滤层析、反相高效液相色谱等，并且都取得了很好的效果。

1. 冰亲和纯化粗提抗冻多肽

配体亲和的纯化过程可以对目标蛋白或结合对象进行大量收集。虽然亲和层析法必须针对特定的配体-受体相互作用进行制定，但是没有其他的生化分离方法能够在一个步骤中为其目标和纯化程度提供这种特异性。抗冻蛋白与冰的相互作用是一种不同寻常的受体-配体相互作用。抗冻蛋白或其他的冰结合蛋白（IBPs）吸附在冰上，不可逆地结合在其表面，以抑制冰的进一步生长。利用这一特性可以设计冰的亲和模型。

考虑到水系中冰的不稳定性不适合柱层析，因此使用两种冰亲和纯化系统，并且已成功应用。一种是缓慢冻结溶液，直到只有一小部分保持液态。含有非 IBPs 和其他溶质的液相可通过离心除去，使 IBPs 保留在冰中。这种方法常被用于回收生活在海冰中的微生物分泌的 IBPs。另一种方法是采用在单晶半球上使用的"冰蚀刻"程序，这种技术的其中一种形式是，一小块冰被冻结在一个黄铜的"冰手指"上（乙二醇从冷水浴中循环出来），然后被放入一个装有未知 IBP 提取物的烧杯中（图 3.16）。图 3.16（A）是用于从蛋白质和其他溶质的复杂混合物中获取抗冻蛋白的装置。一个中空的黄铜（冰手指）（棕色），乙二醇的冷冻溶液在这个手指上循环（箭头），手指上生长着一个半球的冰。这些冰块浸入到含有抗冻蛋白的提取物中，通过冷却冰凉的手指使其生长。曲线代表新的冰层，这些冰层不断地覆盖着抗冻蛋白［图 3.16（B）］。当抗冻蛋白溶液体积的一半到三分之二被加入到冰中后，被排除的物质（液体）可被收集到一个馏分中，冰融化到另一个馏分中以获得浓缩的抗冻蛋白［图 3.16（C）］。

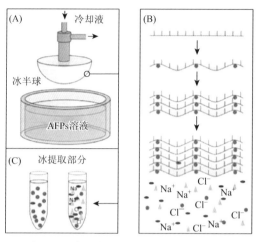

图 3.16　冰的亲和纯化（Davies，2014）

大多数蛋白质被冰前缘排斥，但 IBPs 吸附在冰表面，并被新的冰层覆盖。IBPs 是通过从"冰手指"中融冰来富集的，而微量杂质可以通过从融冰中生长出新的冰来去除。该方法的强大之处体现在，仅用三个循环的冰亲和纯化，就可以从粗糙的组织匀浆中分离出抗冻蛋白。冰亲和纯化的奇妙之处在于，不需要知道分离的抗冻活性物质的任何信息，包括大小、电荷、疏水性，因此同样适用于对 AFPs 的粗提取。此外，同型异构体经过共纯化，使其多样性和复杂性得以评估和研究。科学家根据抗冻蛋白-多肽的特性，对冰亲和提取的方法也在不断设计和改进中。

2. 超滤

膜分离是利用膜的选择性，以膜的两侧存在一定量的能量差作为推动力，由于溶液中各组分透过膜的迁移速率不同而实现的分离。膜分离操作属于速率控制的传质过程，具有设备简单、可在室温或低温下操作、无相变、处理效率高、节能等优点，适用于热敏性的生物工程产物的分离纯化。各种常用的膜分离技术比较见图 3.17 及表 3.1。

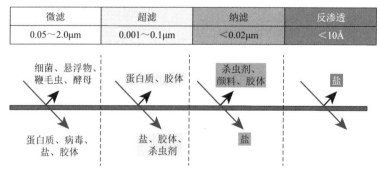

图 3.17　常用过滤技术对比

表 3.1　几种主要的膜分离原理及过程

膜过程	推动力	传递机理	透过物	截留物	膜类型
微滤	压力差	颗粒大小、形状	水、溶剂、溶解物	悬浮物、颗粒纤维	多孔膜
超滤	压力差	分子特性、大小形状	水、溶剂、小分子	胶体和超过截留分子量的分子	非对称性膜
纳滤	压力差	分子大小及电荷	水、一价离子	多价离子、有机物	复合膜
反渗透	压力差	溶剂的扩散传递	水、溶剂	溶质、盐	非对称性膜、复合膜
电渗析	电位差	电解质离子的选择传递	电解质离子	非电解质、大分子物质	离子交换膜

　　超滤即超过滤，是膜分离技术中一种常用的分离手段。它自 20 世纪 20 年代问世以来发展迅速，已经发展成重要的工业单元操作技术，广泛用于含有各种小分子溶质的各种生物大分子如蛋白质和酶等的浓缩、分离和纯化。

　　超滤是以压力为推动力，利用超滤膜不同孔径对液体进行分离的物理筛分过程。其分子切割量一般为 1～500kDa，孔径为 10～100nm。当物料和溶剂被超过滤膜分隔开时，超过滤膜上有许多微孔，允许溶剂和某些小分子量物质自由通过膜，很快两侧溶剂和那些可以自由通过膜的小分子物质达到平衡。物料中含有许多大分子物质不能通过膜，在膜两侧形成渗透压差，物料侧渗透压大于溶剂侧渗透压，这时在物料侧施加一定压力（一般大于两侧的渗透压差），则可以使物料侧的小分子量物质向溶剂侧转移。在压力足够大时物料中的溶剂大量进入溶剂侧，这样，仅在一种操作中就可完成渗析（从大分子溶液中除去小分子物质）和浓缩（从物料中脱去部分溶剂），从而达到物料的分离和浓缩。它能够使大分子溶质和微粒（淀粉、未酶解的蛋白质等）被截留在膜表面，而小分子肽类物质和溶剂则在压力的驱动下穿过致密层上的微孔而进入膜的另一侧，因而超滤膜可以长期连续使用并保持较恒定的分离效果和产量。与传统工艺相比，超滤不但可以提高产品的纯度、节约溶剂或试剂的使用量，还能够实现连续化分离纯化作业、缩短生产周期（冯彪等，2005）。

3. 色谱分离法

1）离子交换层析

　　离子交换层析是通过利用离子交换剂上的可交换离子与周围介质中被分离的各种离子间的亲和力不同的原理，经过交换平衡达到分离目的的一种柱层析色谱法。该法具有灵敏度高，重复性、选择性好，分析速度快等特点，可以同时分析多种离子化合物，是当前最常用的层析法之一。它能去除多肽制备过程中引入的盐类，为多肽的进一步分离纯化提供保障。

纤维素—O—CH$_2$—CH$_2$—SO$_3$—Na$^+$

基质　　　　电荷基团　　　反离子

图 3.18　磺酸基纤维素离子交换剂组成示意图

离子交换色谱法是根据物质所带电荷的差异为基础进行分离纯化的一种方法。所用的色谱填料离子交换剂是人工合成的多聚物，由基质、电荷基团和反离子三部分构成（图3.18）。基质一般采用的是纤维素或葡聚糖凝胶等物质，通过酯化、醚化或氧化等化学反应，引入阳性或阴性离子基团的特殊制剂，因而，可与带相反电荷的化学物质进行交换吸附。离子交换剂在水中呈不溶解状态，能释放出反离子，同时与溶液中的其他离子或离子化合物相互结合吸附，结合后不会改变离子交换剂本身和被结合离子或离子化合物的理化性质。

根据离子交换剂上可电离基团（即反离子）所带电荷不同，可将离子交换剂分为阴离子交换剂和阳离子交换剂，反离子带电荷为正的如 Na$^+$、H$^+$是阳离子交换剂，反离子带电荷为负的如 Cl$^-$是阳离子交换剂（表 3.2）。含有欲被分离的离子的溶液通过离子交换柱时，各种离子即与离子交换剂上的电荷部位竞争性结合。任何离子通过柱时的移动速率取决于与离子交换剂的亲和力、电离程度和溶液中各种竞争性离子的性质及浓度。

表 3.2　常见离子交换剂类型

类型	名称	英文符号
阴离子交换剂	二乙基氨乙基	DEAE
	季铵基乙基	QAE
	季铵基	Q
	三乙基氨乙基	TEAE
	氨乙基	AE
阳离子交换剂	羧甲基	CM
	磺丙基	SP
	磺甲基	S
	磷酸基	P

离子交换色谱是运用指定待分离组分所带的电荷与固定相上离子交换剂的电荷反相结合来完成待分离组分的纯化与分离。当待分离组分进入离子交换柱后，由于流动相的连续冲洗，交换反应不断按照正反应方向进行，待分离组分逐渐被吸附于固定相上，当换用洗脱液冲洗时，待分离组分又被冲出色谱柱。

离子交换剂与水溶液中离子或离子化合物所进行的离子交换反应是可逆的。假定以 R_A 代表阳离子交换剂，在溶液中解离出来的阳离子 A^+ 与溶液中的阳离子 B^+ 可发生可逆的交换反应，反应式如下：

$$R_A + B^+ \rightleftharpoons R_B + A^+$$

该反应能以极快的速率达到平衡，平衡的移动遵循质量作用定律。

离子交换剂对溶液中不同离子具有不同的结合力，结合力的大小取决于离子交换剂的选择性。离子交换剂的选择性可用其反应的平衡常数 K 表示：

$$K = [R_B][A^+]/[R_A][B^+]$$

式中，$[R_B]$ 为结合的 B 的浓度；$[A^+]$ 为游离态 A 的浓度；$[R_A]$ 为结合的 A 的浓度；$[B^+]$ 为游离态 B 的浓度。

如果反应溶液中 $[A^+]$ 等于 $[B^+]$，则 $K = [R_B]/[R_A]$。若 $K>1$，即 $[R_B]>[R_A]$，表示离子交换剂对 B^+ 的结合力大于 A^+；若 $K = 1$，即 $[R_B] = [R_A]$，表示离子交换剂对 A^+ 和 B^+ 的结合力相同；若 $K<1$，即 $[R_B]<[R_A]$，表示离子交换剂对 B^+ 的结合力小于 A^+。K 值是反映离子交换剂对不同离子的结合力或选择性参数，故称 K 值为离子交换剂对 A^+ 和 B^+ 的选择系数。

阳离子交换剂对有机碱的选择性是随着 pK_b 的增大亲和力增大，对两性化合物的选择性是随着等电点（pI）的增大亲和力增大；阴离子交换剂对有机酸的选择性是随着 pK_a 的减小亲和力增大，对两性化合物的来说，随着等电点（pI）的减小亲和力增大。

溶液中的离子与交换剂上的离子进行交换，一般来说，电性越强，越易交换。对于阳离子树脂，在常温常压的稀溶液中，交换量随交换离子的电价增大而增大，如 $Na^+<Ca^{2+}<Al^{3+}<Si^{4+}$。如原子价数相同，交换量则随交换离子的原子序数的增加而增大，如 $Li^+<Na^+<K^+<Pb^+$。

在稀溶液中，强碱性树脂的各负电性基团的离子结合力次序是：

$CH_3COO^-<F^-<OH^-<HCOO^-<Cl^-<SCN^-<Br^-<CrO_4^{2-}<NO_2^-<I^-<C_2O_4^{2-}<SO_4^{2-}<$ 柠檬酸根。

弱碱性阴离子交换树脂对各负电性基团结合力的次序为：

$F^-<Cl^-<Br^-<I^-<CH_3COO^-<MoO_4^{2-}<PO_4^{3-}<AsO_4^{3-}<NO_3^-<$ 酒石酸根 $<$ 柠檬酸根 $<CrO_4^{2-}<SO_4^{2-}<OH^-$。

两性物质（如蛋白质、核苷酸、氨基酸等）与离子交换剂的结合力，其等电点是离子交换色谱进行的重要依据。在等电点处，分子的静电荷为零，与交换剂之间没有静电作用；当 pH 在其等电点以上时，分子带负电荷，可结合阴离子交换剂；当 pH 低于等电点时，分子带正电，可结合阳离子交换剂。此外，在相同 pH 条件下，且 pI 大于 pH 时，pI 越高，碱性越强，就越容易被阳离子交换剂吸附。因此通过溶液的 pH 对蛋白质的净电荷的影响可以达到分离纯化蛋白质的目的。

离子交换色谱就是利用离子交换剂的荷电基团，吸附溶液中相反电荷的离子或离子化合物，被吸附的物质随后为带同类型电荷的其他离子所置换而被洗脱。由于各种离子或离子化合物对交换剂的结合力不同，因而洗脱的速率有快有慢，形成了层析层。待分离分子与交换剂的结合是可逆的，用盐梯度或 pH 梯度可把吸附的蛋白质从柱上洗脱下来。其洗脱过程用图 3.19 简单表示。

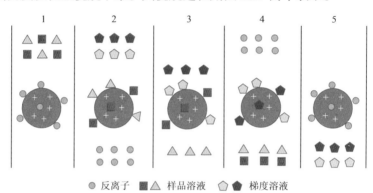

图 3.19　离子交换色谱原理示意图

1. 平衡阶段：离子交换与反离子结合；2. 吸附阶段：样品与反离子进行交换；3、4. 洗脱阶段用梯度缓冲液洗脱，先洗下弱吸附物质，而后洗下强吸附物质；5. 再生阶段：用原始平衡缓冲液进行充分洗涤，即可重复使用

2）凝胶过滤层析

凝胶过滤层析也称分子排阻层析、分子筛层析或凝胶渗透层析。根据分子大小，将混合物通过多孔的凝胶床而达到分离目的。Sephadex G-50 凝胶过滤色谱有特定的分子量分级范围，可将溶质中的分子分成三部分：第一部分为分子量大于分级范围上限的分子，它们被完全阻隔在凝胶颗粒网孔之外，从颗粒的间隙中垂直向下运动，所受阻力最小，流程最短，所以最先从柱中洗脱下来；第二类分子量在分级范围之间的分子，它们依据分子量的大小，不同程度地进入凝胶颗粒内部，此范围内的分子量大小能被有效地分离；第三类为分子量小于分级范围下限的分子，它们均全部进入网孔中，经过流程最长，所受阻力最大，最后才被洗脱。根据此原理可分离分子量不同的样品（赵永芳和黄健，2008），原理如图 3.20 所示。它的回收率很高，活力不受破坏。使用的凝胶种类主要有交联葡聚糖凝胶、琼脂糖凝胶、聚丙烯酰胺凝胶等。经过几十年实际应用与发展，得到不断地完善，目前变成了一种可靠的分离纯化及测定生物高分子分子量的方法。其使用过程简便，操作设备简单，结果处理方便，因此应用非常广泛。

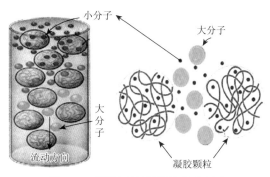

图 3.20　凝胶过滤层析原理示意图

3）大孔树脂吸附层析

大孔树脂吸附层析能够根据对分离物质疏水性的大小不同，进行分离纯化。Zhang 等（2009）采用大孔吸附树脂 DA201-C 分离草鱼鱼鳞肽，通过改变 pH、吸附时间和温度等条件，得出吸附最佳 pH 在 6.0 左右，吸附 10h 时达到平衡。分别采用体积分数为 20%、40%、60%和 80%的乙醇水溶液梯度洗脱，收集洗脱液，旋蒸、冷冻干燥后得到不同组分。大孔树脂的吸附是一个吸热过程，提高温度有利于吸热。但大孔树脂是一种非特异性树脂，专一性差，对没有明显疏水性的组分起不到分离作用，使其应用受到限制。

4）反相高效液相色谱

20 世纪 70 年代中期以来，科学家逐步建立起包括反相高效液相色谱（reversed phase high-performance liquid chromatography，RP-HPLC）的一整套色谱方法，并运用这些方法在肽的分离纯化、制备、定性定量分析、分子量测定、肽结构与其色谱保留值关系等方面进行了深入的研究。80 年代以来，RP-HPLC 在肽研究领域得到了广泛应用，取得突破性进展。分离纯化肽的最常用方法是 RP-HPLC。它具有许多优点：首先，此方法以水为基本组成部分，这与肽的生物学性质相似；其次，RP-HPLC 的分辨力比其他分离方法更强，适用范围更广泛。因此，这一技术已成为分离纯化肽的普遍使用的方法。

5）高效置换色谱

高效置换色谱利用一种非线性层析技术，借助小分子高效置换剂来交换色谱柱上的样品，从而达到分离的目的。它具有分离组分含量较少的特性，与传统的洗脱层析技术相比有着高上样量、高产率、高分辨率，以及被分离样品在分离过程中的浓缩效应等明显优点。这一技术已越来越引起人们的关注。研究表明，置换剂的分子量越低，越易于与固定相结合，因此在分离分子量小的多肽时，需要分子量更小的置换剂才能将其置换纯化出来。

6）亲和色谱法

亲和色谱又称亲和层析，是利用生物分子与固定相的专一的亲和力不同而进行分离的一类色谱技术。生物分子在流动相的带动下流经固定相时与固定相上某些相对应的分子发生专一可逆的结合,如酶与基质(或抑制剂)、抗原与抗体、激素与受体、外源凝集素与多糖类以及核酸的碱基对等,利用这种性质可以实现对生物分子进行分离纯化。20 世纪 60 年代末,溴化氰活化多糖凝胶并偶联蛋白质技术的出现,能够将配基固定化,使得亲和层析技术得到了快速的发展。亲和层析包含各种形式,所使用的配基可以是一个肽、一个抗体、一个底物或金属离子,还可以用凝集素、染料等。但其共同特征均以蛋白质和介质上的配基间的亲和力为基础,不同蛋白与各种配基结合能力不同,从而达到分离。亲和层析是利用生物分子所具有的特异的生物学性质——亲和力来进行分离纯化的。由于亲和力具有高度的专一性,使得亲和层析的分辨率很高,是分离生物大分子的一种理想的层析方法。

生物分子间存在很多特异性的相互作用,如抗原-抗体、酶-底物或抑制剂、激素-受体等,它们之间都能够专一可逆地结合(图 3.21),这种结合力就称为亲和力。亲和色谱是利用待分离物质和它的特异性配基间具有特异的亲和力,从而达到分离的目的的一类特殊分离技术。

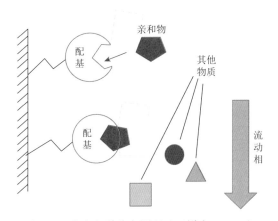

图 3.21　亲和色谱分离原理(王祥宇,2018)

被固定在基质上的分子称为配基,配基和基质是共价结合的,构成亲和层析的固定相,称为亲和吸附剂。在亲和层析中,特异的配基才能和一定的生物大分子之间具有亲和力,并产生复合物。实质上是把具有识别能力的配基分子以共价键的方式固化到含有活化基团的载体基质(如活化琼脂糖等)上,制成亲和吸附剂,或者称为固相载体。而固化后的配基仍保持束缚特异物质的能力。因此,当把固相载体装入小层析柱(几毫升到几十毫升床体积)后,把欲分离的样品液通过该柱。这时样品中对配基有亲和力的物质就可借助静电引力、范德瓦耳斯力,以及结构互补效应等作用力吸附到固相载体上,而无亲和力或非特异吸附的物质则被起始缓冲液洗涤出来，并形成了第一个层析峰。然后，恰当地改变起始缓冲液的 pH，或增加离子强度，或加入抑制剂等因子，即可把待分离物质从固相载体上解离下来。如果样品液中存在两个以上的物质与固相载体具有亲和力（其大小有差异）时，采用选择性缓冲液进行洗脱，也可以将它们分离开。亲和吸附剂经盐溶液冲洗和缓冲液重新平衡后可再次利用。亲和色谱基本过程见图 3.22。

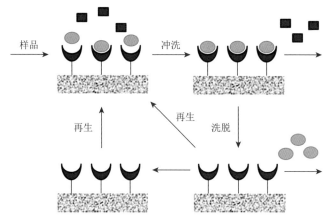

图 3.22　亲和色谱基本过程（Pfaunmiller et al.，2013）

3.7　抗冻多肽对肉糜及其制品的品质调控

3.7.1　冻结和冻藏的概念

冷冻和冻藏是贮藏肉制品的基本方式之一，其实现肉制品长期贮藏的主要原理是借助低温对酶活性、脂肪和蛋白质氧化速率及微生物的新陈代谢与生长繁殖的抑制作用延缓肉的品质变化。冻结的概念：一般地，在低于 0℃条件下，使肉的整体温度从 0～4℃降低至–18℃以下（通常为–23～–18℃），肉组织中绝大部分（80%以上）水冰冻结晶的过程，称作肉的冻结。冻藏则为冻结后的肉制品在低温条件下贮藏的过程（通常为–18℃以下）。

冷冻肉品质的变化与肉的冻结速率、冻结方法、冻藏工艺、冻藏时间、冻藏温度等关系紧密。相关研究发现：一般情况下，冻结速率越快，冻藏的温度越低，越能保证肉品的品质，冻藏期也越长。因此一些新兴的、可加快冻结速率的冻结方法，包括被膜包裹冻结法、均温冻结法和高压冷冻法等受到青睐（余小领等，2009）。通常较低温度的冻藏条件更利于产品品质的保持，但也增加了冻藏的成本，为了寻求产品质量和冻藏成本之间的平衡点，主流的冻藏工艺温度设置为–20℃左右，波动应在±1.0℃内。空气流动速度 0.2～0.3m/s 或自然对流，相对湿度为 95%～100%。对无包装的肉，为减少肉干耗及氧化，应每隔 12～15d 用冷水对肉垛进行喷淋，目的是使肉体表面冰衣保持完整，避免暴露于空气中（Sigfusson et al.，2004）。

3.7.2　肉在冻结和冻藏过程中的品质变化

由于在冻结及冻藏过程中冰晶的生成与增长，使得肉品内部水分迁移，并且当肌肉组织内水分结冰时，会引起蛋白质分子间发生聚集。冰晶首先在肌纤维间隙中产生，随着冻结温度的降低，细胞内部的水分子透过细胞膜使细胞外冰晶长大。冻结时由于冰晶的生成引起结合水和蛋白质分子的结合状态水合层被破坏，使蛋白质分子内部某些化学键被破坏，同时又伴随着新键的生成。蛋白质分子内部的结构变化，意味着蛋白变性的发生。另外，冰晶的生成与长大也会对蛋白结构及肉品内部结构造成物理损伤，降低其功能性（Leygonie et al.，2012）。

肉在冻藏过程中还包括一系列的化学反应以及酶反应。冻结及冻藏对肉品表观品质的影响主要有：①随着水分冻结的进行，肉的硬度发生变化；②在冻结过程中低温抑制了氧化反应的发生，但是经过长期储藏以后，氧化反应缓慢发生直至产生明显的感官变化；③大批冻肉常采用鼓风冷冻，由于肉体表层与空气介质之间存在温度差和湿度差，固有水分从肉体表面蒸发，发生干耗。冷藏过程中，氧气存在将显著影响猪里脊肉的质地，其中高氧包装会导致肉嫩度变差并且软烂多汁。蛋白质在冻藏过程中若受到活性氧基团攻击，将促使羰基化合物生成、蛋白巯基含量下降，而这两个指标与肉制品的质地，包括肉的黏性、弹性和嫩度等直接相关，组织内部大部分水变成了冰晶，使脂肪组织失去原有水膜的保护，随着冻藏过程中冰晶的升华，表面组织内部会产生空隙，这些空隙被空气填充后就增大了氧气与脂肪的接触面积，导致脂肪氧化加剧，继而发生酸败。当冻藏温度过高、波动幅度过大时，脂肪水解速率也会增大。一般情况下，冻结过程肉的干耗程度和肉的脂肪含量、冻结温度、鼓风速度有关。慢速冷冻的肉（0.22～0.39cm/h）冻结过程的水分损失大概在 2.5%～3%之间。快速冷冻的肉（4～6cm/h）冻结过程肉的干耗损失在。由于脂肪是水分良好的保护层，肥肉含量高的肉冻结过程干耗相对较小。余小领利用不同速冻工艺对肉饼速冻后干耗损失。鼓风冷冻法的干耗损失在 1%左右，而不与空气接触的沉浸冷冻法的干耗损失仅为 0.4%（李先明等，2016）。

另外，持水性作为评价肉品质的最重要指标之一。肉的持水能力，也会受到冷冻过程的影响，对于肉品工业来说意味着较大的经济效益。肉的持水性通常的表示方法有滴液损失（drip loss）、贮藏损失（purge loss）等，而针对冻藏肉还有解冻汁液流失（thawing loss）。在肌肉中水分约占 75%，主要存在于肌细胞和细胞间隙中，而肌细胞中的水分主要靠肌原纤维来保持。水按在肌肉中的存在形式又可以分为自由水与结合水，其中在肉品的加工与储藏过程中最易流失的是含量较大的自由水。肌肉蛋白一般由水溶性的肌浆蛋白、盐溶性的肌原纤维蛋白和难溶性的基质蛋白组成，并且其中维系肉中大部分水分的是肌原纤维蛋白。但 Joo 等（1999）研究后认为肉的持水性在一定程度上也受到肌浆蛋白的影响。总之，冷冻后肉品持水性的变化一般认为是由以上蛋白的变性所引起，而很少涉及氧化在冻藏过程中对肉品品质及蛋白功能性的影响。

3.7.3　抗冻多肽对肉糜及其制品的品质调控及应用实例

在冷冻储存期间，鱼糜可能由于肌原纤维蛋白的变性和/或聚集而失去其功能特性。为了防止鱼糜制品在冷冻过程中蛋白发生变性，并提高冷冻鱼糜的凝胶强度，需要添加防冻剂。鱼糜工业中最常用的冷冻保护剂是低分子量的糖和多元醇，同时混合一定量的多聚磷酸盐。例如蔗糖和/或山梨糖醇，通常以质量分数 8%的比例或以 1∶1 的比例添加到鱼糜中。由于蔗糖的甜度高，热量大，会对一些肥胖、高血糖以及患有糖尿病的人群产生不利的健康影响，从而限制了消费人群。另外，尽管高浓度的糖可以使产品内部的水分在冷冻贮藏过程中形成微小的冰结晶，但是，当贮藏温度波动时，冰结晶的微小结构融化后会发生重结晶，冰晶的尺寸会较快地增长，从而对产品产生负面的影响。此外，摄入过多的磷酸盐会影响人体对钙质的吸收。为迎合目前的消费趋势，改善淡水鱼类冷冻保藏的品质和促进淡水鱼类多样化产品的开发，研发新型的抗冻蛋白有着重要的经济效益和现实意义。

长期以来，人们采用商业抗冻剂降低冷冻产品的冷冻损伤导致的品质劣变，并取得一定实效。但是，抗冻剂的种类多种多样，抗冻原理和抗冻效果也不尽相同。目前抗冻效果比较好的抗冻剂有低分子量的糖醇和糖类、羧酸类、氨基酸类等。但现今工业上冷冻鱼糜主要采用的是对鱼糜蛋白具有很好抗冻效果的商业抗冻剂（即 4%蔗糖和 4%山梨糖醇的混合物），但这种复合抗冻剂存在甜度和热量较高的不足，违背了"低甜、低热量"的消费趋势，因而寻找可替代的新型抗冻剂相当具有意义。2006 年，中国卫生部已将冰结构蛋白（ISPs）列为可用于冷冻食品中的新型食品添加剂（潘振兴等，2008）。它在很多生物体（包括鱼类、植物和昆虫）中可以合成。作为一类新型的食品添加剂，ISPs 能非依数性降低冰点，可以有效减少低温冻藏食品冰晶形成和抑制冰晶重结晶，从而提高冷冻储藏食品的品质。

研究表明一些蛋白水解物可用于防止冷冻诱导的肌原纤维蛋白变性（Ruttanapornvareesakul et al.，2006）。在鱼肉及其制品的冷冻、冷藏过程中加入 AFPs 可以有效地减少渗水和抑制冰晶的形成，保持原来的组织结构，减少营养流失（Chen et al.，2022）。在冷冻鱼糜中添加一些蛋白类物质，如乳清蛋白及其衍生物等可以有效地提高鱼糜的抗冻性能。食品蛋白质水解物多肽，特别是海鲜加工副产物中的衍生多肽，可以有效地抑制水产品在冷冻过程中发生的肌肉蛋白质变性，抗冻效果可与传统抗冻剂相媲美，并且改善了传统抗冻剂甜度高的缺点，使得这些副产物得到充分利用。

李晓坤（2013）利用碱性蛋白酶水解食品源猪皮明胶，制备 AFPs，并研究了 AFPs 对鱼糜的低温保护作用，在新鲜制备的鱼糜中添加 2%、4%、8%AFPs 以及 8%商业抗冻剂，在–18℃冻藏，测定二硫键、巯基、表面疏水性、盐溶性蛋白、Ca^{2+}-ATPase 活性在冻藏过程中的变化，进而研究蛋白质的冷冻变性情况。结果表明，AFPs 可以抑制二硫键和表面疏水性的增加，阻碍巯基含量、盐溶性蛋白含量和 Ca^{2+}-ATPase 活性的降低。实验结果如图 3.23 所示。其中添加 8%AFPs 的效果最佳，其次是添加 4%AFPs、8%商业抗冻剂、2%AFPs。与商业抗冻剂相比，在抑制蛋白的冷冻变性上 AFPs 具有一定的优势。当添加量相同时，AFPs 对表面疏水性增加抑制效果高于商业抗冻剂，当 AFPs 的加入量为商业抗冻剂的一半时，效果仍然高于商业抗冻剂。对于 AFPs，其加入量越大，对鱼糜表面疏水性增加的抑制效果越佳。空白对照组在冻藏 30 天后，巯基含量增加 32.1%。而加入 2%AFPs、4%AFPs、8%AFPs 及 8%商业抗冻剂的鱼糜巯基含量分别降低了 26.7%、19.6%、12.7%和 22%，其降低幅度显著低于空白对照组。

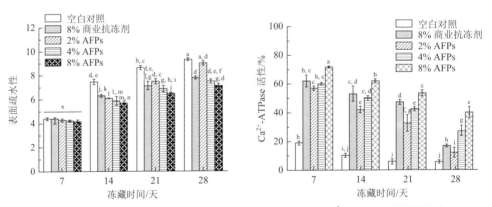

图 3.23   添加猪皮明胶 AFPs 对鱼糜蛋白表面疏水性和 Ca^{2+}-ATPase 活性的影响

图中不同字母表示显著性差异

Wu 等（2011）制备了丝胶酶解肽（sericin enzymolysis peptide，SEP），按照 2%、4%、8%的比例将其添加到草鱼鱼糜中。将添加抗冻剂和未添加抗冻剂的草鱼鱼糜放置于–20℃的冰箱中冷藏 30 天。如图 3.24 实验结果表明添加 SEP 减缓了鱼糜中巯基含量的下降趋势。当 SEP 的添加量为 4%时，鱼糜的巯基含量高达 66.3μmol/g 蛋白。这意味着 SEP 对减缓肌动球蛋白巯基含量下降趋势的影响不是呈现线性的剂量依赖性。鱼糜制品冷冻贮藏过程中，表面疏水性会变化。表面疏水性增加是由于蛋白质变性或降解而导致分子内部疏水基团暴露。SEP 含有很高的极性氨基酸以及含大量羟基侧链的氨基酸，可以有效降低总巯基含量，减缓蛋白质表面暴露包埋疏水残基的速度。与对照组相比，添加了 SEP 的鱼糜肌动球蛋白的表面疏水性增加的速度减缓。添加 4% SEP 和 8%的蔗糖的表面疏水性相近，表明了二者对冷冻鱼糜的低温保护作用是相同的。

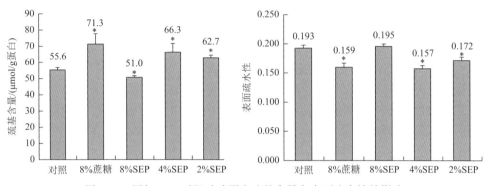

图 3.24　添加 SEP 对肌动球蛋白巯基含量和表面疏水性的影响

*表示显著

肌球蛋白重链（MHC）比其他肌肉蛋白更易于蛋白水解降解，并且肌球蛋白是影响鱼糜最终质地的重要组成部分。通过 SDS-PAGE 分析添加 SEP 对肌球蛋白降解的影响，如图 3.25 所示。与对照组相比，添加了 8%蔗糖的鱼糜，以及添加 4% SEP、2% SEP 的鱼糜中肌球蛋白重链的相对含量分别增加了 11%、28%、14%，但是添加了 8% SEP 的鱼糜肌球蛋白重链含量下降了 14%。这些结果说明，添加适量的 SEP 可能会延迟鱼糜制品冷冻过程肌球蛋白的降解。

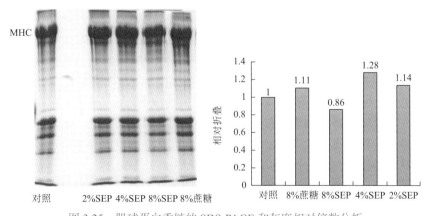

图 3.25　肌球蛋白重链的 SDS-PAGE 和灰度相对倍数分析

毕海丹等（2016）研究发现 0.05%茶多酚和 5%乳清蛋白联合使用，可以显著抑制巯基氧化成二硫键（$P<0.05$），有效延缓鱼糜在冷藏过程中肌原纤维蛋白的变性和降解，抑制油脂氧化，乳清蛋白显著提高草鱼鱼糜的凝胶强度（$P<0.05$），其中茶多酚在抑制油脂氧化方面起到更主要的作用。乳清蛋白作为抗冻剂使用，主要原因是乳清蛋白的溶解性和乳化性等会改变蛋白质的水合状态，并通过氢键生成的乳蛋白-鱼蛋白复合物能够阻碍鱼肉蛋白分子间的聚集和水分子的脱离，从而抑制鱼肉蛋白的变性。

Li 等（2013）将传统抗冻剂和乳清蛋白水解物添加到鲤鱼鱼糜中冷冻贮藏，研究发现鱼肉蛋白表面疏水性和浊度均有上升趋势，而总巯基含量的增长速度、Ca^{2+}-ATPase 活性以及蛋白质溶解度和蛋白质热稳定性均明显下降（$P<0.05$）。乳清蛋白水解产物的抗冻效果归因于能够防止脂质中氧化引发剂的产生，并且直接清除活性自由基，避免肌原纤维蛋白结构的改变。因此，传统抗冻剂和乳清水解物的结合具有抑制鱼糜脂肪氧化和保护鱼糜蛋白质结构的双重效果。

大量的研究表明明胶水解物可以阻止不同水分子之间的位移，从而稳定在反复冻融过程中鱼肉肌原纤维的水分。Nikoo 等（2015）通过研究得出鱼皮明胶水解物具有抑制脂肪氧化、阻止蛋白质羰基化合物形成和降低总巯基含量损失的作用。该明胶水解物含有序列为-Pro-Ala-Gly-Tyr-的四肽结构，可以清除活性自由基、ABTS 自由基和无金属螯合活性的羟基自由基，抑制鱼糜脂肪氧化，保护总巯基含量以及抑制蛋白质羰基化，减少自由水的形成，在冻融循环过程中有效保护鱼肉品质。

Kittiphattanabawon 等（2012）从黑鳍鲨鱼鱼皮中提取出明胶水解产物，加入到金线鱼鱼糜中进行冻融循环，结果表明冷冻鱼糜中 Ca^{2+}-ATPase 活性、总巯基含量、全天然肌动蛋白溶解度都随着冻融循环次数的升高而降低，表面疏水性增大，二硫键含量升高，当加入水解度为 10%的明胶水解产物时，Ca^{2+}-ATPase 活性最高，表面疏水性最低，二硫键含量升高速率降低，说明水解度为 10%的明胶水解产物抑制鱼糜蛋白变性效果最好。Karnjanapratum 等（2012）从单角革鲀皮肤中获取了明胶水解产物，发现自溶非膨胀皮肤水解物具有更高的盐溶性蛋白抗冻性能，并且明胶水解产物可抑制天然肌动球蛋白的物化变化，以及显著降低 Ca^{2+}ATPase 活性、表面疏水性和抑制二硫键的形成（$P<0.05$）。经过差示扫描量热分析，显示肌球蛋白和肌动蛋白有更高的热焓，可以抑制脂类氧化。单角革鲀皮肤明胶水解物含有高比例的亲水性氨基酸，具有制约较低的水分迁移到冰核上形成大冰晶的作用。

林娴萍等（2015）研究鲌鱼肉酶解物添加量对冻藏带鱼鱼糜抗冷冻变性效果的影响，发现鲌鱼肉酶解物合适的添加量为 5%～7%时，带鱼鱼糜所表现出来的抗冻效果最好，不但延缓肌原纤维蛋白溶解度、活性巯基含量的下降速度，而且还提高鱼糜持水性。鲌鱼肉酶解物所含的亲水氨基酸与水作用形成氢键，可促进自由水转化为束缚水，减少冰晶体形成量，减缓蛋白分子的相互聚集，防止蛋白质凝聚变性。鱼肉蛋白水解物中含有高浓度的游离氨基酸如天冬氨酸、谷氨酸、精氨酸和赖氨酸等，带负电荷的谷氨酸和天冬氨酸借助阴离子基团与蛋白形成复合物，使蛋白分子表面覆盖许多负电荷，这些负电荷在蛋白分子间产生排斥力，避免蛋白质聚集，抑制蛋白变性从而具有冷冻保护作用。

Ruttanapornvareesakul 等（2005）利用虾的边角料，在蛳鱼鱼糜中添加虾头蛋白水解物，用来抑制肌原纤维的冷冻诱导变性，以及研究三种不同种类的虾头蛋白水解物对鱼糜的凝胶形成能力和蛋白质变性的影响。结果显示，鱼糜中添加 5%干物质和谷氨酸钠，−25℃条件下贮藏 80d 后，残留的 Ca^{2+}-ATPase 活性与鱼糜凝胶强度都比空白对照组高，并且与虾的种类无关，未冻结水的含量也增加了 1.29～1.36 倍。研究表明肌原纤维蛋白和虾头蛋白水解物的活性成分（如亲水氨基酸和肽）之间的相互作用，可以延缓冷冻鱼肉肌原纤维的变性。

谭昭仪等（2013）在鳙鱼鱼糜中添加新型蛋白抗冻剂，并以商业抗冻剂作为对照，以鳙鱼鱼糜的持水性、凝胶强度、折叠实验、水溶性蛋白和盐溶性蛋白含量为指标，探讨样品在 24 周的冻藏周期内蛋白质冷冻变性的程度。结果发现，新型蛋白抗冻剂和商业抗冻剂都能减缓鱼糜失水率的上升速度，但新型抗冻剂效果优于商业抗冻剂。新型蛋白抗冻剂添加量为 0.5%时，失水率升高速度较低。此外，新型抗冻剂还能维持鳙鱼鱼糜较好的凝胶强度、破断强度和凹陷度，在一定程度上抑制了蛋白的冷冻变性，说明蛋白抗冻剂对盐溶性蛋白的保护最终有利于维持这些蛋白质的凝胶特性。

黄莉等（2014）将骨蛋白水解物和魔芋复配，添加到鲤鱼鱼糜中，与商业抗冻剂进行对比，通过测定鱼糜的持水性（蒸煮损失、汁液损失）、硫代巴比妥酸（TBARS）及肌肉蛋白的凝胶特性（硬度、弹性、持水性、白度），研究其对冷冻鱼糜（−18℃下贮藏 180d）的保护效果。结果表明：鲤鱼鱼糜冻藏 180d，添加骨蛋白水解物和魔芋样品的汁液损失、蒸煮损失、TBRAS、羰基含量分别比对照组降低了 62.71%、50.25%、71.83%、36.51%。蛋白凝胶的硬度、弹性、持水性、白度分别比对照组增加了 52.80%、42.19%、10.67%、12.88%（$P<0.05$），其各项指标相比商业抗冻剂组分别提升了 15.79%、6.45%、36.17%、10.00%、14.78%、14.55%、3.55%、4.84%。这说明骨蛋白水解物和魔芋复配后可有效抑制冷冻鱼糜在冻藏过程中脂肪氧化、蛋白质变性的发生，并能有效地提高鱼糜持水性和凝胶特性。

宋丽丽等（2010）研究了 12%NaCl 和 0.2mol/L AFPs 混合抗冻液浸渍，对不同冻藏温度下的斑点叉尾鲴鱼片解冻后品质和蛋白质变性的影响。结果表明，由于 AFPs 具有非依数性地降低冰点，抑制冰晶生长速度的特性，添加 AFPs 可以降低解冻鲴鱼片的 pH，减少解冻后水分流失，维持较低的 K 值和挥发性盐基氮含量，缓解脂肪氧化，保持较高的盐溶蛋白含量和 Ca^{2+}-ATPase 活性。因此，AFPs 可有效保持解冻鲢鱼片较好的品质，减轻解冻鲢鱼片蛋白质冷冻变性的程度。

　　束玉珍等（2014）利用风味蛋白酶酶解鲐鱼肉，获得不同水解度的酶解物，对其进行一般成分及氨基酸组成分析，并将其分别添加到带鱼鱼糜中，以肌原纤维蛋白含量、Ca^{2+}-ATPase 活性、活性巯基含量及鱼糜持水性为指标，分析鱼糜在冻藏过程中品质的变化。实验结果表明：添加酶解物组的肌原纤维蛋白溶解度显著高于空白组、蛋白粉组和抗冻剂组（$P<0.05$），而添加蛋白粉组与空白组相比，肌原纤维蛋白溶解度无显著差异（$P>0.05$），说明添加酶解物对鱼糜肌原纤维蛋白的盐溶性有较好的稳定作用。与对照组相比，各组酶解物在不同程度上均有保护活性巯基的作用，酶解物组可以延缓 Ca^{2+}-ATPase 活性的下降趋势。

　　与空白组相比，鲐鱼肉酶解物均有显著抑制抗蛋白冷冻变性的效果，其中水解度最高的 F5（总游离氨基酸含量达 22.31%，其中亲水氨基酸含量近 60%）效果最佳。可见随水解度增加，鲐鱼肉酶解物的抗蛋白冷冻变性能力增强，原因在于酶解物中游离氨基酸总量、亲水性氨基酸（碱性氨基酸、酸性氨基酸）比例增加，这些亲水氨基酸与水作用形成氢键，可促进自由水转化为束缚水，减少冰晶体形成量，减缓蛋白分子的相互聚集，防止蛋白质凝聚变性。

参 考 文 献

毕海丹, 崔旭海, 王占一, 等. 2016. 茶多酚和乳清蛋白对冷藏鱼糜保鲜效果的影响. 食品科学, 37（10）: 272-277.

陈旭, 蔡茜茜, 汪少芸, 等. 2019. 抗冻肽的研究进展及其在食品工业的应用前景. 食品科学, 40（17）: 331-337.

冯彪, 倪晋仁, 毛学英. 2005. 超滤技术处理酪蛋白酶解液的研究. 中国乳品工业, 33（3）: 3.

黄莉, 吕鸿皓, 董福家, 等. 2014. 骨蛋白水解物和魔芋复配对冷冻鱼糜抗冻效果的研究. 食品工业科技, 35（22）: 139-144.

黄晓毅, 韩剑众, 王彦波, 等. 2009. 差示扫描量热技术（DSC）在肉类研究中的应用进展. 食品工业科技, 30（9）: 353-357.

李文轲, 马春森. 2012. 抗冻蛋白特征、作用机理与预测新进展. 生命科学, 24（10）: 23-31.

李先明, 刘宝林, 李维杰, 等. 2016. 不同包装对风冷冰箱中冷冻猪肉品质的影响. 制冷学报, 37（6）: 104-112.

李晓贞. 2013. 利用猪皮明胶制备抗冻多肽及其低温保护作用研究. 福州: 福州大学: 52-58.

林娴萍, 揭珍, 束玉珍, 等. 2015. 鲐鱼肉酶解物添加量对带鱼鱼糜蛋白抗冻效果的影响. 核农学报, 29（5）: 940-945.

刘晨临, 黄晓航, 李光友. 2002. 抗冻蛋白的研究及其在生物技术中的应用. 海洋科学进展, 20（3）: 102-109.

吕国栋, 马纪. 2007. 检测抗冻蛋白生物学活性两种方法的比较. 新疆大学学报（自然科学版）, （1）: 77-80, 101.

潘振兴，邹奇波，黄卫宁，等. 2008. 冰结构蛋白对长期冻藏冷冻面团抗冻发酵特性与超微结构的影响. 食品科学，29（8）：39-42.

钱卓蕾，王君晖，边红武，等. 2002. 抗冻蛋白在超低温保存中作用机制的新模型. 细胞生物学杂志，24（4）：3.

束玉珍，杨文鸽，徐大伦，等. 2014. 鲐鱼肉酶解物对带鱼鱼糜蛋白冷冻变性的影响. 中国食品学报，14（1）：68-73.

宋丽丽，郜海燕，葛林梅，等. 2010. 提高冻藏鲴鱼片解冻品质的研究. 浙江农业学报，22（1）：105-108.

谭昭仪，邸向乾，白艳龙，等. 2013. 新型蛋白抗冻剂对鳙鱼鱼糜抗冻效果的研究. 上海海洋大学学报，22（5）：796-800.

田童童，巩子路，张建. 2014. DSC 法检测抗冻蛋白的热滞活性的研究. 中国酿造，33（1）：127-132.

王祥宇. 2018. 特异性小肽亲和整体柱对单抗药的富集纯化策略研究. 广州：暨南大学.

余小领，周光宏，徐幸莲. 2009. 肉品冷冻工艺及冻结方法. 食品工业科技，27（5）：199-202.

赵永芳，黄健. 2008. 生物化学技术原理及应用. 北京：科学出版社.

Asthana R，Tewari S N. 1993. The engulfment of foreign particles by a freezing interface. Journal of Materials Science，28（20）：5414-5425.

Ba Y，Mao Y，Galdino L，et al. 2013. Effects of a type I antifreeze protein（AFP）on the melting of frozen AFP and AFP + solute aqueous solutions studied by NMR microimaging experiment. Journal of Biological Physics，39（1）：131-144.

Berger T，Meister K，Devries A，et al. 2019. Synergy between antifreeze proteins is driven by complementary ice-binding. Journal of the American Chemical Society，141（48）：19144-19150.

Białkowska A，Majewska E，Olczak A，et al. 2020. Ice binding proteins：diverse biological roles and applications in different types of industry. Biomolecules，10（2）：274.

Braslavsky I，Drori R. 2013. LabVIEW-operated novel nanoliter osmometer for ice binding protein investigations. Journal of Visualized Experiments，（72）：e4189.

Chakraborty S，Jana B. 2017a. Molecular insight into the adsorption of spruce budworm antifreeze protein to an ice surface：a clathrate-mediated recognition mechanism. Langmuir，33（28）：7202-7214.

Chakraborty S，Jana B. 2017b. Conformational and hydration properties modulate ice recognition by type I antifreeze protein and its mutants. Physical Chemistry Chemical Physics，19（18）：11678-11689.

Chakraborty S，Jana B. 2018. Optimum number of anchored clathrate water and its instantaneous fluctuations dictate ice plane recognition specificities of insect antifreeze protein. The Journal of Physical Chemistry B，122（12）：3056-3067.

Chen X，Shi X D，Cai X X，et al. 2021. Ice-binding proteins：a remarkable ice crystal regulator for frozen foods. Critical Reviews in Food Science and Nutrition，61（20）：3436-3449.

Chen X，Wu J H，Li L，et al. 2019. Cryoprotective activity and action mechanism of antifreeze peptides obtained from Tilapia scales on *Streptococcus thermophilus* during cold stress. Journal of Agricultural and Food Chemistry，67（7）：1918-1926.

Chen X，Wu J，Cai X，et al. 2021. Production，structure-function relationships，mechanisms，and applications of antifreeze peptides. Comprehensive Reviews in Food Science and Food Safety，20（1）：542-562.

Chen X，Wu J，Li X，et al. 2022. Investigation of the cryoprotective mechanism and effect on quality characteristics of surimi during freezing storage by antifreeze peptides. Food Chemistry，371：131054.

Cheng J，Hanada Y，Miura A，et al. 2016. Hydrophobic ice-binding sites confer hyperactivity of an antifreeze protein from a snow mold fungus. Biochemical Journal，473（21）：4011-4026.

Cheung R C F，Tzi Bun N，Jack Ho W. 2017. Antifreeze proteins from diverse organisms and their applications：an overview. Current Protein & Peptide Science，18（3）：262-283.

Davies P L，Hew C L. 1990. Biochemistry of fish antifreeze proteins. The FASEB Journal，4（8）：2460-2468.

Davies P L. Ice-binding proteins：a remarkable diversity of structures for stopping and starting ice growth. Trends in Biochemical Sciences，2014，39（11）：548-555.

Deswal R，Gupta R. 2012. Low temperature stress modulated secretome analysis and purification of antifreeze protein from *Hippophae rhamnoides*，a himalayan wonder plant. Journal of Proteome Research，11（5）：2684-2696.

de Vries A L，Price T J. 1984. Role of glycopeptides and peptides in inhibition of crystallization of water in polar fishes [and discussion]. Philosophical Transactions of the Royal Society B：Biological Sciences，304：575-588.

de Vries A L，Wohlschlag D E. 1969. Freezing resistance in some antarctic fishes. Science，163（3871）：1073-1075.

Ding X L，Zhang H，Chen H Y，et al. 2015. Extraction，purification and identification of antifreeze proteins from cold acclimated malting barley（*Hordeum vulgare* L.）. Food Chemistry，175：74-81.

Dolev M B，Braslavsky I，Davies P L. 2016. Ice-binding proteins and their function. Annual Review of Biochemistry，85（1）：515-542.

Du L，Betti M. 2016. Chicken collagen hydrolysate cryoprotection of natural actomyosin：mechanism studies during freeze-thaw cycles and simulated digestion. Food Chemistry，211：791-802.

Du L，Betti M. 2016. Identification and evaluation of cryoprotective peptides from chicken collagen：ice-growth inhibition activity compared to that of type I antifreeze proteins in sucrose model systems. Journal of Agricultural and Food Chemistry，64（25）：5232-5240.

Duman J G，DeVries A L. 1972. Freezing behavior of aqueous solutions of glycoproteins from the blood of an Antarctic fish. Cryobiology，9（5）：469-472.

Ewart K V，Li Z，Yang D S C，et al. 1998. The ice-binding site of Atlantic herring antifreeze protein corresponds to the carbohydrate-binding site of C-type lectins. Biochemistry，37（12）：4080-4085.

Garnham C P，Campbell R L，Davies P L. 2011. Anchored clathrate waters bind antifreeze proteins to ice. Proceedings of the National Academy of Sciences，108（18）：7363.

Geng H, Liu X, Shi G, et al. 2017. Graphene oxide restricts growth and recrystallization of ice crystals. Angewandte Chemie International Edition, 56（4）: 997-1001.

Gilbert J A, Davies P L, Laybourn-Parry J. 2005. A hyperactive, Ca^{2+}-dependent antifreeze protein in an Antarctic bacterium. FEMS Microbiology Letters, 245（1）: 67-72.

Graether S P, Kuiper M J, Gagné S M, et al. 2000. β-Helix structure and ice-binding properties of a hyperactive antifreeze protein from an insect. Nature, 406（6793）: 325-328.

Graham L A, Boddington M E, Holmstrup M, et al. 2020. Antifreeze protein complements cryoprotective dehydration in the freeze-avoiding springtail *Megaphorura arctica*. Scientific Reports, 10（1）: 3047.

Graham L A, Davies P L. Glycine-rich antifreeze proteins from Snow Fleas. Science, 2005, 310（5747）: 461.

Griffith M, Ewart K V. 1995. Antifreeze proteins and their potential use in frozen foods. Biotechnology Advances, 13（3）: 375-402.

Guerrero P, de la Caba K. 2010. Thermal and mechanical properties of soy protein films processed at different pH by compression. Journal of Food Engineering, 100（2）: 261-269.

Guo S, Garnham C P, Karunan Partha S, et al. 2013. Role of Ca^{2+} in folding the tandem β-sandwich extender domains of a bacterial ice-binding adhesin. The FEBS Journal, 280（22）: 5919-5932.

Haji-Akbari A. Rating antifreeze proteins: Not a breeze. Proceedings of the National Academy of Sciences, 2016, 113（14）: 3714.

Hudait A, Odendahl N, Qiu Y, et al. 2018. Ice-nucleating and antifreeze proteins recognize ice through a diversity of anchored clathrate and ice-like motifs. Journal of the American Chemical Society, 140（14）: 4905-4912.

Hui C, Ying Z, Yu B Z, et al. 2016. Antifreeze and cryoprotective activities of ice-binding collagen peptides from pig skin. Food Chemistry, 194: 1245-1253.

Jia C, Huang W, Wu C, et al. 2012. Characterization and yeast cryoprotective performance for thermostable ice-structuring proteins from Chinese Privet（*Ligustrum vulgare*）leaves. Food Research International, 49（1）: 280-284.

John U P, Polotnianka R M, Sivakumaran K A, et al. 2009. Ice recrystallization inhibition proteins（IRIPs）and freeze tolerance in the cryophilic Antarctic hair grass *Deschampsia antarctica* E. Desv. Plant, Cell & Environment, 32（4）: 336-348.

Joo S T, Kauffman R G, Kim B C. 1999. The relationship of sarcoplasmic and myofibrillar protein solubility to colour and water-holding capacity in porcine longissimus muscle. Meat Science, 52（3）: 291-297.

Kawahara H, Iwanaka Y, Higa S, et al. 2007. A novel, intracellular antifreeze protein in an Antarctic bacterium, *Flavobacterium xanthum*. CryoLetters, 28: 39-49.

Kittiphattanabawon P, Benjakul S, Visessanguan W, et al. 2012. Cryoprotective effect of gelatin hydrolysate from blacktip shark skin on surimi subjected to different freeze-thaw cycles. LWT-Food Science & Technology, 47（2）: 437-442.

Knight C A, deVries A L. 2009. Ice growth in supercooled solutions of a biological "antifreeze", AFGP 1-5: an explanation in terms of adsorption rate for the concentration dependence of the freezing point. Physical Chemistry Chemical Physics，11（27）：5749-5761.

Knight C A，Driggers E，DeVries A L. 1993. Adsorption to ice of fish antifreeze glycopeptides 7 and 8. Biophysical Journal，64（1）：252-259.

Knight C A. 2000. Adding to the antifreeze agenda. Nature，406（6793）：249-251.

Kontogiorgos V，Regand A，Yada R Y，et al. 2007. Isolation and characterization of ice structuring proteins from cold-acclimated winter wheat grass extract for recrystallization inhibition in frozen foods. Journal of Food Biochemistry，31（2）：139-160.

Kristiansen E，Zachariassen K E. 2005. The mechanism by which fish antifreeze proteins cause thermal hysteresis. Cryobiology，51（3）：262-280.

Leygonie C，Britz T J，Hoffman L C. 2012. Impact of freezing and thawing on the quality of meat：review. Meat Science，91（2）：93-98.

Li Y，Kong B，Xia X，et al. 2013. Inhibition of frozen storage-induced oxidation and structural changes in myofibril of common carp（*Cyprinus carpio*）surimi by cryoprotectant and hydrolysed whey protein addition. International Journal of Food Science & Technology，48（9）：1916-1923.

Lin X，Wisniewski M E，Duman J G. 2011. Expression of two self-enhancing antifreeze proteins from the beetle dendroides canadensis in arabidopsis thaliana. Plant Molecular Biology Reporter，29（4）：802-813.

Liu K，Wang C，Ma J，et al. 2016. Janus effect of antifreeze proteins on ice nucleation. Proceedings of the National Academy of Sciences，113（51）：14739-14744.

Marks S M，Patel A J. 2018. Antifreeze protein hydration waters：unstructured unless bound to ice. Proceedings of the National Academy of Sciences，115（33）：8244-8246.

Mizrahy O，Bar-Dolev M，Guy S，et al. 2013. Inhibition of ice growth and recrystallization by zirconium acetate and zirconium acetate hydroxide. PLoS One，8（3）：e59540.

Mochizuki K，Molinero V. 2018. Antifreeze glycoproteins bind reversibly to ice via hydrophobic groups. Journal of the American Chemical Society，140：4803-4811.

Nickell P K，Sass S，Verleye D，et al. 2013. Antifreeze proteins in the primary urine of larvae of the beetle Dendroides canadensis. Journal of Experimental Biology，216（9）：1695-1703.

Nikoo M，Benjakul S，Xu X M. 2015. Antioxidant and cryoprotective effects of amur sturgeon skin gelatin hydrolysate in unwashed fish mince. Food Chemistry，181：295-303.

Pfaunmiller E L，Paulemond M L，Dupper C M，et al. 2013. Affinity monolith chromatography：a review of principles and recent analytical applications. Analytical and Bioanalytical Chemistry，405（7）：2133-2145.

Phippen S W，Stevens C A，Vance T D R，et al. 2016. Multivalent display of antifreeze proteins by fusion to self-assembling protein cages enhances ice-binding activities. Biochemistry，55（49）：6811-6820.

Raymond J A，DeVries A L. 1977. Adsorption inhibition as a mechanism of freezing resistance in polar fishes. Proceedings of the National Academy of Sciences，74（6）：2589-2593.

Raymond J A，Wilson P，DeVries A L. 1989. Inhibition of growth of nonbasal planes in ice by fish antifreezes. Proceedings of the National Academy of Sciences，86（3）：881-885.

Ruttanapornvareesakul Y，Hara K，Osatomi K，et al. 2005. Concentration-dependent effect of shrimp head protein hydrolysate on freeze-induced denaturation of lizardfish myofibrillar protein during frozen storage. Food Science and Technology Research，11（3）：261-268.

Ruttanapornvareesakul Y，Somjit K，Otsuka A，et al. 2006. Cryoprotective effects of shrimp head protein hydrolysate on gel forming ability and protein denaturation of lizardfish surimi during frozen storage. Fisheries Science，72（2）：421-428.

Sigfusson H，Ziegler G R，Coupland J N. 2004. Ultrasonic monitoring of food freezing. Journal of Food Engineering，62（3）：263-269.

Sönnichsen F D，DeLuca C I，Davies P L，et al. 1996. Refined solution structure of type Ⅲ antifreeze protein：hydrophobic groups may be involved in the energetics of the protein-ice interaction. Structure，4（11）：1325-1337.

Sun T J，Lin F H，et al. 2014. An antifreeze protein folds with an interior network of more than 400 semi-clathrate waters. Science，343（6172）：795-798.

Takamichi M，Nishimiya Y，Miura A，et al. 2007. Effect of annealing time of an ice crystal on the activity of type Ⅲ antifreeze protein. The FEBS Journal，274（24）：6469-6476.

Takashi N，Yoshimichi H. 2008. Interaction among the twelve-residue segment of antifreeze protein type Ⅰ，or its mutants，water and a hexagonal ice crystal. Molecular Simulation，34（6）：591-610.

Tam R Y，Ferreira S S，Czechura P，et al. 2008. Hydration index—a better parameter for explaining small molecule hydration in inhibition of ice recrystallization. Journal of the American Chemical Society，130（51）：17494-17501.

Tomalty H E，Walker V K. 2014. Perturbation of bacterial ice nucleation activity by a grass antifreeze protein. Biochemical and Biophysical Research Communications，452（3）：636-641.

Tomczak M M，Hincha D K，Estrada S D，et al. 2002. A mechanism for stabilization of membranes at low temperatures by an antifreeze protein. Biophysical Journal，82（2）：874-881.

Tomczak M M，Marshall C B，Gilbert J A，et al. 2003. A facile method for determining ice recrystallization inhibition by antifreeze proteins. Biochemical and Biophysical Research Communications，311（4）：1041-1046.

Wang J H. 2000. A comprehensive evaluation of the effects and mechanisms of antifreeze proteins during low-temperature preservation. Cryobiology，41（1）：1-9.

Wang Q，Ismail B. 2012. Erratum to "effect of maillard-induced glycosylation on the nutritional quality，solubility，thermal stability and molecular configuration of whey protein" [Int. Dairy J. 25（2012）112-122]. International Dairy Journal，27（1）：2.

Wang S，Agyare K，Damodaran S. 2009. Optimisation of hydrolysis conditions and fractionation of peptide cryoprotectants from gelatin hydrolysate. Food Chemistry，115（2）：620-630.

Wang S，Damodaran S. 2009. Ice-structuring peptides derived from bovine collagen. Journal of Agricultural and Food Chemistry，57（12）：5501-5509.

Wang S，Zhao L，Zhou Y，et al. 2013. Preparation and isolation of food-based gelatin peptide and the ice crystal inhibition. Food Science，34（9）：135-139.

Wang S Y，Zhao J，Xu Z B，et al. 2011. Preparation，partial isolation of antifreeze peptides from fish gelatin with hypothermia protection activity. Applied Mechanics & Materials，140（2）：411-415.

Ward A G，Courts A. 2006. The Science and Technology of Gelatin. New York：Academic Press.

Wathen B, Kuiper M, Walker V, et al. 2003. A new model for simulating 3-D crystal growth and its application to the study of antifreeze proteins. Journal of the American Chemical Society, 125 (3): 729-737.

Wu J, Rong Y, Wang Z, et al. 2015. Isolation and characterisation of sericin antifreeze peptides and molecular dynamics modelling of their ice-binding interaction. Food Chemistry, 174: 621-629.

Wu J H, Wang S Y, Wu Y, et al. 2011. Cryoprotective effect of sericin enzymatic peptides on the freeze-induced denaturation of grass carp surimi. Applied Mechanics and Materials, 140: 291-295.

Xu H, Griffith M, Patten C, et al. 1998. Isolation and characterization of an antifreeze protein with ice nucleation activity from the plant growth promoting rhizobacterium *Pseudomonas putida* GR12-2. Canadian Journal of Microbiology, 44 (1): 64-73.

Yang D S C, Sax M, Chakrabartty A, et al. 1988. Crystal structure of an antifreeze polypeptide and its mechanistic implications. Nature, 333 (6170): 232-237.

Yang H, Ma C, Li K, et al. 2016. Tuning ice nucleation with supercharged polypeptides. Advanced Materials, 28 (25): 5008-5012.

Zhang F, Wang Z, Xu S. 2009. Macroporous resin purification of grass carp fish (*Ctenopharyngodon idella*) scale peptides with *in vitro* angiotensin- I converting enzyme (ACE) inhibitory ability. Food Chemistry, 117 (3): 387-392.

Zhang Y, Liu K, Li K, et al. 2018. Fabrication of anti-icing surfaces by short α-helical peptides. ACS Applied Materials & Interfaces, 10 (2): 1957-1962.

第4章 抗氧化肽对肉糜的品质调控技术

4.1 抗氧化肽概述

4.1.1 抗氧化肽的简介

人体正常的生理代谢过程中，会产生活性氧（ROS）、氧化代谢副产物和其他自由基〔如羟基自由基（·OH）、过氧化自由基（·OOR）、超氧阴离子（O_2^-·）和过氧亚硝酸盐（$ONOO^-$）〕，它们不是稳定存在的，相互之间存在一定的转换关系。自由基有一个多余的不对等的电子，这个不对等的电子很活跃。人体内部环境以及外界刺激如辐射等都可能生成自由基。自由基种类如表 4.1 所示。

表 4.1　自由基种类与实例

自由基类型	例子
以氢为中心	氢原子，H·
以碳为中心	三氯甲基，CCl_3·
以硫为中心	谷胱甘肽巯基，GS·
以氧为中心	超氧化物，O_2· 羟基，·OH 脂质过氧化物，—O_2·
电子离域	苯氧基，C_6H_5O·（电子离解成苯环） 一氧化氮，NO·

研究表明，细胞内的自由基和活性氧具有双重作用，低浓度的自由基/活性氧对很多生命活动不可或缺，不仅参与细胞生长和代谢等过程，还可以作为信号分子激活或抑制相关基因的转录和蛋白质的表达，起到调节细胞内信号转导通路的作用（Seifried et al.，2007；Hancock et al.，2001）。除了内源性自由基外，当人体受到外界环境刺激时（如烟草、辐射、毒素、过量矿物质和空气污染），体内的活性氧就会增多，有氧生物在生命进化过程中，产生了内源性抗氧化防御系统，以防止氧化损伤，但是，超过机体自有的自由基或活性氧清除能力，会导致机体发生氧化应激，同时，累积过多的活性氧会攻击蛋白质、脂质、DNA 等生物大分子，继而加速机体的衰老和引起多种疾病，如癌症、心血管疾病、动脉粥样硬

化、糖尿病，以及阿尔茨海默病和帕金森病等神经退行性疾病（Valko et al.，2007；Finkel and Holbrook，2000；Halliwell，1994）。自由基的产生及其对细胞产生氧化损伤的作用机制如图 4.1 所示。

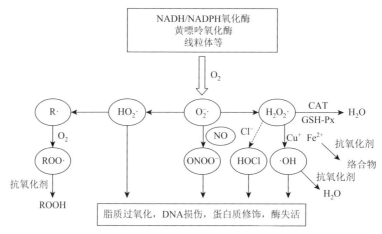

图 4.1　自由基引起的机体氧化损伤（严文利，2021）

NADH：烟酰胺腺嘌呤二核苷酸；NADPH：三磷酸吡啶核苷酸；CAT：过氧化氢酶

　　摄入外源性抗氧化剂能增加机体的抗氧化，保护机体，促进健康。目前使用较为广泛的抗氧化补充剂有 α-生育酚、维生素 C 或植物来源的抗氧化化合物，如植物化学物质和提取物（异黄酮、叶黄素、番茄红素、绿茶和葡萄籽提取物）。将抗氧化肽添加到这些补充剂中是食品抗氧化剂的一个新的发展趋势，这些肽在食品或保健品中的应用前景十分广阔（Samaranayaka et al.，2010）。

　　抗氧化肽是指具有抗氧化活性的肽类物质。一般而言，抗氧化肽含有 2～20 个氨基酸残基（Zhang et al.，2011；Zhuang et al.，2009）。抗氧化肽主要来源于微生物、植物和动物，具有特殊生理功能。抗氧化肽是一种特殊的蛋白片段，不仅具有营养功能价值，而且对细胞生理代谢起到调节作用，影响机体健康。尽管抗氧化肽在母体蛋白序列内无活性，但是通过蛋白水解或发酵，能够将其具有活性的肽片段释放出来，这些活性片段对人体健康产生较大的影响，如影响心血管、免疫和神经系统（Bhat et al.，2015）。蛋白质中活性中心被包埋，通过蛋白酶水解蛋白，可将蛋白质的氨基酸序列切割，使活性中心暴露，表现抗氧化活性。

　　蛋白质在人体中的重要性越来越受到人们的关注。过去人们普遍认为蛋白质是人体不可或缺的营养物质，并且蛋白质只有被水解成游离氨基酸才能被生物吸收利用。但是，有研究表明，寡肽能完整地被人体吸收，进入血液循环。由于肽吸收的耗能低而且不参与氨基酸制剂吸收竞争，甚至寡肽吸收速度大于游离氨基酸吸收速度，吸收效率高（黄艳青等，2014）。有学者发现，膳食中的蛋白质是通过在体内水解成小分子肽段而发挥其生物活性作用。Korhonen 和 Pihlanto（2003）是最先报道生物活性肽的研究者，并指出酪蛋白磷酸肽能够促进佝偻病幼儿的维生素 D 骨钙化。此后，生物活性肽的研究及应用快速发展，学者们研究了多肽的多种生物活性，其中抗氧化活性肽受到研究者广泛关注。

　　抗氧化剂在食品中已得到广泛的应用，保持产品的质量和确保食品的安全性，延长货架期。合成抗氧化剂（BHA、BHT 和没食子酸丙酯）已经被广泛用作食品添加剂，但其安全性受到质疑（Brewer and Rojas，2008）。使用天然食品以及健康成分作为食品添加剂成为食品行业中的一个主要趋势。此外，随着人们越来越了解和重视饮食在人类健康中的作用，人们希望能够使用食物来源的天然抗氧化剂代替合成抗氧化剂。草药和香料中的许多天然抗氧化剂已得到广泛研究。其中，草药和香料提取物之迷迭香和维生素 C 提取工艺成熟，被广泛应用到食品和化工行业当中。流行病学相关研究表明，水果和蔬菜中的抗氧化剂（维生素 C、维生素 E、类胡萝卜素和酚类化合物）能够预防由氧化应激引起的慢性疾病（Martinez et al.，2013）。大多数基于膳食的抗氧化剂（如硒、α-生育酚和维生素 C）对减少体内 ROS 含量有着不可忽略的重要作用。除了生物体内天然抗氧化剂，植物和动物通过酶解等方法获得的肽，如大豆、牛奶、鱼类等的酶解肽均表现出较好的抗氧化活性（闫秋华等，2012；Harada et al.，2010；张莉莉等，2007）。

4.1.2　抗氧化肽的来源

　　在动植物蛋白中存在多种不同氨基酸序列的肽，蛋白质在体内消化酶解过程可释放其中的活性片段肽，而在体外经适当的酶降解也能得到多种具有特殊功能的生物活性肽，如大豆肽、玉米蛋白肽和鱼类蛋白肽等。抗氧化肽按照来源主要分为动物源抗氧化肽和植物源抗氧化肽。

1. 动物源抗氧化肽

　　对以动物蛋白为原料的抗氧化肽的研究，主要集中在草鱼、鱿鱼、鲢鱼、猪血、鸡肉等。其中以水产品来源的蛋白，特别是海洋鱼类蛋白、贝类蛋白源获得的抗氧化肽，其抗氧化活性更为显著。Wu 等（2003）用马鲛鱼蛋白水解制备抗氧化肽，比较了混合游离氨基酸与抗氧化肽的生物学活性，结果表明抗氧化肽的抗氧化活性高于游离还原性氨基酸的组合。Nazeer 等（2012）从黄花鱼中提纯出一种七肽，体外抗氧化活性检测体系显示其具有良好的抗氧化作用，诱导小鼠肝脏超氧化物歧化酶（superoxide dismutase，SOD）、谷胱甘肽巯基转移酶（glutathione S-transferase，GST）及过氧化氢酶（catalase，CAT）等内源性抗氧化酶的表达效果显著。在文献报道的食源性、合成抗氧化肽中,部分抗氧化肽的抗氧化活性可与维生素 E、维生素 C 以及还原型谷胱甘肽(glutathione,GSH)、肌肽等相媲美。Jung 等(2007)和 Qian 等(2008)制备出的抗氧化肽不仅具有清除羟自由基、超氧自由基和 1, 1-二苯基-2-三硝基苯肼(1, 1-diphenyl-2-picrylhydrazyl,DPPH)自由基的能力,而且对多不饱和脂肪酸的抗氧化效果优于天然抗氧化剂(维生素 C、维生素 E)。Ranathunga 等(2006)从欧洲康吉鳗鱼蛋白源水解物中分离得到的抗氧化肽 LGLNGDDVN 在体外脂质过氧化的抑制能力强于维生素 E。Je 等(2007)采用连续色谱分离得到的多肽 LEQQVDDLEGSLEQEKK 体外活性评价实验中其抗氧化活性与维生素 C 相当。猪肝同样被证明是很好的蛋白质来源,Lopez-Pedrouso 等(2021)从猪肝中提取了抗氧化肽,有助于猪业副产品的开发利用和附加值产品的生产。Yuan 等(2020)、Chen 等(2020)也在蛋类、扇贝等食品中发现了抗氧化生物活性肽。

2. 植物源抗氧化肽

目前,对以植物蛋白为原料的抗氧化肽的研究,主要有大米、米渣、米糠、麦胚、大豆、核桃、黑豆、鹰嘴豆、玉米、菜籽、花生、花椒籽仁等。王晓杰等(2020)采用麦芽粉和碱性蛋白酶对玉米醇溶蛋白进行两步水解制备玉米肽,研究发现,玉米抗氧化肽具有热稳定性及贮藏稳定性,在中性和碱性条件下稳定,但酸性条件(pH 3～5)下不稳定。Wali 等(2021)采用各种酶水解鹰嘴豆蛋白,经过分离纯化后利用基质辅助激光解吸电离飞行时间质谱鉴定了一种新的抗氧化肽,其对羟基自由基的半抑制浓度(IC_{50})值仅为(0.57 ± 0.04)mg/mL。Xia 等(2020)通过对 HepG2 细胞的特异性观察,证明绿豆经过蛋白酶解后得到的多肽对过氧化氢诱导的细胞毒性具有保护作用,能够调节 HepG2 细胞中丙二醛(malondialdehyde,MDA)含量、CAT 活性和 GSH 总含量,表明了绿豆蛋白作为抗氧化肽来源的潜力,这也为绿豆蛋白制备抗氧化肽提供了科学依据。

4.1.3 抗氧化肽的生物学功能

1. 促进微量金属元素吸收

抗氧化肽能螯合金属离子(钙、铁、镁、锌等),形成金属离子螯合肽,利用肠道对短肽吸收能力强的特点,促进螯合金属离子的吸收。螯合金属离子的抗氧化肽可作为一种新型的微量元素补充制剂,促进肠道对微量元素的吸收。Eckert 等(2016)发现七肽 SVNVPLY 及其简化后的三肽 VPL 能螯合二价铁离子,在模拟肠吸收 Caco-2 细胞模型中,吸收三肽和七肽螯合二价铁离子的量是单独使用铁盐制剂量的 4 倍。Chen 等(2017)也证实了金属离子螯合肽 GPAGPHGPPG 能增强锌离子、钙离子、铁离子在肠道中的吸收。

2. 抗缺氧作用

缺氧会诱导机体氧敏感性途径活化，催化线粒体通过 Haber-Weiss 反应和 Fenton 反应生成自由基（Bailey et al.，2009），自由基产生过多可以降低 Na/K-ATP 酶活性，导致有效毛细血管血流量的重新分配和随后星形胶质细胞体积膨胀（Schoonman et al.，2008；Kallenberg et al.，2007），从而直接激活 p47PHOX 依赖的 NADPH 氧化酶并加速"渗透氧化应激"（Reinehr et al.，2007），表现为中枢 NO 的增加（Master et al.，1999），自由基介导的脂质过氧化增加，细胞膜不稳定加剧，局部缺氧诱导因子（HIF）-1α 和血管内皮生长因子的激活以及炎症反应出现，最后直接激活三叉神经血管系统，导致缺氧，从而造成大脑离子通道活性及分布功能异常导致急性高原病（AMS）症状出现，这是首次对高原缺氧和体内自由基改变病理生理过程的系统描述，见图 4.2。可见，缺氧诱发活性氧的大量蓄积是造成缺氧损伤的重要因素之一（Bakonyi and Radak，2004），而抗氧化剂能够通过清除 ROS 缓解缺氧造成的神经损伤（Muthuraju et al.，2009），改善认知功能（Fan et al.，2013；Shukitthale et al.，1994）。

毛慧慧和游育红（2015）发现灵芝多糖肽对培养乳大鼠心肌细胞缺氧/复氧（H/R）损伤的保护作用，其作用机制可能与减少细胞内自由基含量和减轻细胞内钙超负荷有关。徐恺（2012）发现南极磷虾脱脂蛋白肽能延长小鼠亚硝酸钠中毒存活时间以及常压缺氧的存活时间、耗氧量。许博林等（2018）模拟急性高原缺氧，研究海参低聚肽和大豆 9 糖肽及其混合物对缺氧小鼠的保护作用，结果发现，海参低聚肽、大豆糖肽及其两者混合物均能显著提高小鼠缺氧的耐受性。

3. 抗疲劳

抗氧化肽具有缓解运动耐受能力下降的作用，表现出优秀的抗疲劳生物学性能。Yu 等（2008）用枯草芽孢杆菌发酵大豆并经超滤分离得到大豆源抗氧化肽，日饲实验小鼠后，显著地提高了小鼠的游泳耐受能力。You 等（2011）研究发现泥鳅蛋白源抗氧化肽能显著延长小鼠游泳耐受时间。在抗疲劳研究的动物实验中，鸡卵蛋白源抗氧化肽、鲭鱼蛋白源抗氧化肽、牛乳蛋白源抗氧化肽（Sun et al.，2014；Wang et al.，2014；Pan et al.，2011）等均能延长小鼠的负重游泳时间，可显著降低实验小鼠乳酸及尿素氮含量、提高肝糖原含量，表现出良好的抗疲劳活性。

4. 抗衰老

衰老是指机体在生命历程中晚期所出现的一系列结构和功能退行性改变、器官功能减退、适应性以及抵抗力降低等生理状态。抗衰老药物和衰老机制的研究对缓解日益严重的老龄化现象和经济与社会持续发展的压力具有重要意义。目前提出的衰老机制主要有：线粒体自由基衰老学说、端粒退化学说、热量限制学说和基因沉默学说等，其中，Harman（1956）提出机体的衰老主要与有氧呼吸导致的自由基氧化损伤的积累有关，该机制也是目前最为公认的学说之一。

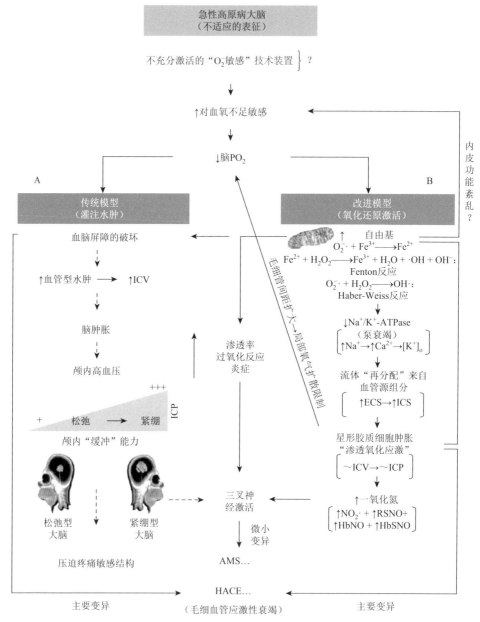

图4.2　急性高原病（AMS）和高原脑水肿（HACE）病理生理学的修订模式图（Bailey et al., 2009）

ICV：颅内体积；ECS/ICS：胞外/胞内空间

目前，抗氧化肽作为一种抗衰老活性成分被广泛研究和使用，这是因为具有抗氧化基团的生物活性肽在一定程度上可以抑制机体内自由基的积累并起到延缓衰老的作用。Sun 等（2012）从鸡胸肉中制备得到的水解物可以通过增加抗氧化酶活性以抑制 D-半乳糖诱导的衰老小鼠的氧化应激反应。王军琦（2018）则证明了海参肽能够明显延缓家蚕幼虫的衰老。

5. 抗肿瘤

抗氧化肽可通过抑制肿瘤细胞增殖、促进癌细胞凋亡、调节机体免疫功能等起到抗肿瘤的作用。来源于海洋生物、两栖动物、植物蛋白及合成的多种抗氧化肽被证实具有抗肿瘤的生物学活性（Rozek et al., 2000；Nyeki et al., 1998）。例如，来源于海葵刺细胞毒液中的抗氧化肽在体外具有细胞毒性，能直接抑制肿瘤细胞增殖（Balamurugan et al., 2010）。毛蚶（*Arca subcrenata* Lischke）源抗氧化肽对人肝癌细胞 HepG2 和结肠癌细胞 HT-29 的体外增殖均有抑制作用（Chen et al., 2013）。

6. 抗炎

炎症和氧化损伤是癌症的重要致病因素，抗氧化肽能参与抗炎过程，抑制多种炎症因子的产生和表达，这使得抗氧化肽的抗炎作用成为近年来抗氧化肽功能研究的热点之一。体外细胞实验证实抗氧化肽可抑制脂多糖诱导的炎症，降低炎症模型动物血清中 NO 浓度，提高氧化还原酶的活性，促进非酶类还原物质的生成，进而缓解炎症。

研究发现，植物蛋白源、卵蛋白源、酪蛋白源的抗氧化肽能够抑制炎症因子肿瘤坏死因子-α（tumor necrosis factor-α，TNF-α）、白介素-6（interleukin 6，IL-6）、白介素-8（interleukin 8，IL-8）、前列腺素 E2（prostaglandin E2，PGE2）等表达（Ahn et al., 2012；Mao et al., 2011；Hernandez-Ledesma et al., 2009）。Majumder 等（2013）发现 IRW（Ile-Arg-Trp）和 IQW（Ile-Gln-Trp）两种抗氧化肽能够减少 TNF-α 诱导的内皮细胞炎症的发生。

7. 抗辐射

抗氧化肽可通过增加表皮的平均厚度或促进皮肤成纤维细胞增殖，起到抗辐射和保护皮肤作用。研究表明，利用紫外线照射，建立小鼠皮肤损伤动物模型，在日粮中添加不同剂量水平的抗氧化肽可显著增强模型动物辐射损伤皮肤组织的总抗氧化能力，提高模型动物皮肤和血液组织中内源性氧化还原酶的活性，降低皮肤组织中 MDA 含量，清除辐射产生的 ROS，起到抗辐射的作用（Zhuang et al., 2009）。

8. 降低血糖

Khanna 等（1981）报道苦瓜中分离的多肽能降低沙鼠、黑叶猴以及人的血糖水平，随后多个研究小组从食源性蛋白中分离得到了具有降糖作用的抗氧化肽，为降糖食品和药品的开发提供了新的思路。Niiho 等（1993）研究了大豆源短链抗氧化肽的药理作用，该抗氧化肽能降低小鼠餐后 30min 和 120min 的血糖水平，而空白对照组无此作用。抗氧化肽能使四氢嘧啶诱导的糖尿病小鼠血糖水平降低，并使模型动物血清中 SOD、全血中谷胱甘肽过氧化物酶（glutathione peroxidase，GSH-Px）活性提高，使 GSH 含量升高，血清中 MDA 含量明显下降（Yuan et al.，2008）。抗氧化肽的抗氧化和降糖作用具有协同性，其降低血糖作用可能与其提高了糖尿病小鼠的抗氧化能力有关。

4.2 抗氧化肽的体内外活性评价方法

抗氧化肽具有清除自由基及抑制脂质过氧化等功能特性，同时，在维持机体自由基平衡、提高机体抵抗衰老与疾病等方面具有重要的作用。因此，评价多肽的抗氧化活性使之能更好地应用于食品、化妆品等领域具有一定的意义。关于多肽的抗氧化活性一般是通过体外抗氧化和体内抗氧化这两个方面来评估。本节主要阐述抗氧化肽的体内、体外抗氧化活性评价测定的原理及操作步骤。

4.2.1 体外抗氧化活性

抗氧化肽的体外抗氧化活性主要是通过测定自由基清除能力、总抗氧化能力、金属螯合能力、还原力和脂类物质过氧化抑制能力等进行评估（王瑞雪等，2011）。表 4.2 列举了几种多肽及其使用的体外抗氧化活性表征方法。

表 4.2　用于测定多肽抗氧化活力的体外分析法

多肽来源	体外抗氧化分析方法	文献出处
鲭鱼片	DPPH 自由基清除活性、还原力、脂质过氧化抑制活性（亚油酸体系）	Wu et al.，2003
海鳗（肌肉）	亚油酸过氧化抑制活性、羟基自由基清除活性	Ranathunga et al.，2005
黄色条纹鲹	DPPH 自由基清除活性、还原力、金属螯合力	Klompong et al.，2007
圆鲹（肌肉）	DPPH 自由基清除活性、还原力、亚铁离子螯合、亚油酸过氧化抑制活性	Thiansilakul et al.，2007
金枪鱼	DPPH 自由基清除活性、金属螯合力、ABTS 自由基清除活力	Nalinanon et al.，2011
金枪鱼骨	DPPH 自由基清除活性、超氧阴离子自由基、亚油酸过氧化抑制活性	Je et al.，2007

续表

多肽来源	体外抗氧化分析方法	文献出处
太平洋鳕鱼	DPPH 自由基清除活性、ORAC、亚铁金属螯合力、亚油酸过氧化抑制活性	Samaranayaka et al.，2010
鲶鱼分离蛋白	金属螯合能力、DPPH 自由基清除活性、光脱色荧光恢复技术（FRAP）、ORAC、罗非鱼肉 TBARS 抑制能力	Theodore et al.，2008

自由基清除能力的表征通常是人工建立自由基体系，测定经抗氧化肽作用后体系中自由基的数量变化来衡量多肽的抗氧化活性。常用的自由基发生体系主要有：DPPH 自由基、羟基自由基（hydroxyl radical，·OH）、超氧阴离子自由基（superoxide anion，$O^{2-}·$）等体系；总抗氧化能力的检测通常是采用氧自由基吸收能力（oxygen radical absorbance capacity，ORAC）和 2, 2′-联氮-双-（3-乙基苯并噻唑啉-6-磺酸）[2, 2′-azino-bis（3-ethylbenzothiazoline-6-sulfonic acid），ABTS]测定法，这两种方法是目前应用较多的方法。ORAC 法是通过测定抗氧化肽对荧光素钠（fluorescein disodium，FL）和自由基产生剂[2, 2′-azobis（2-methylpropionamidine）dihydrochloride，AAPH]体系荧光强度的变化来衡量，通过荧光强度变化反映自由基的破坏程度，抗氧化肽能够抑制自由基引起的荧光变化，根据荧光变化可确定 ORAC 值，ORAC 值越大，则抗氧化活性越强。ABTS 法测定多肽的抗氧化活性是通过抗氧化肽与自由基反应后体系颜色变化来确定的；脂质过氧化抑制活性测定通常采用硫代巴比妥酸（2-thiobarbituric acid，TBAS）法和硫氰酸铁法（亚油酸自氧化法），TBAS 法通过测定脂质过氧化产物丙二醛与 TBA 形成高灵敏的荧光复合物来检测脂质过氧化水平，亚油酸自氧化法是基于亚油酸极易被氧化生成过氧化物，过氧化物与 Fe^{2+} 和硫氰酸铵作用形成红色的硫氰酸铁。抗氧化肽则可抑制或延缓体系过氧化物的生成，通过比色测定过氧化物生成量，即可反映多肽的抗氧化活性。抗氧化肽在各体系中的抗氧化活力测定方法如下。

1. DPPH 自由基清除活性

DPPH 自由基清除活性测定较为方便，被广泛用于多肽抗氧化活性的评估。不同来源的抗氧化肽，其 DPPH 自由基清除活性有所不同，在一定的浓度范围内一般呈剂量依赖性。彭惠惠等（2013）从固态发酵芝麻粕中分离出 3 个分子量不同的小肽，分别为三肽、四肽和六肽，在多肽浓度为 1mg/mL 时，它们的 DPPH 自由基清除率分别为 90%、90%、80%；刘淇等（2012）研究了鳕鱼皮胶原蛋白肽的抗氧化活性，在多肽浓度为 30mg/mL 时，DPPH 自由基清除率为 73.84%；Naqash 和 Nazeer（2010）研究表明飞鱼鲉鱼骨多肽在浓度为 1.5mg/mL 时，DPPH 自由基清除率为 40.1%；张玉锋等（2014）研究脱脂椰子种皮多肽的 DPPH 自由基清除活性，表明在多肽浓度为 100μg/mL 时，其 DPPH 自由基清除率为 90.61%。抗氧化肽的 DPPH 自由基清除活性测定原理及步骤如下。

1）原理

DPPH 自由基是一种稳定的自由基，其结构中心氮桥一侧氮原子上具有一个未成对电子，其乙醇溶液显紫色，在 517nm 波长处有最大吸收。自由基清除剂则可与 DPPH 自由基上的孤对电子配对，使 DPPH 自由基被快速清除导致颜色变浅。其褪色程度与接受电子的数量呈线性相关（Sharma and Bhat，2009）。

2）步骤

取不同浓度抗氧化肽溶液 1mL 与 1mL 使用 95% 乙醇配制的浓度为 0.1mmol/L 的 DPPH 溶液充分混匀为样品组；使用 1mL 95% 乙醇溶液代替 DPPH 溶液为样品参比组；空白组为 1mL DPPH 溶液与 1mL 95% 乙醇溶液。室温避光静置 30min 后，测定 517nm 波长处吸光度，通过测定样品组、样品参比组及空白组的吸光度，即可求得多肽样品的 DPPH 自由基清除活性（Wu et al.，2003）。

2. 羟基自由基清除活性

羟基自由基是体内最活泼的活性氧，其氧原子上有一个未配对的电子，具有较强的夺电子能力。当羟基自由基攻击机体时会导致脂质过氧化、核酸断裂、蛋白质解聚与聚合、多糖解聚，引起机体衰老、损伤（Zhang and Ren，2009）。研究表明天然黄茧丝蛋白肽（包立军等，2017）、核桃蛋白肽（李丽等，2017）、沙丁鱼抗氧化肽（李亚会等，2016）等具有羟基自由基清除活性。因此，测定多肽的羟基自由基清除活性可反映其抗氧化作用。抗氧化肽的羟基自由基清除活性测定原理与操作步骤如下（Zhang et al.，2012）。

1）原理

H_2O_2 与 Fe^{2+} 混合后通过 Fenton 反应产生羟基自由基，羟基自由基可进攻水杨酸分子上的苯环，生成有色产物 2, 3-二羟基苯甲酸，其在 510nm 处的吸光度与羟基自由基的数量成正比。在反应体系中加入具有清除羟基自由基活力的抗氧化肽时，抗氧化肽便会与水杨酸竞争，使得有色产物的生成量减少。通过测定反应体系与空白液在 510nm 波长处吸光度，便可评估抗氧化肽的羟基自由基清除活性。

2）步骤

1mL 多肽样品溶液与 0.3mL 浓度为 8mmol/L 的 $FeSO_4$、1mL 浓度为 3mmol/L 的水杨酸以及 0.25mL 浓度为 20mmol/L 的 H_2O_2 混匀，37℃保温 30min 后用流水冷却，加入 0.45mL 蒸馏水，3000×g 离心 10min 后，测定 510nm 波长下的吸光度。以蒸馏水代替样品作为空白对照组。通过测定样品组及空白对照组的吸光度，即可求得抗氧化肽的羟基自由基清除活性。

3. 超氧阴离子清除能力

超氧阴离子自由基的产生与生命过程息息相关，是细胞内氧气被单电子还原后最先产生的一类含氧的高活性物质（Finkel，1998）。超氧阴离子自由基在超氧化物歧化酶的歧化作用下可生成 H_2O_2，H_2O_2 会对 NOX 家族蛋白的活性产生调控，进而调节细胞增殖、分化、衰老、凋亡等活动。当机体产生过量超氧阴离子自由基后，可以激活细胞的自噬或凋亡信号通路，导致细胞死亡，最终引发多种疾病（Dickinson and Chang，2012）。研究表明珍珠贝多肽（蒲月华等，2016）、鸡蛋清蛋白肽（吴晖等，2011）等具有超氧阴离子自由基清除活性。抗氧化肽的超氧阴离子自由基清除活性测定原理与方法如下（邓乾春等，2005）。

1）原理

邻苯三酚在 pH 8.2 的弱碱性介质中会氧化分解产生超氧阴离子自由基，随着反应的推进，超氧阴离子自由基会不断积累，最终导致反应液在 325nm 波长处的吸光度在反应开始后 5min 之内随反应时间的推进而线性增大。抗氧化肽可清除超氧阴离子自由基，阻止中间产物的积累，使得反应体系在 325nm 波长处的吸光度降低。利用这一特点，采用光化学法可分析抗氧化肽的超氧阴离子自由基清除活性。

2）步骤

取 0.1mL 样品溶液加到 2.8mL 浓度为 0.1mol/L、pH 8.2 的 Tris-HCl 缓冲溶液，以蒸馏水代替样品作为空白对照管。振荡混匀后，于 25℃水浴中保温 10min，之后加入浓度为 3mmol/L 经 25℃水浴预热的邻苯三酚溶液 0.1mL，迅速混匀并开始计时，每隔 30s 在 325nm 波长处测定吸光度，以去离子水 0.2mL 加入 Tris-HCl 缓冲溶液 2.8mL 调零。反应 3min 后，以吸光度随时间变化做回归方程，曲线斜率为邻苯三酚自氧化速率 V（ΔA/min），通过所得对照组邻苯三酚自氧化速率 $V_{对照}$ 及样品组邻苯三酚自氧化速率 $V_{样品}$，即可得出多肽样品的超氧阴离子清除能力。

4. ABTS 自由基清除活力

ABTS 法检测化合物的抗氧化活性主要是通过直接电子转移还原或氢原子转移猝灭自由基这两种机制进行的（Prior et al.，2005），该法具有操作简便、快捷等特点，对于大批量样品的抗氧化活性测定尤为适宜。抗氧化肽的 ABTS 自由基清除活力测定原理和步骤如下。

1）原理

ABTS 在过硫酸钾等氧化剂的氧化作用下会形成蓝绿色的单阳离子自由基 ABTS$^+\cdot$。抗氧化剂则会抑制 ABTS$^+\cdot$ 的形成。测定 734nm 波长处 ABTS$^+\cdot$ 的吸光度，即可计算出抗氧化肽的总抗氧化能力（Wang et al.，2012）。

2）步骤

将浓度为 7mmol/L 的 ABTS 贮藏母液与浓度为 2.45mmol/L 的过硫酸钾溶液，临用前等体积混合，于室温放置 16h，之后用浓度为 5mmol/L、pH 7.4 磷酸盐缓冲液稀释至 734nm 波长处吸光度为 0.70 ± 0.02，即 ABTS 自由基溶液。ABTS 自由基溶液与不同浓度的多肽样品等体积混合，室温下反应 10min 后，以浓度为 5mmol/L、pH 7.4 的磷酸盐缓冲液调零，于 734nm 波长下测定吸光度，以蒸馏水代替样品作为空白组，通过测定空白组吸光度及样品组吸光度，即可求出抗氧化肽的 ABTS 自由基清除活力（Wang et al., 2012）。

5. 氧自由基吸收能力

氧自由基吸收能力（ORAC）分析法是被普遍接受的检测抗氧化能力的标准评价方法。该法具有接近机体生理条件、操作简单、认可度和灵敏度高、准确性和重现性好、高通量、不易受人为因素干扰等优点，被广泛用于食品、保健品、药品及医学领域（殷健等，2013）。抗氧化肽 ORAC 测定具体操作如下。

ORAC 反应是在 pH 7.4、浓度为 75mmol/L 的磷酸盐缓冲液体系中进行，将 20μL 抗氧化肽液或一定浓度梯度的维生素 E 水溶性类似物（Trolox）标准品加入 96 孔黑色酶标板，再向孔中加入 200μL 浓度为 0.96μmol/L 的荧光素钠，37℃温育 10min 后迅速加入 20μL 浓度为 119mmol/L AAPH 溶液以启动反应。在激发波长和发射波长分别为 485nm、538nm 条件下测定反应体系的荧光强度，每 3min 测定 1 次。ORAC 值用每克抗氧化肽等同于 Trolox 当量的微摩尔数来表示，单位为 μmol Trolox/g（Jensen et al., 2014）。

6. 金属离子螯合力

金属离子螯合力作为抗氧化活性的评价方法被广泛报道使用。大量研究表明（赵聪等，2018；廉雯蕾，2015；Lin et al., 2015；Guo et al., 2013），小分子肽具有良好的金属离子螯合活性，且其螯合能力与抗氧化活性具有一定的相关性。抗氧化肽的金属螯合力测定方法如下。

不同浓度抗氧化肽样品溶液 1mL 与 4.7mL 蒸馏水和 0.1mL 浓度为 2mmol/L 的 $FeCl_2$ 混合后，加入 0.2mL 浓度为 5mmol/L 菲咯嗪溶液剧烈混匀，使用 1mL 蒸馏水取代样品作为空白组，1mL 样品加入 5mL 蒸馏水作为样品参比组，于室温下静置反应 20min 后测定 562nm 下吸光度，通过测定所得样品组、样品参比组及空白组的吸光度，即可求出抗氧化肽的金属离子螯合力（Dinis et al., 1994）。

7. 还原力

在限定条件的情况下，样品的还原力与其抗氧化能力呈正相关。在反应体系中，测定反应物在 700nm 波长下的吸光度，即可评价多肽的抗氧化能力（王丽华等，2008）。吸光度与还原力呈正相关，吸光度越大，则还原力越强，即表明多肽的抗氧化能力越强，抗氧化肽的还原力测定方法如下（Gulcin et al.，2005）。

1mL 多肽样品溶液与 2.5mL 浓度为 0.2mol/L、pH 6.6 的磷酸盐缓冲液、2.5mL 1% $K_3[Fe(CN)_6]$混合后，于 50℃保温 20min，之后加入 2.5mL 10% TCA，混匀，3000r/min 离心 10min。取上清液 2.5mL 加入 2.5mL 蒸馏水和 0.5mL 1%的 $FeCl_3$ 溶液，空白组用 1mL 蒸馏水代替样品，室温静置 10min 后，于 700nm 波长下测吸光度。

8. 脂质过氧化抑制活性

脂质过氧化会产生大量自由基，引发自由基链式反应，进一步加速油脂的酸败。在生物体系中，脂质过氧化是通过多不饱和脂肪酸中亚甲基碳上的氢原子被自由基夺取，进而启动一系列的自由基链式反应，生成醛、酮和其他潜在的有毒物质（Winczura et al.，2012；Niki，2010）。因此，脂质过氧化的抑制作用也是衡量多肽抗氧化活性的一个重要指标。抗氧化肽的脂质过氧化抑制活性测定通常采用亚油酸体系，使用硫氰酸铁（FTC）法进行，其测定原理与具体步骤如下（Osawa and Namiki，1981；Misuda et al.，1966）。

1）原理

FTC 比色法是基于在酸性条件下脂质氧化形成的过氧化物可将 Fe^{2+}氧化成 Fe^{3+}，Fe^{3+}与硫氰酸根离子形成的红色络合物在 480～515nm 内有最大吸收。通常用 500nm 波长处吸光度的高低表示物质抗脂质过氧化的能力，吸光度越小，表明物质的抗脂质过氧化能力越强。

2）步骤

取 1mL 样品于试管中，依次加入 2mL 95%乙醇、26μL 亚油酸和 2mL 浓度为 50mmol/L、pH 7.0 磷酸盐缓冲液，充分振荡混匀后，于 40℃恒温避光放置。每 24h 测定一次体系过氧化程度。空白组用 1mL 蒸馏水代替样品。之后取 0.1mL 反应混合液与 4.7mL 75%乙醇溶液、0.1mL 30%硫氰酸铵混匀后，加入 0.1mL 使用 3.5% HCl 溶液配制的浓度为 20mmol/L 的 $FeCl_2$ 溶液，混匀后计时 3min，测定反应体系在 500nm 波长下吸光度。

此外，还可采用硫代巴比妥酸法（Peñaramos and Xiong，2001）和亚油酸残余值（Chen et al.，1996）等来测定抗氧化肽的脂类过氧化抑制活性。

9. 细胞抗氧化活性

抗氧化肽的体外抗氧化活性评估除了通过试剂反应产生不同的自由基，还会采用细胞实验建立氧化损伤模型。细胞实验通常是用 HepG2、Caco-2、Chang 等细胞，使用乙醇、H_2O_2 诱导细胞产生氧化应激，并使用多肽处理后，测定分析细胞的存活率、胞内活性氧水平、胞内相关蛋白酶及抗氧化相关因子的表达等来表征多肽的细胞抗氧化活性。且在评价多肽的细胞抗氧化活性前，会对细胞毒性进行测定，以确定后续实验所需的多肽浓度和剂量。

1）细胞毒性

细胞毒性通常是通过流式细胞仪测定细胞的凋亡状况或使用 3-（4,5-二甲基噻唑-2）-2,5-二苯基四氮唑溴盐（MTT）法测定细胞的存活率。MTT 法检测物质对细胞毒性的原理和步骤如下。

原理：活细胞线粒体中的琥珀酸脱氢酶能使外源性 MTT 还原为水不溶性的蓝紫色结晶甲臜并沉积在细胞中，死细胞则没有该功能。二甲基亚砜（DMSO）可溶解细胞中的甲臜，用酶联免疫检测仪在 570nm 波长处测定其光密度值，可间接反映活细胞数量。在一定细胞数范围内，MTT 结晶生产量与活细胞数成正比。

步骤：取对数生长期细胞计数并配制成 10^5 个/mL 的细胞悬液。加入 100μL 细胞悬液到 96 孔板各内孔中，外孔各加入 100μL 磷酸盐缓冲液，放置于 CO_2 细胞培养箱中 37℃、5% CO_2 条件下培养 24h。吸弃旧培养液，在每个细胞培养孔中加入 100μL 不同浓度样品并设置复孔。培养 24h 后，每孔中加入质量浓度为 5mg/mL 的 MTT，培养 4h。吸弃旧培养液，每孔加入 150μL 的 DMSO，37℃恒温振荡 30min。置于酶标仪中 570nm 波长处测定光密度值。以相同体积的细胞培养液代替样品溶液作为对照组。通过测定空白组、实验组以及对照组的光密度值，即可求出细胞的存活率。根据细胞的存活率，便可确定细胞实验所用的抗氧化肽浓度和剂量。

2）细胞内抗氧化实验

根据细胞毒性所确定的多肽浓度和剂量，可采用细胞内抗氧化实验（CAA 法）来测定多肽的细胞抗氧化活性。其原理是 2′,7′-二氯荧光黄双乙酸盐（2′,7′-dichlorodihydrofluorescein diacetate，DCFH-DA）本身没有荧光，可以自由穿过细胞膜，进入细胞后，DCFH-DA 被细胞内的酯酶水解生产 DCFH。而 DCFH 不能透过细胞膜，使得探针被装载到细胞内。细胞内的活性氧可以氧化无荧光的 DCFH 生成有荧光的 DCF。因此，通过测定荧光强度可以检测胞内活性氧水平，反映细胞的受损程度以及多肽的抗氧化活性。操作步骤如下。

取对数生长期的细胞接种于 96 孔板中，接种密度 10^4 个/孔，细胞悬液加入量为 100μL，于 37℃、5% CO_2 的条件下培养 24h。吸弃旧培养液，用磷酸盐缓冲液清洗一次，加入含 25μmol/L 的 DCFH-DA 的样品溶液 100μL，培养 1h。吸弃旧培养液后，每孔加入浓度为 600μmol/L 的 AAPH 溶液 100μL，迅速放置于酶标仪中读数，设定激发波长 538nm，发射波长 485nm，每 5min 测定一次。对所得结果进行面积积分，得到样品的曲线下积分面积（∫SA），对照组的曲线下积分面积（∫CA），即可求得多肽样品的 CAA 活性。

样品的半数有效浓度（EC_{50}）以 lg（fa/fu）对 $lg\rho$ 的中效原理来计算，这里 fa 表示样品作用效应（CAA unit），fu 表示 1–CAA unit，ρ 为抗氧化肽的质量浓度（mg/L）。EC_{50} 值以 3 次平行实验计算得出，将 EC_{50} 值转化为 CAA 值，以每克样品中相当于 Trolox 的微摩尔当量（Trolox equivalent）来表示，单位为 μmol TE/g。

3）胞内相关蛋白的表达

为了进一步分析抗氧化肽的抗氧化机制，通常会通过蛋白质印迹（Western blot）分析相关蛋白的表达。例如，通过细胞凋亡途径分析 Bax、Bcl-2 和 Cleaved caspase-3 的表达状况，Bcl-2 水平升高、Bax 和 Cleaved caspase-3 水平降低，通常表明细胞对凋亡的抵抗性增强，即抗氧化肽能保护细胞免受氧化应激损伤（Lee et al.，2012）。

4.2.2　体内抗氧化活性

抗氧化肽的体内抗氧化活性评估，通常是通过动物实验以大鼠或小鼠为对象，使用酒精或四氯化碳等介导肝损伤，探究经抗氧化肽处理后小鼠血清中谷丙转氨酶（alanine transferase，ALT）、天冬氨酸转氨酶（aspartate aminotransferase，AST）及肝组织中丙二醛（malondialdehyde，MDA）、甘油三酯（triglyceride，TG）、谷胱甘肽过氧化物酶（glutathione peroxidase，GSH-Px）、超氧化物歧化酶（superoxide dismutase，SOD）、过氧化氢酶（catalase，CAT）等抗氧化酶活力的变化并结合肝组织进行病理学镜检来综合评价抗氧化肽的体内抗氧化活性。四氯化碳和酒精介导肝损伤的机理如下。

1. 四氯化碳肝损伤

肝脏是人体主要的代谢及解毒器官，极易受药物、毒物、病毒等的损害而发生肝损伤。四氯化碳（CCl_4）是一种肝毒性很强的化工原料，其所致急性肝损伤模型被广泛用于化学性肝损伤的研究及保肝药物的筛选（谢江等，2010）。CCl_4 诱导的肝损伤的发生与发展主要可分为以下两个阶段：第一阶段，CCl_4 诱导肝脏发生脂质过氧化损伤（许永乐等，2005）。细胞色素 P-450（CYP）可将 CCl_4 转化为具有较高毒性和生物活性的三氯甲基自由基（$CCl_3\cdot$）和过氧化三氯甲基自由基（$\cdot CCl_3O_2$），引起细胞膜上的脂质过氧化作用，破坏细胞膜的完整性，导致肝细胞的变性及坏死（覃玉娥等，2014）。肝细胞受损时，细胞膜通透性升高，ALT 和 AST 大量释放入血，膜脂质过氧化产物 MDA 同时能加剧细胞膜损伤。CCl_4 诱导肝损伤发生脂质过氧化损伤时，血氧加压素-1（HO-1）、谷胱甘肽过氧化物酶、超氧化物歧化酶、谷胱甘肽等抗氧化酶活性会不同程度降低（林清华，

2012）。第二个阶段，CCl_4 诱导的炎症引发的肝损伤（许永乐等，2005）。CCl_4 诱导肝损伤的过程中，释放大量的炎症因子，如肿瘤坏死因子（TNF-α）、白细胞介素（IL）等，从而激活细胞核因子 NF-κB 通路。活化的 NF-κB 能促进环氧化物酶-2（COX-2）、诱导型一氧化氮合酶（iNOS）等的表达，最终合成大量的炎性介质如前列腺素（PGs）和一氧化氮（NO）等，介导炎症反应的发生，进一步加重肝损伤。另外细胞凋亡和细胞自噬也参与了 CCl_4 所致急性肝损伤。CCl_4 可破坏线粒体的双层膜结构，增加细胞膜通透性，大量细胞色素 c 被释放到胞质中，含胱天蛋白酶（caspase）级联反应被激活，导致细胞凋亡（赵欣等，2018；覃玉娥等，2014；林清华，2012）。

2. 酒精肝损伤

机体大量摄入酒精后，在乙醇脱氢酶的催化下大量脱氢氧化，使三羧酸循环障碍和脂肪酸氧化减弱而影响脂肪代谢，致使脂肪在肝细胞内沉积。同时酒精能激活氧分子，产生氧自由基导致肝细胞膜的脂质过氧化及体内还原型谷胱甘肽的耗竭。

一般情况下，肝细胞受损或肝功能异常时，血清中 ALT、AST 含量会升高，测定 AST 和 ALT 水平可指示机体肝脏的健康状况（Cai et al.，2017；Cai et al.，2015；Liu et al.，2014；Lee et al.，2012）；MDA 是细胞膜脂质过氧化产物，当肝细胞受损或肝功能代谢紊乱时，组织中 MDA 和 TG 含量会有所上升，测定肝组织中 MDA 和 TG 含量的变化，可间接反映机体脂肪代谢及细胞氧化损伤状况（Cai et al.，2015；Cheng et al.，2014；石娟等，2011）；GSH-Px 可催化谷胱甘肽氧化或与 H_2O_2 还原反应，减轻或阻断超氧阴离子自由基和 H_2O_2 所引发的脂质过氧化作用，还可阻断脂氢过氧化物（LOOH）所引发的自由基二级反应，减少 LOOH 对机体的损害（周玫等，1986）；SOD 和 CAT 是机体抵抗自由基介导氧化应激损伤的第一道防线，SOD 可将超氧阴离子自由基转化为 H_2O_2 和 O_2，CAT 可进一步将 H_2O_2 分解成 H_2O 和 O_2，还可猝灭细胞膜上的氢过氧化物阻断细胞膜的脂质过氧化，SOD、CAT 活性变化与肝脏脂质过氧化有关，当肝损伤后组织中 SOD、CAT 活性会降低（Faremi et al.，2008）。

组织病理学镜检是取肝脏左叶用 10%福尔马林固定，从肝左叶中部做横切面取材，常规病理制片，石蜡包埋，使用 HE、苏丹Ⅲ等染色后进行镜检。从肝脏的一端视野开始记录细胞的病理变化，用 40 倍物镜连续观察整个组织切片。通过镜检可观察脂滴在肝脏的分布、范围、面积以及肝细胞的气球样变、脂肪变性、胞浆凝聚、肝细胞水样变性和细胞坏死等状况。

抗氧化肽的肝保护作用机制是通过抗脂质过氧化，保护细胞组织结构；通过增强肝脏的解毒功能及促进肝脏对毒物的排泄作用，减少毒物对肝细胞的损害；

还可通过调整机体代谢，促进 RNA、蛋白质的合成，使得肝功能得以恢复。Lee 等（2012）以鸭皮副产物为原料，酶解后经反相高效液相色谱（RP-HPLC）分离出一个氨基酸序列为 His-Thr-Val-Gln-Cys-Met-Phe-Gln 具有细胞保护活性的抗氧化肽，且表明鸭皮抗氧化肽对酒精介导的肝损伤有保护作用，可降低血清和肝脏中 ALT 和 AST 水平，提高肝脏中 CAT、SOD 和 GSH-Px 等抗氧化酶的活力。彭维兵等（2011）采用四氯化碳致小鼠肝损伤，对小鼠连续灌胃花生肽，结果表明小鼠血清中 ALT、AST 活力降低，乳酸脱氢酶（lactic dehydrogenase，LDH）和组织中 SOD、GSH-Px 的活性提高。石燕玲等（2008）研究表明灵芝肽可降低小鼠血清中 AST、ALT 的水平和肝脏中 MDA 的含量，提高肝脏中 SOD 的活力与 GSH 水平，且肝组织病理学镜检结果与正常组接近。因此，通过分析相关指标的变化，可反映抗氧化肽的肝保护活性，进而表征多肽的体内抗氧化活性。

下面以四氯化碳介导小鼠肝损伤模型为例，简要介绍抗氧化肽肝保护实验操作流程。

1）实验动物

成年大鼠或小鼠，性别单一（全为雌性或全为雌性）。大鼠体重为（200±20）g，每组（10±2）只，小鼠体重为（20±2）g，每组 10~15 只。选取实验动物后应给予 1~2 周的实验环境的适应时间。

2）剂量分组及受试样品给予时间

实验通常设 2~3 个剂量组、1 个空白对照组和 1 个模型对照组，以人体推荐量的 5 倍（大鼠）或 10 倍（小鼠）为其中的一个剂量组，另两个剂量组结合实际情况设置。用四氯化碳介导肝损伤模型，可以灌胃或腹腔注射造模。小鼠灌胃的四氯化碳用食用植物油稀释至浓度为 1%，灌胃剂量大约为 5mL/kg BW。根据实验需要可设置阳性对照。受试样品给予时间则视实际情况而定，一般为 3~4 周，必要时可延长。

3）实验步骤

灌胃前对动物进行称重，根据体重调整样品剂量。受试组每日经灌胃给予抗氧化肽，空白对照组和模型对照组给予蒸馏水。实验样品干预最后一次灌胃 1h 后，各组实验动物均禁食，不禁水，24h 后，称重，摘眼球取血，并断颈处死，取肝脏进行生化和病理组织学检测。取血时应根据实验需要添加抗凝剂，如实验使用血清（浆）应加入 50μL 肝素溶液，1500r/min 离心 10min 后取上清。

4）生化指标测定

生化指标如 AST、ALT、SOD、CAT、GSH-Px、TG、MDA 等活力和含量的测定，可选用全自动生化分析仪或试剂盒提供的方法进行测定。

5）肝脏病理组织检测

取大鼠肝脏左叶用 10%福尔马林固定，从肝左叶中部做横切面取材，常规病理制片（石蜡包埋，HE 染色）。从肝脏的一端视野开始记录细胞的病理变化，用 40 倍物镜连续观察整个组织切片。可见小叶中心性肝细胞气球样变、脂肪变性、胞浆凝聚、肝细胞水样变性和细胞坏死等。

4.3 抗氧化肽的作用机制及影响因素

4.3.1 抗氧化肽的作用机制

抗氧化肽能清除 ROS/自由基，保护细胞膜、线粒体、酶及核酸的正常结构和功能，表现出优秀的抗氧化作用，其抗氧化作用的机理主要有以下六种。

1. 直接猝灭自由基

抗氧化剂可与自由基生成稳定物质而中断自由基链式反应，自由基链式反应的历程如下（以过氧自由基为例），其中 X 可以是 C、O、S 等。

$$R'OO\cdot + RXH \longrightarrow R'OOH + RX\cdot$$

$$R'OO\cdot + RXH \longrightarrow R'OO^- + RXH^+\cdot \longrightarrow R'OOH + RX\cdot$$

抗氧化肽可直接作为供氢体或电子受体，经抽氢反应，将自由基转化为稳定的分子，中断自由基链式反应，因此抗氧化肽可通过转移氢或者转移电子猝灭自由基。例如，还原型 GSH 就是良好的氢原子的供体，可通过转移氢原子发挥抗氧化作用，而抗氧化肽序列中 His、Met、Trp、Tyr、Cys 等氨基酸残基在生理条件下可直接作为电子受体。特别是疏水性强的抗氧化肽在脂质体系中可直接吸收脂质氧化产生的自由基电子，阻断自由基链式反应。Wang 等（2016）的研究显示，经过消化道水解酶水解，获得的酪蛋白源抗氧化肽（MPFPK、KEMPFPV、KNQDKTEIPT）在生理条件下显示出较高的细胞内抗氧化活性及抑制低密度脂蛋白（low density lipoprotein，LDL）过氧化的能力，这些抗氧化肽中的 Met、Pro、Phe 等残基的供氢能力或接受电子的能力大。

2. 抑制油脂的自动氧化

脂肪在机体内发挥着重要的生理功能，不仅是细胞的组成成分，而且为机体提供能量，帮助脂溶性维生素的吸收和运输，提供机体必需的脂肪酸。在人体内，越来越多的证据表明心血管疾病的增加与油脂的链式反应有关（Erdmann et al.，2008）。在食品中，引起食品的色香味改变以及营养价值的损失，最主要的原因就是油脂的氧化腐败。尤其是不饱和脂肪酸中含有不稳定的双键，极易被氧化。因此食源性抗氧化肽用来抑制或减缓油脂的氧化是食品营养学研究的重点。

油脂的自动氧化主要包括链的激发、链的延伸、链的终止三个步骤（Kubow，1992），此反应连续不断进行，造成食品品质劣变和人体心血管疾病的发生。目前认为抗氧化肽抑制油脂氧化的作用机理主要包括以下方面：肽链中含有较多的疏水性氨基酸，具有很强的乳化能力，且暴露出更多的活性位点（Udenigwe and Aluko，2012）。当油溶性的自由基对脂肪酸尤其是亚油酸进行破坏时，抗氧肽的活性位点发挥作用，抑制油脂的链式反应（Kim and Wijesekara，2010）。抗氧化肽对脂肪氧化酶有明显的抑制作用（Ngo et al.，2014）。

3. 金属离子螯合作用

人体内含有很多金属元素，目前研究较多的有钾、钠、钙、镁、铁及锌等。在人体内金属元素通常以离子的形式通过与生物配位体如蛋白质、维生素、激素、核酸、代谢物质等形成金属蛋白、金属酶等生物配合物，在生命新陈代谢的过程中发挥着重要的生化及生理作用。抗氧化肽可通过络合铁离子、铜离子、锌离子等金属离子及其过渡态离子，降低 Fenton 反应（$Fe^{2+} + H_2O_2 \longrightarrow Fe^{3+} + \cdot OH + OH^-$）的反应速率，阻止或减缓羟基自由基或超氧阴离子的生成（Hung et al.，2012）。

抗氧化肽通过对金属离子的络合，降低需要有金属离子参与催化的产生自由基反应的速率，从而间接实现抗氧化作用。其主要作用机理包括以下几个方面：抗氧化肽可作为氢供体，来维持金属元素的原有价态，如将铁离子维持为二价铁离子，因此金属元素不能催化脂质的氧化，从而达到抗氧化的作用（Harnedy and FitzGerald，2012）。抗氧化肽可以螯合转运的金属离子，从而阻断了以金属离子为辅酶或辅基的脂质过氧化物反应，尤其是组织破坏性较强的 Fenton 反应的发生（Kobayashi et al.，2015）。抗氧化肽与金属离子形成复合物，使得催化反应的催化剂失去作用，研究表明，Glu 是一种有效的阳离子螯合剂，它能够与 Fe、Zn、Ca 形成复合物，从而阻断油脂自动氧化的进程（Himaya et al.，2012）。

4. 调节内源性氧化还原酶的活性

抗氧化肽可保护或激活内源性抗氧化酶的活性，达到清除自由基和活性氧的目的，保护细胞免受氧化应激损伤。例如，具有抗氧化活性的胰高血糖素样抗氧化肽能显著提高胰岛 β 细胞中谷胱甘肽还原酶（glutathione reductase，GR）、GSH-Px 的活性，从而降低经叔丁基过氧化氢处理导致的胰岛 β 细胞的死亡率（Fernandez-Millan et al.，2016）。Shi 等（2014）建立了 H_2O_2 氧化损伤的 Caco-2 细胞模型，用蛋膜源抗氧化肽孵育后，氧化损伤 Caco-2 细胞中 GSH-Px、GST、GR 酶活显著提高。Liang 等（2017）报道了 QDHCH 能显著提高 H_2O_2 诱导的 HepG2 细胞中 T-SOD、CAT、GSH-Px 的酶活。

5. 调控 Keap1-Nrf2-ARE

在急性或慢性氧化损伤条件下，信号通路抵御氧化损伤机体发展出一套精细控制的氧化损伤反应系统来避免自由基及有毒物质的损害。Keap1（kelch-like ECH-associated protein-1）-Nrf2（nuclear factor erythroid 2-related factor）-ARE（antioxidant responsive element）信号通路是氧化应答系统中最为重要的内源性抗氧化损伤信号通路。该信号通路中的 Nrf2 蛋白属于 Cap-'n'-Collar（CNC）调节蛋白家族成员，是一种具有高度保守的碱性亮氨酸拉链结构的转录因子（李航和段惠军，2011）。Keap1 是 Kelch 家族的一种多区域阻遏蛋白，也是 Nrf2 的胞浆抑制蛋白，在非氧化损伤情况下，该蛋白将 Nrf2 锚定于胞浆的肌动蛋白细胞骨架上，Keap1 以二聚体的形式与 1 个 Nrf2 结合，成为 E3 泛素连接酶的底物，Nrf2 泛素化后可被泛素蛋白酶体降解，正常生理状态下 Nrf2 以非活性形式位于胞浆中。一旦氧化损伤发生，Nrf2 与 Keap1 解偶联，Nrf2 活化并转运进入细胞核，与 Maf 蛋白结合形成二聚体随即与 ARE 元件结合。ARE 元件是一个特异的 DNA-启动子结合序列，是位于多种细胞保护性蛋白基因的 5′端的启动序列（5′-GAGT CACAGTGAGTCGGCAAAATT-3′），这一序列被激活后随即启动下游 II 相解毒酶和抗氧化酶的基因表达，这些 II 相解毒酶和抗氧化酶包括血红素加氧酶 1（heme oxygenase 1，HO-1）、γ-谷氨酰半胱氨酸合成酶（γ-glutamylcysteine synthetase，γ-GCS）、SOD、依赖还原型辅酶 I / II 醌氧化还原酶［NAD（P）H：quinone oxidoreductase，NQO1）等，通过上述酶的作用清除 ROS，避免细胞组织正常结构和功能的改变。Nrf2 是调控细胞抵御氧化损伤的关键转录因子，Nrf2 与 Keap1 解离、转核是其发挥转录活性的关键步骤。研究证实在氧化应激条件下，Keap1 可以通过感应细胞内氧化还原干扰来开启基于 Nrf2 的细胞保护系统（姚争光等，2017；Giudice et al.，2010；Kundu and Surh，2010），其作用机制如图 4.3 所示。氧化应激信号使 Keap1 蛋白中敏感的半胱氨酸残基得到共价修饰，Cul3-Keap1-Nrf2 复合体的结构由此发生转变，Keap1 对 Nrf2 的绑定失活，Nrf2 得以释放。Nrf2 逃离降解后，游离至细胞核并激活抗氧化调控基因的表达。ARE 的调控促进了超氧化物歧化酶、过氧化氢酶、谷胱甘肽过氧化物酶以及谷胱甘肽还原酶等抗氧化物质的合成并提高了酶活性，使细胞内的游离基和有毒物质减少，维护细胞进行正常的生理活动（Guo and Mo，2020；Bellezza et al.，2018；Baird et al.，2014）。抗氧化肽对 Nrf2-Keap1 信号通路的调控方式已在 DDW、DKK、PHP 等小分子肽序列中得到验证（Li et al.，2017）。

6. 调控线粒体介导的凋亡途径抑制细胞凋亡

线粒体是真核生物能量产生及能量代谢的关键细胞器，其结构和功能的变化也影响着真核细胞凋亡过程。在氧化损伤条件下，线粒体处于高 ROS 环境，线粒体通透性转换孔开放，使线粒体内外膜跨膜电位改变，导致细胞色素 c（cytochrome c）、Bcl-2 家族蛋白中促凋亡蛋白 Bax 亚家族蛋白、半胱氨酸天冬氨酸蛋白酶（caspase）等释放，启动细胞凋亡程序。抗氧化肽可保护线粒体结构和功能的完整性，通过调控线粒体介导的细胞凋亡途径保护细胞，起到抗氧化作用。抗氧化肽可通过调控细胞凋亡通道，包括对细胞凋亡途径中相关蛋白表达水平进行调控及对细胞凋亡相关酶的表达进行调控，进而减少氧化损伤情况下细胞的凋亡，起到抗氧化、保护细胞的作用。分子和细胞水平上揭示抗氧化肽的作用机理，为抗氧化肽作为保健食品和药品的开发提供了理论依据。

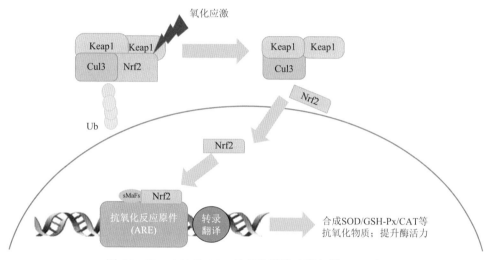

图 4.3　Keap1-Nrf2-ARE 抗氧化通路（严文利，2021）

4.3.2　影响多肽抗氧化活性的因素

多肽抗氧化活性作用过程较为复杂，影响因素有很多，与其分子量、疏水性、氨基酸组成、氨基酸序列等有关（Sarmadi and Ismail，2010）。

1. 抗氧化肽分子量

肽分子量是决定其生物活性的一个关键因素之一。通常，大多数抗氧化肽具有 2～20 个氨基酸，比它们的亲本蛋白质分子（20～50 个氨基酸）有更强的抗氧化活性。这可能是因为低分子量的肽比其庞大的亲本蛋白质更容易接近脂质自由基，并能抑制自由基介导的脂质过氧化。例如，鳕鱼蛋白水解产物的四个不同分子量的组分（5～10kDa、3～5kDa、1～3kDa 和＜1kDa）中，低分子量级分（1～3kDa）具有较高的抗氧化活性；然而分子量＜1kDa 的组分表现出最弱的抗氧化活性（Kim et al.，2007）。同样地，林琳和李八方（2006）发现以鱿鱼皮胶原蛋白为原料制备的多肽，小于 2kDa 的组分相比于其他分子质量更大的组分对羟自由基和超氧阴离子自由基的清除效果更好。相关报道屡见不鲜，Ranathunga 等（2006）发现，来源于康吉鳗的低分子质量（低于 1kDa）的肽组分最佳，对体外脂质过氧化的防御效果优于天然抗氧化剂生育酚。类似地，猪蛋白水解物的自由基清除活性随着水解度（DH）的增加而增加，但当 DH 达到一定值时（85%），自由基清除活性反而降低了（Li et al.，2007）。在蛋白质水解过程中，具有抗氧化活性的肽组分从不具备抗氧化活性的亲本蛋白质中释放出来。过度水解反而使抗氧化活性肽降解，从而降低其抗氧化活性。因此，应控制水解条件，优化水解程度，以释放抗氧化肽。

在食品加工中，抗氧化肽可以在乳液体系中的脂滴周围形成保护膜，防止自由基的渗透或扩散，阻止脂质氧化。为了形成保护膜，抗氧化肽应具有完整的抗氧化结构，过度水解会导致游离氨基酸或小肽不能形成这种保护膜（Li et al.，2007）。

2. 疏水性

一些研究表明，具有疏水氨基酸的肽有更高的自由基清除活性、金属螯合活性和抑制脂质过氧化作用。肽中的疏水-亲水平衡有助于食品中水脂界面，特别是疏水氨基酸对脂溶性自由基的清除。肽中的疏水氨基酸也有助于清除疏水性细胞氧化靶标，如长链脂肪酸。此外，肽的疏水-亲水平衡有助于细胞膜渗透，清除自由基，以防止线粒体氧化。组氨酸具有金属螯合活性、脂质过氧化自由基清除和供氢能力（Chan and Decker，1994）。然而，组氨酸的抗氧化活性取决于其溶解度。在大多数抗氧化肽的序列中，超过40%肽序列含有疏水氨基酸（甘氨酸、亮氨酸和丙氨酸）。

3. 氨基酸组成

氨基酸组成对多肽抗氧化活性起到关键性的作用，某些氨基酸是抗氧化肽的活性位点。此类氨基酸主要包括：①环类氨基酸（Ghassem et al.，2017）：含苯环的氨基酸（如 Trp、Tyr 和 Phe）能够提供自由基给质子，减缓自由基链式反应；此外，此类氨基酸能够通过共振作用，维持自身稳定；②酸性氨基酸：如 Asp、Glu，带负电，可以和金属离子相互作用（如螯合作用），形成复合物，抑制氧化；③碱性氨基酸：His 由于其咪唑基的降解，使得其具有自由基清除能力；Lys 是电子接受体，能够接受不饱和脂肪酸氧化过程中产生的自由基的电子（张晖等，2013）。

4. 氨基酸序列

除了存在特异性氨基酸之外，氨基酸在肽序列中的位置也是至关重要的。肽的氨基酸序列取决于蛋白质来源、蛋白酶酶特异性、水解程度和水解条件。N 端和 C 端氨基酸对其抗氧化活性有很大影响。例如，N 端的疏水氨基酸能够增加肽的抗氧化活性（Elias et al.，2008）。C 端氨基酸的净电荷能够预测肽的抗氧化活性。在大多数抗氧化肽中，C 端氨基酸常常为色氨酸、谷氨酸、亮氨酸、异亮氨酸、甲硫氨酸、缬氨酸和酪氨酸。颜阿娜等（2019）从黑鲨鱼皮中酶解制备和分离纯化得到新型抗氧化肽 PGGTM，从图 4.4 的清除 DPPH 自由基机理图可以看出，N 端的脯氨酸和 C 端的甲硫氨酸可能是清除自由基的关键性位点。

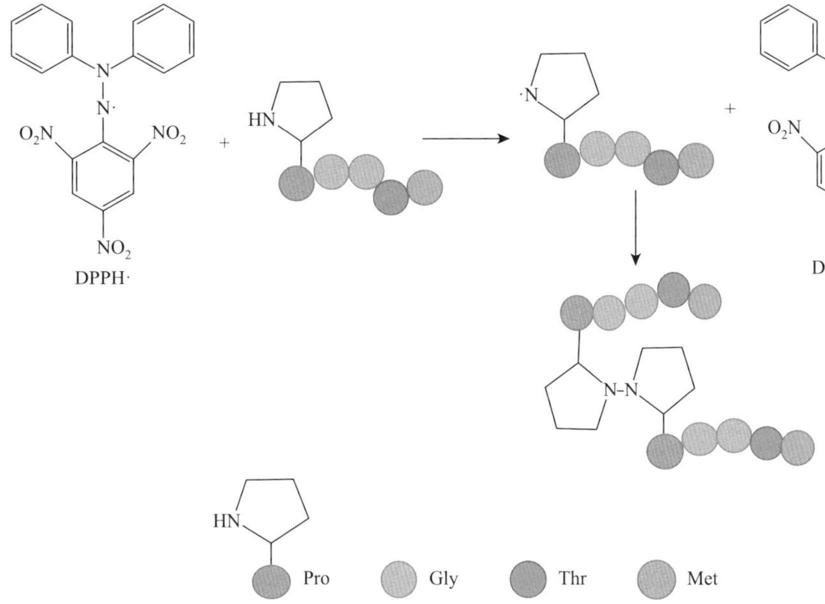

图 4.4　Pro-Gly-Gly-Thr-Met 清除 DPPH 自由基机理图（颜阿娜等，2019）

　　蛋白质序列中氨基酸的位置决定了其到达细胞中产生自由基的相关位点（如线粒体）的能力。例如，有报道称 Szeto Schiller（SS）肽可渗透细胞、靶向线粒体，保护线粒体免受细胞氧化。SS 肽的这种功能归因于它们有独特的结构基序，并含有芳香族和碱性氨基酸（Zhao et al.，2004）。一些抗氧化肽的这种能力使得它们比其他亲脂性抗氧化剂（如维生素 E）更有效清除细胞中的自由基（Szeto，2006）。

5. 肽键及空间构象

　　抗氧化肽的一级结构，即氨基酸的排列顺序对抗氧化肽活性具有很大的影响（张晖等，2013）。此外，抗氧化肽需要一定的空间结构才能发挥出抗氧化效果。当一些与抗氧化活性相关的特殊基团充分暴露时，才能发挥出最好的自由基清除能力。研究表明，具有一定空间结构的肽段，其抗氧化活性远远高于相同质量比的氨基酸混合物（Laakso，1984）。Tsuge 等（1991）从鸡蛋中分离纯化出了抗氧化肽 Ala-His-Lys，并对比分析了同等比例氨基酸混合物以及 His-Lys 与其抗氧化活性的大小，发现原肽 Ala-His-Lys 具有最强的自由基清除能力。Chen 等（1996）以大豆抗氧化肽 Leu-Leu-Pro-His-His 为模板，用 D-His 替换羧基端 L-His，改变了肽段的空间构象，发现抗氧化肽的活性明显降低，表明抗氧化肽的构型对多肽的活性具有重要作用。

4.4　抗氧化肽的制备

抗氧化肽越来越受到人们的广泛关注，由于小分子肽类在天然原料中含量较低，所以探寻大宗蛋白资源制备高活性抗氧化肽成为学者们的研究热点，总体来说，大致分为酸碱水解法、酶水解法以及微生物发酵法。其中，酸碱水解法是最为简易的工艺，但无法避免出现氨基酸缺损、水解程度及产物肽的氨基酸序列等难以掌控的问题，现已被人们逐渐摒弃。相对而言，酶水解法和微生物发酵法的工艺条件较为温和，同时产物中不会混入有害化学物质，因而得到了广泛的应用。随着抗氧化肽研究的深入，计算机模拟水解法和化学合成法等创新型制备方法也进入了研究者的视线，以下对当前抗氧化肽常用的制备方法进行概述。

4.4.1　蛋白酶水解法

抗氧化肽在母体蛋白结构中以无活性肽段存在，需要通过酶解才能释放其活性。酶水解法是制备抗氧化肽最常用的方法，该方法具有以下特点：①条件温和，易控制；②蛋白酶水解具有选择性，产生副产物少；③安全性高，无有毒化学物质残留。

不同种类的蛋白酶作用于蛋白质时水解肽键的点位差异较大，选择合适的酶是决定蛋白质水解过程及其多肽抗氧化能力的主要参数之一。抗氧化肽制备过程通常选用单个、多个内源性或外源性肽酶。外源性肽酶由于水解的时间较短，过程便于控制，在多肽的制备过程中应用较为广泛。常用的外源性酶类有微生物来源——碱性蛋白酶、复合蛋白酶；植物来源——木瓜蛋白酶、菠萝蛋白酶；动物来源——胃蛋白酶、胰蛋白酶等。同样一种蛋白质被不同种类的酶水解所得多肽产物的氨基酸序列及分子量各不相同，这些多肽的生理活性存在较大区别。另外，蛋白酶水解制备多肽时，还会因为某些蛋白中可能含有酶抑制剂而发生竞争性抑制，酶促反应速度不仅不会提高，反而会迅速下降。Jang 等（2017）应用 Alcalase、Collupulin、Flavourzyme、Neutrase 和 Protamex 等五种蛋白酶对日本叉牙鱼蛋白进行酶解，并评价水解物 DPPH 自由基清除活性。其中 Alcalase 蛋白水解物 DPPH

清除活性最高，Neutrase 和 Protamex 获得的水解物的 DPPH 清除活性最低。由于酶的特异性不同，因此获得的水解产物氨基酸也存在差异。Auwal 等（2017）研究发现酶解时的 pH、温度、时间以及加酶量与 DPPH 自由基清除活性及还原力之间有较强的线性关系。因此酶法制备多肽时，酶的种类、用量、底物浓度、温度、pH、时间等参数都是酶法制备活性肽工艺的研究重点。

目前，酶解法因制备原料来源广泛、绿色环保、安全性高，成为最具工业化开发价值的制备方法，但该方法仍存在收率低、工业化生产成本较高的问题。因此，近年来研究者们开始将一些新兴加工技术如微波、高压、脉冲电场等与酶水解方法结合，以克服传统方法的局限性。研究发现，微波加热可以促进酶水解，减少水解时间，提高水解产物品质（Zhang et al.，2019）。高压联合酶水解处理可以影响花生蛋白的酶水解和部分蛋白质结构特性，提高花生蛋白水解物的抗氧化活性（Dong et al.，2019）。Lin 等（2016）实验发现脉冲电场辅助酶水解，大豆源肽段 Ser-His-Cys-Met-Asn 的 DPPH 自由基抑制率高达 94.35%±0.03%。同样，有研究证实，通过超声波辅助酶解制备玉米抗氧化剂水解物，可以显著提高自由基（DPPH·和·OH）清除能力（Liang et al.，2017）。

4.4.2　微生物发酵法

微生物发酵法是通过微生物代谢过程中产生的复合表达蛋白酶系，将底物蛋白酶解进而释放出具有活性肽类物质的方法。此类微生物具有非常高效的蛋白酶表达功能，它们能够利用这些酶系水解蛋白原料生产各种寡肽，除了形成传统发酵食品的风味外，也表现出各类生物学活性，然后在发酵阶段将这些肽持续排放到体系中，具有这种功效的微生物有枯草芽孢杆菌、保加利亚乳杆菌、植物乳杆菌、嗜酸乳杆菌、嗜热链球菌等（Chakrabarti et al.，2018）。发酵过程中，蛋白质来源、菌种选择、发酵温度和时间、pH 等条件都会影响抗氧化肽的制备效果。罗斌等（2017）利用枯草芽孢杆菌发酵制备的米糠活性肽包含 6 种人体必需氨基酸，具有较强的清除 DPPH·、·O$_2^-$、·OH 能力。Amadou 等（2013）利用副干酪乳杆菌 Fn032 发酵小米获得的抗氧化肽 SGYYMH、LGTFQN、LHALLL，具有较强的清除 DPPH·能力。

微生物发酵法具有以下优点：利用微生物发酵法所生产的抗氧化肽能够直接进入消化系统，易被人体吸收利用，安全性高；微生物具有来源广泛、价格低廉的特点；相比蛋白酶水解法，微生物发酵代谢过程中产生的肽酶可以减少苦味物质。但是微生物发酵法也存在某些不足之处，如微生物发酵及代谢过程复杂，产物难以控制，另外，发酵体系中的原辅料成分较多（必须为微生物提供氮源、碳源等条件），造成产物的分离纯化较为困难等问题，未来可考虑研发精确发酵控制技术，精简发酵过程，从而实现目标肽的高效、精确制备。

...

4.4.3　计算机模拟水解法

随着计算机科学及生物信息学的发展,利用计算机模拟酶解(in-silico proteolysis)技术可实现食源性蛋白的定向性酶解,有针对性地筛选蛋白酶,这可提高酶法制备抗氧化肽所用蛋白酶的筛选效率(Tabakman et al., 2002)。计算机模拟水解则是基于生物活性肽前体蛋白的一级结构信息和蛋白酶的特异性水解位点,编写计算机程序,模拟蛋白酶对食源性蛋白的水解,将模拟水解得到的片段与已知的生物活性肽数据库进行比对,从而筛选出生物活性肽,以此来预测蛋白酶产生某种生物活性肽的效率,针对性地筛选蛋白水解酶,也能发现优秀的生物活性肽制备的前体蛋白(Gangopadhyay et al., 2016; Udenigwe, 2014; Nongonierma and FitzGerald, 2013; Bolscher et al., 2006)。这些研究为抗氧化肽的水解酶的选择和活性片段的筛选研究提供了新的思路,图 4.5 对比了应用传统抗氧化肽的酶解制备技术和计算机模拟水解结合生物活性肽数据库筛选抗氧化肽的技术路线,可明显看出,后者能简化抗氧化肽的制备过程,提高制备抗氧化肽的效率。

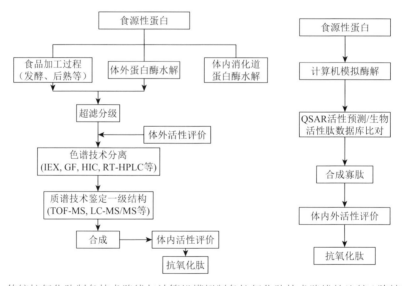

图 4.5　传统抗氧化肽制备技术路线与计算机模拟制备抗氧化肽技术路线的比较(陈楠, 2018)

但是,由于食源蛋白的复杂性、混合性以及生物活性肽数据库的不完整性等因素的存在,该法筛选食源性抗氧化肽的准确性仍需要更多的实验结果来验证。

4.4.4　化学合成法

若要实现特定抗氧化活性肽段的富集或者形成指定的序列肽段,可通过化学方法合成。化学合成法制备抗氧化肽是指以氨基酸或寡肽作为底物,通过固/液相或酶催化从而定向合成目的肽，此方法适用于合成中等长度的肽段，具有较高的成本，是实验室常用的制备特定氨基酸序列多肽的方法。

　　液相合成是在均相溶液中合成多肽。但是，液相合成的方法需要在每一次肽合成后进行产品的分离、纯化或结晶，以去除未反应的原料和副产物，该流程耗时较长，技术要求较高。固相合成是一种有效的小规模合成 10～100 个残留多肽的方法。多肽合成是一个重复添加氨基酸的过程，固相合成序列通常从 C 端合成到 N 端。其优点是所有的反应都可以在一个容器中进行，偶联步骤完成后，可以通过清洗，方便地去除未反应的试剂和副产物，从而消除了中间纯化步骤，大大降低了每一步产品纯化的难度（Made et al.，2014）。

4.5　抗氧化肽对肉糜及其制品的品质调控

　　肉糜在食品工业中的应用越来越多，如火腿肠、烤肠、三明治、肉丸子等，由于其具有食用方便、营养价值高的特点深受消费者的喜爱。肉糜是经绞碎和充分斩拌肉块后形成的一种混合物，其主要由蛋白质、脂肪颗粒、水、盐和碳水化合物组成（陈驰等，2016）。蛋白质含量为肉糜产品质量的 29%～31%（郑渝，2014），脂肪含量为肉糜产品质量的 20%～30%，这些脂肪通常被肉糜中 10%～15% 的蛋白质固定，以保持肉糜的稳定性（汪张贵等，2011）。在肉糜中，蛋白质以 3 个不同状态存在：蛋白质基质、蛋白质水相和围绕脂肪球的界面蛋白质膜（Shao et al.，2015）。研究发现，部分肌球蛋白展开并附着在脂肪球表面，在疏水作用力、共价键和氢键等作用下与其他蛋白质发生相互作用，最终在脂肪球表面产生具有黏性的高强度膜，从而使水油间界面张力、自由能下降，稳定脂肪球（王亚娜，2017）。蛋白质与脂肪的结构及理化性质影响肉糜氧化稳定性。

　　肉糜富含的脂肪和蛋白质极易发生氧化反应，在自由基、金属离子、不饱和脂肪酸等促氧化因子作用下，可发生氨基酸残基的氧化修饰、肽链主链的断裂、蛋白交联聚合物的形成和羰基衍生物的形成等一系列共价修饰作用，使蛋白质的结构发生变化（程述震等，2017）。肉糜氧化会引起一系列不良反应，使肉糜变色、变味以及营养物质遭到破坏，甚至还会产生一些有害物质如丙二醛、4-羟基壬烯醛等，有致畸致癌的风险，对人体健康存在潜在的威胁（呼和木其尔等，2016）。在肉糜中添加抗氧化剂，如丁酸羟基茴香醚（BHA）、二丁基羟基甲苯（BHT）、没食子酸丙酯（PG）等，延缓油脂和蛋白质的氧化，延长肉糜产品货架期。食品安全卫生是人们关注的热点，有研究表明大剂量 BHA 的摄入会导致老鼠前胃发生癌变，并与 DNA 的氧化损伤有关，BHT 可以抑制人体呼吸酶，摄入量过多会引发癌症和畸形（章林等，2012）。因此，在食品研究中如何有效降低肉糜中蛋白质和脂肪的氧化，以及有效减少肌原纤维蛋白氧化对肌肉品质的影响，是目前食品工业中的研究热点。

4.5.1　肉糜及其制品的氧化变质

1. 脂肪氧化机理

不饱和脂肪酸、蛋白质、亚铁血红素、金属离子等肉糜中存在的氧化物质，在加工过程中，分子氧和促氧物质促进氧化反应的发生（章银良等，2012）。脂肪氧化的主要因素是不饱和游离脂肪酸的氧化，主要是油酸和亚油酸等，因其分子结构含有 C═C 双键，性质活泼，容易被氧化（王乐田和贾娜，2016）。脂肪氧化大体上可分为酶促氧化和非酶氧化（章银良等，2012），酶促脂肪氧化与肌肉中脂肪氧合酶（LOX）密不可分。多不饱和脂肪酸在 LOX 催化作用下以均裂或β-裂变方式形成氢过氧化合物，会影响肉糜的风味，一方面该产物进一步氧化可转化为环氧酸，另一方面该产物分解后，可产生醛、酮等氧化产物。氢过氧化物作为隐含的反应物，可诱使肉糜体系中蛋白质和氨基酸等品质劣变，降低肉糜的品质。

脂肪的非酶氧化主要包括自动氧化和光敏氧化。自动氧化是促使肌肉中脂质氧化的主要原因，该反应是一种自由基链式反应，主要分为链引发、链增殖和链终止 3 个阶段（张迎阳，2014）。链引发阶段，在光照、氧气的参与下，脂肪脱氢形成烷基自由基（R·）；链增殖阶段，烷基自由基（R·）与氧聚合产生过氧自由基（ROO·）；链终止阶段，自由基间发生反应形成过氧化物（Morrissey et al.，1998）。Kerler 和 Grosch（1996）阐明在脂质自动氧化初始阶段熟牛肉内部的变化不大，随着链式反应的加速，熟牛肉腐败速度加快，开始出现不良变化，如产生哈喇味，这是由于脂类化合物与金属离子反应产生过氧化氢，接着又脱氢形成自由基，这些自由基可以催化链式反应（Grinshtein et al.，2003）。自动氧化初期脂质产生非挥发性、无臭、稳定性较差的氢过氧化物，但当其分解后形成挥发性物质，会产生让人无法接受的味道（Frankel，1983）。通过脂肪氧化产生的过氧化物最终裂解成小分子的醛、醇、酮、酯和呋喃等有机化合物，造成肉糜颜色退化、质地黏软、风味劣变（Cullere et al.，2013）。在脂肪光敏氧化过程中，光敏剂可促使光线激发氧气产生单线态氧，与不饱和脂肪酸上的双键发生反应，形成反式构型的化合物（Haluska et al.，2012）。肉糜中的光敏剂主要为铁卟啉、肌红蛋白和核黄素（Wold et al.，2005）。与亲水环境相比，单线态氧可以在疏水性环境下存在更长时间，而且由于单线态氧具有较高的亲电子性，与自动氧化相比，光氧化可促进不饱和脂肪酸快速氧化。

2. 蛋白质氧化机理

活性氧是引起肌肉中蛋白质氧化的主要原因（Carballo et al.，1991）。蛋白质氧化指蛋白质在自由基和其他氧化物的作用下，某些氨基酸残基结构发生改变，使蛋白质对氧化物的亲和力提高，易发生水解、聚合和交联的现象（Witko-Sarsat et al., 2003）。目前学者普遍认为蛋白质氧化是一种与脂肪氧化相似的自由基链式反应。活性氧夺取氨基酸中一个氧原子，蛋白质自由基在有氧条件下转变为过氧化氢自由基，从另一个分子中夺取氧原子形成烷基过氧化物，进一步反应生成一个烷氧自由基和其羟基衍生物（张培培，2014）。自由基攻击蛋白质的位置主要是氨基酸的侧链和肽链骨架，这可能引起蛋白质结构的变化，主要表现在羰基暴露、巯基损失及蛋白质交联。

自由基在攻击氨基酸的侧链时，侧链的结构会发生改变。蛋白质氧化所引起的最直接的变化是氨基酸残基侧链的修饰。所有的氨基酸侧链均可能发生氧化修饰现象，不同氨基酸的氧化敏感性有差异（Park and Xiong, 2007）。含硫氨基酸、半胱氨酸和甲硫氨酸具有最高的氧化敏感性。具有活性基团侧链的其他氨基酸也极易发生氧化修饰反应，如芳香族和脂肪族氨基酸侧链的羟基化、甲硫氨酸的亚砜化以及碱性氨基酸脱去氨基产生羰基化合物（Stadtman and Levine, 2003）。蛋白质氧化显著性指标之一是羰基化合物的生成，羰基基团主要是由氧化机制导入（朱卫星等，2011），4 种反应可产生羰基物质，即氨基酸侧链的氧化、肽骨架的断裂、还原糖反应和结合非蛋白羰基化合物（Xiong et al., 2000）。蛋白质中羰基基团生成的主要反应是脱氨反应。精氨酸、赖氨酸、脯氨酸和苏氨酸等侧链残基发生氧化，可生成羰基化合物。自由基对氨基酸侧链进行攻击时，有可能与邻近的其他蛋白质中具有活性氨基酸残基发生交联现象。氢键对蛋白质聚合物的产生起到不可忽视的作用（崔旭海，2009）。同时，羟自由基破坏蛋白质的一级结构，使氨基酸侧链断裂形成羰基。半胱氨酸中的巯基被氧化生成二硫键，酪氨酸被氧化生成二酪氨酸，导致蛋白质发生交联（朱卫星等，2011）。肌肉蛋白质主要分成三类：肌原纤维蛋白质、肌浆蛋白质、基质蛋白质。肌原纤维蛋白占肌肉蛋白总量的 50%～55%，是肉糜中最关键的蛋白质，对肉类加工有重要影响（郭丽萍等，2016）。肌原纤维蛋白是由肌球蛋白、肌动蛋白、肌动球蛋白和调节蛋白原肌球蛋白、肌钙蛋白等组成的复合物（陈立德，2010）。肌球蛋白在肌原纤维蛋白中的含量为 50%～55%，其分子中大概有 40 个巯基，而这些巯基易被氧化形成二硫键，从而降低分子中总巯基含量（董超等，2017）。

3. 脂肪和蛋白质氧化相关性

脂肪氧化与蛋白质氧化之间具有相关性，并且任意一种物质氧化生成的物质都会促使另一种物质的氧化（Suman, 2010），脂肪氧化会形成大量自由基，蛋白质受到这些自由基的攻击后，导致氧化变性，结构发生改变，影响其功能特性（郭丽萍，2016）。Marianne 等（2011）也证实由脂肪氧化形成的自由基和过氧化物可促使蛋白质的氧化。蛋白质分子中的氢离子被脂肪氧化所产生的羟自由基夺取，导致蛋白质进行类似于脂肪氧化的自由基链式反应，但是其反应过程和产物更为复杂（Stadtman and Levine，2003）。于海等（2012）研究证实在蛋白质氧化过程中所产生羰基类化合物的含量，与脂肪氧化的初级和次级产物均有较好的关联性，而游离硫醇基的含量与脂肪氧化初级产物之间没有显著的关联性，却和脂肪氧化次级产物中挥发性醛呈现出显著负相关，结果证实脂肪氧化所产生的次级产物挥发性醛类物质会促使蛋白质中游离硫醇基的损耗。在自由基作用下，可能会产生脂质过氧化的反应、二硫键的生成、酪氨酸侧链的硝基化和氨基酸的羰基化等氧化修饰现象（朱卫星等，2011）。

4.5.2　肉糜及其制品的氧化稳定性影响因素

脂肪和蛋白质氧化是肉糜氧化劣变的主要原因，两者的氧化过程均比较复杂，两者之间具有相关性，而且两者可以相互促进彼此发生氧化反应。为了延长肉糜产品的货架期，提高肉糜的品质，有必要了解肉糜体系中氧化稳定性的影响因素。

1. 脂肪

蛋白质氧化可受到脂肪氧化促使而发生，并且其程度会伴随脂肪氧化程度的升高而升高；脂肪氧化可促使蛋白质的表面疏水性相应地改变，其会随着脂肪氧化程度的升高而逐渐升高（赵冰等，2018）。章银良等（2012）发现在牛血清蛋白中添加脂肪氧化酶可使亚油酸发生氧形成过氧化物质，并且杂环族氨基酸变性，表明蛋白质可能发生变性，分子内的化学键被破坏，结构被拉伸，使埋藏在蛋白质分子内的某些氨基酸残基露出来，添加脂肪氧化酶可使蛋白质表面疏水性增加，游离巯基和总巯基下降，蛋白质二级结构发生明显变化，如比较规则的 α 螺旋由 40.87%减少至 3.7%，而 β 转角由 40.69%增加到 80.72%，在脂肪氧化酶作用下，亚油酸发生氧化，蛋白质结构出现显著的变化，说明脂肪氧化显著影响蛋白质的结构。对氧化修饰敏感度最高的氨基酸之一为半胱氨酸，巯基含量表明肌原纤维蛋白半胱氨酸的氧化状态，随着脂肪被氧化，氨基酸侧链修饰使肽键断裂，羰基含量升高，巯基含量下降。梁慧等（2016）研究发现鸡肉糜肌原纤维蛋白-脂肪模拟体系在 0~4℃贮藏，随着脂肪氧化时间的延长，肌肉蛋白质中羰基含量和表面疏水性不断升高，总巯基含量逐渐降低，这说明氧化的脂肪促使蛋白质变性，导致其结构改变。于海等（2012）以中式香肠为研究对象，进行不同的抗氧化剂、包装、温度和光照条件的处理，建立中式香肠的脂肪氧化模型，发现抑制脂肪氧化可有效降低羰基类物质和游离硫醇基含量，这可能是由脂肪氧化所产生的次级产物挥发性醛类物质所导致。刘焱等（2015）发现将氧化 6h 的鱼油添加到草鱼肌原纤维蛋白中，结果表明氧化鱼油使得肌原纤维蛋白悬浮液中巯基减少，表面疏水性升高，蛋白质二级结构中肽链卷曲变化，说明氧化后的鱼油可加速蛋白质变性。

2. 蛋白质

肉糜体系中，蛋白质氧化可以与任意一种的氧化促进因子相关。赵冰等（2018）发现蛋白氧化改变其二级结构，使 α 螺旋和 β 折叠的相对含量减少，向不规则的 β 转角和无规则卷曲转变，蛋白质的二级结构遭到破坏。郭丽萍（2016）发现氧气与肌红蛋白氧化生成高铁肌红蛋白形成过程中的中间产物醛、酮等可能进一步对不饱和脂肪酸的氧化起到促进作用，特别是形成的阴阳离子会快速使其分解为过氧化氢复合物和过渡态肌红蛋白，从而促使脂肪发生氧化，色素降解，形成原卟啉和血红素，它们也具有催化脂肪氧化的作用。乳清蛋白质水解物——乳清多肽有强抗氧化作用，可消除自由基或者阻止自由基链式反应的发生，并且因其具有较好的成膜性和黏性，可在蛋白质分子表面上产生一层紧密的膜，从而抑制蛋白质的氧化。阮仕艳等（2017）证实在生猪肉糜中加入乳清抗氧化肽，能有效延缓肌原纤维蛋白氧化的速度，改善肌原纤维蛋白的功能品质。彭新颜等（2016）研究表明乳清多肽能够使在冷藏过程中猪肉糜的过氧化值、羰基含量及巯基含量的损耗减少，减缓脂肪及蛋白质氧化反应的速率，保护肉糜凝胶品质。张慧芸等（2012）在将熟猪肉糜中加入猪皮胶原蛋白肽，发现在贮藏期间猪皮胶原蛋白肽可有效延缓脂肪氧化发生，并能使其较好地保持鲜红的色泽。

3. 温度

温度可影响蛋白质的结构及功能特性。随着温度的改变，蛋白质结构发生变化，蛋白质分子变性、分解或聚集，从而影响肉糜氧化稳定性等（李清正等，2017）。α 螺旋和 β 折叠是构成蛋白质二级结构的重要部分，加热使 α 螺旋含量减少，β 折叠含量升高，α 螺旋含量减少，说明蛋白质分子展开程度增加，β 折叠含量增加代表蛋白质分子间聚集程度增加（杨玉玲等，2014），表面疏水性先升高，随后在高温条件下稍微降低到稳定，表明氨基酸残基侧链改变，疏水基团显露出来，羰基化合物生成。马汉军等（2004）对牛肉进行高压和热结合处理，对牛肉的氧化稳定性进行研究，发现热处理、高压处理或者两者相结合处理，都会加速牛肉氧化的过程。高温高压会导致蛋白质变性，特别是色素蛋白发生变性，将铁元素释放出来，促进脂质发生氧化。郭丽萍（2016）研究发现随着温度和压力的增加，蛋白质分子中巯基含量极显著降低，相对应地二硫键含量极显著升高，羰基含量及疏水性极显著增加，硫代巴比妥酸值、过氧化值及酸价都表现出单峰型升高，表明猪肉蛋白质和脂肪氧化变质，同时溶酶体中的酶被大量释放出来，加快蛋白质水解速率，使游离氨基酸的含量提高，猪肉的色泽和口感产生不良反应。为了延长产品的储存期，低温冷冻是常用的贮藏方式。低温冻藏能有效抑制微生物的生长和繁殖，抑制酶的活性，然而在冷冻过程中脂肪及蛋白质也会发生氧化变质现象。冷冻可使河蟹体内大部分水分冻结为冰晶，细胞介质中离子浓度升高，诱导脂肪和蛋白质发生氧化反应。同时肉糜在长期冷冻处理中，温度的波动会导致产品多次解冻、冻结，从而造成机械损伤，肌肉的结构遭到破坏（刘小莉等，2017），释放出游离铁等促氧化剂，游离铁可能与氧化阶段中的电子传输有关，从而促使脂肪的氧化。同时，也可能导致一些抑制脂肪氧化的抗氧化酶类变性，其活性降低甚至丧失，脂肪氧化反应受到抑制（姜晴晴，2015）。刘小莉等（2017）研究表明冷冻时间的增加，导致蟹黄蛋白的总巯基含量降低，而表面疏水性、过氧化值、丙二醛含量升高，说明低温条件下蛋白质和脂肪也会发生氧化反应。李靖等（2018）发现猪背最长肌蛋白质在冷冻时间增加后，埋藏于肌球蛋白、肌动蛋白内部的巯基暴露，形成二硫键，表明冷冻期间肌原纤维蛋白质依然被氧化。

4. pH

pH 可影响蛋白质中氨基酸侧链电荷的分布情况，使蛋白质分子间相互作用改变，对蛋白质间的非共价键作用力和结构起作用（张兴等，2017）。pH 的变化会影响肉糜体系中脂肪及蛋白质氧化稳定性，在低 pH 条件下氧合血红蛋白转化成脱氧血红蛋白，导致血红蛋白的自动氧化加强，从而促进脂肪氧化（Tongnuanchan et al.，2011）。pH 也会影响猪肉肌红蛋白的氧化，并且氧化程度随着 pH 的降低而增强。高 pH 条件可降低肌红蛋白对氧的亲和性，使氧合肌红蛋白更容易自动氧化成高铁肌红蛋白，有利于蛋白质稳定（孙京新等，2002）。许鹏（2017）证实将赖氨酸（Lys）、精氨酸（Arg）添加到乳化香肠中，其过氧化值、羰基含量减少，造成这种现象的原因是 Lys、Arg 为碱性氨基酸，可抑制铁离子的释放，削弱铁离子的促氧化能力，提高蛋白质及脂肪的氧化稳定性，同时二者的添加提高香肠 pH，从而抑制香肠氧化。

4.5.3　抗氧化肽对肉糜及其制品的品质调控及应用实例

肉糜及其制品的氧化反应主要是自由基的链式反应，为了抑制氧化的进行，除了隔绝空气和光线外，最有效的方法就是加入抗氧化剂（王瑞雪等，2011）。为了抑制微生物活动，使食品在生产运输、贮藏、销售过程中减轻腐败，添加防腐剂是一种有效的手段（Theodore et al.，2008）。人工合成的抗氧化剂具有很强的抗氧化能力，但随着人们越来越关注食品安全及合成抗氧化剂的安全问题，人们把目光逐渐转向了天然抗氧化剂，如抗氧化肽、生育酚、维生素 C、多酚类化合物等（彭惠惠等，2013；王瑞雪等，2011）。天然抗氧化剂安全、无毒，符合人们对健康、安全的需求，因此对天然抗氧化剂研究开发日益受到人们重视并取得许多研究成果。而来自于天然产物的蛋白质的水解物（抗氧化肽）也被广泛研究，如大豆蛋白抗氧化肽和乳清蛋白水解物等。大豆抗氧化肽是大豆蛋白经酶促水解后，水解成为一定分子质量范围的多肽，大豆抗氧化肽分子质量的分布随水解条件的变化发生变化，通常分子质量在 500～3000Da 范围之间。大豆抗氧化肽不仅具有较强的抑制自由基反应的能力，还能够抑制脂肪氧合酶的活性。荣建华等（2002）通过研究发现，大豆抗氧化肽在 0.1～500mg/mL 浓度范围内对大豆脂肪氧合酶有明显的抑制作用。刘骞等（2008）研究表明猪血浆蛋白水解物也具有很好的抗氧化效果，具有抑制脂质体氧化的能力、清除自由基的能力和较强的还原能力。因而，抗氧化肽可对肉糜及其制品的品质进行调控。

彭新颜等（2020）通过试验探究了乳清蛋白肽对反复冻融过程中肉糜品质和氧化特定等的多种影响。结果表明，添加了乳清蛋白肽能有效抑制反复冻融过程中汁液损失和肉质酸败，抑制肉糜的质构特性和凝胶强度的下降，延缓流变性能的降低。通过测定猪肉糜的过氧化值（PV）、硫代巴比妥酸值（thiobarbituric acid reactive substances，TBARS）、羰基含量、巯基含量以及挥发性盐基氮（total volatile basic nitrogen，TVB-N）值等指标，发现乳清蛋白肽的添加有助于抑制反复冻融过程中 PV 值的升高，此外，也抑制了蛋白羰基含量的增加，并有效降低巯基含量、盐溶性蛋白含量以及 TVB-N 值和 TBARS 值的增加速率，减缓猪肉糜氧化程度。同时，乳清蛋白肽的添加有助于抑制蒸煮损失和解冻损失的增加，增加凝胶持水力，阻止水的迁移和流失，有利于保持肉糜制品在冻藏过程中的品质。

薛雅茹（2018）通过分析蓝点马鲛鱼皮抗氧化肽对熟肉糜脂肪和蛋白氧化的抑制作用，发现添加蓝点马鲛鱼皮抗氧化肽后实验组肉糜总的色泽、风味、酸败味以及总体可接受性均得到了良好的保持，因而蓝点马鲛鱼皮抗氧化肽可有效抑制熟肉糜内脂肪及蛋白质氧化，可视为一种应用价值较高的食源性抗氧化剂。

刘骞等（2008）将鲤鱼肉蛋白抗氧化肽应用到生肉糜中进行抗氧化研究，发现在冷藏过程添加鲤鱼肉蛋白抗氧化肽能显著降低肉糜中的 TBARS 值、增加红度值和减缓蛋白氧化程度，同时感官评定结果也表明，鲤鱼肉蛋白抗氧化肽在保持肉糜颜色、减少脂肪氧化变味等方面都具有较好的效果。

阮仕艳等（2017）以熟肉糜为材料，研究了乳清蛋白肽对肉糜的保鲜和抗氧化作用。与未添加乳清蛋白肽的对照组相比，添加 1.5%乳清蛋白肽可显著增加肉糜的红度值，其他指标也与阳性对照组相当，因而乳清蛋白肽具有较好的抗氧化能力，可以有效抑制熟肉糜中脂肪氧化，对肉糜保鲜和延长货架期具有一定的作用。

呼和木其尔等（2016）将羊软骨胶原蛋白肽添加于羊肉糜中以肉糜颜色、TBARS 值、巯基和羰基含量为指标，研究胶原蛋白水解物在羊肉糜中的抗氧化效果。试验结果表明：羊软骨胶原蛋白肽显示出较强的清除羟自由基能力和较强的金属螯合能力，且在卵磷脂氧化体系中能有效抑制脂肪的氧化。添加胶原蛋白肽的试验组 TBARS 值、巯基和羰基在冻藏过程中的变化都显著低于对照组。这说明胶原蛋白肽能延缓羊肉颜色的劣变，在冻藏过程中能有效抑制脂肪和蛋白质氧化。

王晶（2007）将利用碱性蛋白酶水解玉米蛋白制备出具有抗氧化活性的玉米蛋白肽应用在熟肉糜中。结果表明，当水解条件为底物浓度 10%、加酶量（E/S）为 1∶100、水解时间 5h，所得水解产物抗氧化活性最强；采用凝胶层析法对 5h 水解物进行分离纯化，得出抗氧化最强部分的分子量范围为 147～1745Da。将玉米蛋白肽加入到熟肉糜中，当添加量为 2% 时，与对照组相比可以保持肉糜鲜红的颜色，且延缓肉糜氧化。而在后续的研究中，王晶等又将具有抗氧化活性的玉米蛋白肽应用在生肉糜中，以探究玉米蛋白肽对生肉糜脂肪氧化的抑制作用。结果表明，添加 2.0% 玉米蛋白肽的处理组在冷藏过程中能显著抑制脂肪的氧化，并能保持肉糜鲜红的色泽。玉米蛋白肽对脂肪氧化的抑制效果要明显好于未水解的玉米蛋白，而且抗氧化效果同阳性对照接近。

玉米蛋白粉是玉米湿法生产淀粉的主要副产物。许瑞雪和刘晓兰（2016）以玉米蛋白粉为原料，对其先进行高温蒸煮预处理，然后采用碱性蛋白酶和复合蛋白酶对其进行双酶顺序水解，制得具有抗氧化活性的玉米蛋白肽，将其添加到生鸡肉糜中，研究肉糜的过氧化值、硫代巴比妥酸值、巯基含量、盐溶性蛋白含量和感官评价的变化情况，考察玉米蛋白水解物对生肉糜脂质氧化的影响。结果表明：肉糜中玉米肽的添加延缓了脂质的氧化，且玉米肽添加量的不同对各指标有着不同程度的影响，其中，含 0.05% 玉米肽的肉糜脂质氧化程度最弱，具有良好的抗氧化效果。因此，玉米肽可以作为天然抗氧化剂抑制脂肪的氧化进而延长肉制品的货架期。

邵元龙和董英（2010）研究了芝麻多肽的水解工艺条件及其组分抗氧化活性。采用 Box-Behnken 试验设计，优化了芝麻蛋白水解条件，对芝麻多肽（SP）和不同分子质量的芝麻多肽（SP1、SP2 和 SP3）清除 DPPH 自由基活性、总抗氧化能力、抑制猪油和冷藏熟肉糜脂质氧化作用进行了研究。优化的水解条件为：6.91g 芝麻蛋白，0.082g 碱性蛋白酶，水解时间 6.82h，水解度为 30.2%。芝麻多肽均有一定的抗氧化能力，SP3 和 SP 的抗氧化活性明显高于芝麻蛋白。0.02%SP3 和 SP 对 DPPH 自由基清除率分别为 79.17% 和 52.54%，清除能力由高到低的顺序为 SP3＞SP＞SP2＞SP1。芝麻多肽的总抗氧化能力与清除 DPPH 自由基的活性一致。0.02% 的芝麻多肽具有明显的抑制猪油氧化和冷藏熟肉糜脂质氧化的作用，可使猪油过氧化值从 126.6mmol/kg 降低至 45.4mmol/kg，SP3 和 SP 对冷藏熟肉糜脂质氧化的抑制率分别为 74.68% 和 59.37%，抑制能力由强到弱的顺序为 SP3＞SP＞SP2＞SP1。

邹烨等（2017）以中华鳖裙边胶原蛋白为原料，经中性蛋白酶水解获得中华鳖裙边胶原蛋白肽，研究其抗氧化性能和在猪肉糜中的抗氧化效果。在肉糜试验中，将猪肉糜分为 5 组，包括空白对照组，添加 0.25%、0.50%、1.00%（质量比）中华鳖裙边胶原蛋白肽的处理组，在冷藏 7 天过程中测定肉糜的 pH、TBARS 值、酸价、过氧化值、巯基和羰基含量的变化，考察中华鳖裙边胶原蛋白肽对猪肉糜的抗氧化效果。结果表明，与空白对照组相比，添加中华鳖裙边胶原蛋白肽的处理组能显著降低肉糜中 pH、TBARS 值、酸价、过氧化值和羰基含量增长的速度，尤其是添加 1.00%（质量比）中华鳖裙边胶原蛋白肽的处理组能显著抑制肉糜中巯基的减少，从而有效抑制肉糜氧化。

杨芳宁（2012）以猪皮为原料提取胶原蛋白，采用正交试验，优化酶解提取胶原蛋白抗氧化多肽的工艺，测定抗氧化多肽在不同体系中的抗氧化活性及其抗氧化的作用模式，最后选取最具抗氧化性的肽段进行肉糜试验。添加 0.5%、1%、1.5%、2%的猪皮胶原抗氧化肽段到猪肉糜中，在冷藏期间测定猪肉糜的红度值、TBARS 值、pH，同时进行感官指标评定。结果表明：与对照组相比，添加蛋白肽段的处理组在储藏过程中能够显著抑制脂肪的氧化，并能较好地保持猪肉糜本身的色泽，其中以添加 2.0%的猪皮胶原蛋白肽的效果最佳。添加蛋白肽段的处理组抑制脂肪氧化的效果低于阳性处理组，感官评定也获得了相同的结果。

张慧芸等（2012）研究了猪皮胶原蛋白肽对熟猪肉糜在贮藏期间的抗氧化效果。结果表明，与对照组相比，添加猪皮胶原抗氧化肽段的处理组在贮藏期间能明显抑制脂肪的氧化，且肽段的添加量越大，抑制效果越好。同时感官评定也获得了相同的结果。结论：猪皮胶原蛋白肽对熟肉糜在贮藏过程中的脂肪氧化具有显著的抑制作用，可作为食源性抗氧化剂。

张立娟等（2010）用动物蛋白水解酶水解猪血球蛋白，通过离心、脱色、冻干得到猪血蛋白肽。将制得的猪血蛋白肽添加到生肉糜和熟肉糜中，通过测定肉糜的 pH、TBARS 值以及感官评定值来判断猪血蛋白肽的抗氧化作用。结果表明：制备的猪血蛋白肽具有抗氧化活性。将其添加到肉饼中，与对照组比较，猪血蛋白肽能显著抑制肉饼中脂肪的氧化，并且添加量越大，抑制效果越好。

阮仕艳等（2017）研究乳清抗氧化肽对冷藏猪肉糜肌原纤维蛋白功能性及品质的影响。实验分为 6 组，第 1 组为空白对照，第 2 组加入质量分数 20%未水解乳清蛋白，第 3～5 组中分别加入质量分数 10%、15%、20%的乳清抗氧化肽冻干粉，第 6 组加入质量分数 0.02%的丁基羟基茴香醚（butyl hydroxyanisd，BHA）。在肉糜 4℃冷藏 0 天、1 天、3 天、5 天、7 天时分别测定浊度、Ca^{2+}-ATPase 活力、乳化稳定性、TVB-N、蒸煮损失率、表面疏水性以及肌原纤维蛋白溶解性的变化。结果表明：添加质量分数 15%的乳清抗氧化肽能有效抑制冷藏肉糜肌原纤维浊度的升高，抑制 Ca^{2+}-ATPase 活力的下降，减少 TVB-N 的产生，抑制肌原纤维蛋白乳化稳定性和溶解性的降低。添加质量分数 20%的乳清抗氧化肽则在抑制生肉糜蒸煮损失和猪肉糜肌原纤维蛋白表面疏水性增加方面效果最佳，其作用与质量分数 0.02% BHA 相当。因而，乳清抗氧化肽具有改善冷藏猪肉糜肌原纤维蛋白功能性及品质的作用。

贾薇等（2008）研究了制备具有抗氧化性大米肽的最佳水解条件、对大米肽进行初步的分离纯化、测定其氨基酸组成及其在油炸肉丸中对脂肪氧化的抑制作用。在肉丸中添加不同量（1.0%、1.5%、2.0%、3.0%）的大米肽，经油炸后于 4℃贮藏，测定其 TBARS 值及色差，并与添加 0.02% BHA 进行比较。结果表明，大米肽具有抑制脂肪氧化的作用，而且随着添加量的增加，其抗氧化能力逐渐增加。最终研究表明，大米肽具有一定的抗氧化活性，可以作为氢供体和自由基清除剂以抑制脂肪氧化。

孙艳辉（2007）采用发酵法制备水飞蓟抗氧化肽，并探索了水飞蓟抗氧化肽对熟肉糜冷藏过程中的保护作用。结果表明，添加水飞蓟肽和添加 BHT 对熟肉糜冷藏过程中氧化抑制作用相当。

康伟（2018）研究糖基化玉米醇溶蛋白的改性产物（Zein-Glu）对猪肉糜品质的影响，测定硫代巴比妥酸值（TBARS）、脂肪过氧化值（POV）、红度值 a^*、pH 以及感官品质。结果显示：Zein-Glu 不仅能够有效地抑制脂肪氧化对肉糜的影响，并且能够在一定时间内较好地保持肉糜的色泽和新鲜程度，使其保持良好的感官特性。因此，Zein-Glu 能够作为安全、方便的功能性抗氧化剂添加到食品中。

李菁等（2014）等研究采用 D-半乳糖对猪血浆蛋白水解物（PPPH）进行美拉德反应修饰，蛋白质和 D-半乳糖的质量比例为 1∶3，在 90℃水浴中加热 6h，得到美拉德反应产物（MRPs），将其以 0.5%、1.0%、1.5%和 2.0%的添加量添加到生猪肉糜中，并与添加 0.02% BHA 的生猪肉糜进行比较。在冷藏条件下，测定生肉糜的 a^*、pH、羰基含量、TBARS 以及感官评价值。研究结果表明，添加美拉德反应产物能显著抑制生肉糜中脂肪的氧化，并且添加量越大，抑制效果越好。而且，添加 2%的美拉德反应产物与添加 0.02% BHA 的效果相近，并且在感官评价等各方面都有很好的效果。

李芳菲等（2016）研究了大豆蛋白美拉德反应产物对熟肉糜的理化性质的影响，主要是通过测定硫代巴比妥酸值、红度值、pH 来进行感官评定。结果表明，大豆蛋白美拉德反应产物具有显著的抗氧化作用，能够抑制脂肪氧化，更好地保持肉的新鲜颜色，感官上具有良好的总体可接受性，并且随着添加量的增加效果越明显。因此，大豆分离蛋白美拉德反应产物能够作为一种安全的抗氧化剂添加到熟肉糜中，提高抗氧化能力，保持感官特性，延长货架期。

马振龙等（2013）以猪骨蛋白水解物抗氧化肽为主要研究对象，制备出高抗氧化活性的美拉德反应产物，并将其应用在肉糜保鲜试验中，明确了猪骨蛋白水解物抗氧化肽美拉德反应产物对肉糜护色效果和抗氧化效果。结果表明，美拉德反应产物显著地抑制了冷藏肉糜的蛋白质和脂肪的氧化，并能保持肉糜鲜红的色泽，而且添加量越多，效果越好，其中添加 2.0%美拉德反应产物处理组的护色和抗氧化效果已经与添加 0.02%BHA 的处理组间无显著性差异，而与对照组和其他处理组间存在显著性差异。因此，猪骨蛋白水解物抗氧化肽-半乳糖产生的美拉德反应产物可作为一种食品添加剂，添加到肉糜中，起到护色和抗氧化效果。

王博等（2016）以大豆分离蛋白和猪肉为主要原材料，通过测定生肉糜的硫代巴比妥酸反应物值、红度值、pH 和感官特性这 5 个指标的变化，研究大豆分离蛋白美拉德反应产物在生肉糜中的抗氧化效果。结果表明，添加大豆分离蛋白美拉德反应产物的处理组具有一定的抑制脂肪氧化的作用，能更长时间地保持肉的新鲜颜色，并且添加量与保鲜效果成正比，有效延长肉制品的货架期。

肉糜在贮藏过程中会发生色泽变暗、产生哈喇味、嫩度降低的不良现象，降低肉糜的品质。脂肪和蛋白质氧化是导致肉糜品质降低的主要原因，肉糜体系中含量较高的大分子物质——脂肪和蛋白质，其氧化稳定性会直接影响肉糜感官和贮藏品质。为了抑制肉糜及其制品中氧化反应的进行，最有效的方式便是加入抗氧化剂。综合上述所列举的抗氧化肽在肉糜制品中的应用实例，证明天然产物的蛋白质水解液——抗氧化肽，对肉糜及其制品的品质调控发挥着出色的作用，对未来肉糜产品的发展以及肉糜加工和贮藏提供了有力的保障。

参 考 文 献

包立军，彭云武，孙敏瑞，等. 2017. 天然黄茧丝蛋白多肽的抗氧化活性研究. 陕西农业科学，63（11）：3.

闭秋华，孙宁，白文娟，等. 2012. 水牛奶乳清蛋白制备抗氧化活性肽工艺的研究. 食品科技，37（6）：89-94，97.

陈驰，唐善虎，李思宁，等. 2016. 微波加热及 NaCl 添加量对牦牛肉糜凝胶特性和保水性的影响. 食品科学，37（21）：67-72.

陈立德. 2010. 肌原纤维蛋白凝胶作用力影响因素的研究. 重庆：西南大学.

陈楠. 2018. 抗氧化三肽的定量构效关系及抗氧化作用分子机理研究. 重庆：重庆大学.

程述震，王志东，张春晖，等. 2017. 肉及肉制品中蛋白氧化的研究进展. 食品工业，38（1）：230-234.

崔旭海. 2009. 肉蛋白氧化机制及氧化对肉制品品质和功能性的影响. 食品工业科技，9（9）：337-341.

邓乾春，陈春艳，潘雪梅，等. 2005. 白果活性蛋白的酶法水解及抗氧化活性研究. 农业工程学报，21（11）：155-159.

董超，马纪兵，崔文斌，等. 2017. 宰后牦牛不同部位肉成熟过程中肌原纤维蛋白氧化特性研究. 食品与发酵科技，53（6）：26-33.

郭丽萍. 2016. 超高压结合热处理对猪肉蛋白质氧化、结构及特性的影响. 绵阳: 西南科技大学.

郭丽萍, 熊双丽, 黄业传. 2016. 超高压结合热处理对猪肉蛋白质相互作用力及结构的影响. 现代食品科技, 32 (2): 196-204.

呼和木其尔, 杨志荣, 阿茹汗, 等. 2016. 羊软骨胶原蛋白水解物在羊肉糜中抗氧化效果研究. 食品科技, 41 (7): 135-140.

黄艳青, 王松刚, 房文红, 等. 2014. 寡肽的功能及其在水产养殖中的应用. 科学养鱼, (10): 90.

贾薇, 于国萍, 孟宪金. 2008. 大米蛋白酶水解物的抗氧化活性研究. 食品科技, 33 (9): 4-7.

姜晴晴. 2015. 冻融过程中带鱼脂肪和蛋白氧化及其对肌肉品质影响的研究. 杭州: 浙江大学.

康伟. 2018. 糖基化玉米醇溶蛋白对脂肪氧化的抑制作用. 粮食与油脂, 31 (10): 52-55.

李芳菲, 郑环宇, 孔保华, 等. 2016. 大豆蛋白美拉德反应产物在肉糜保鲜中的应用. 食品研究与开发, 37 (12): 23-28.

李航, 段惠军. 2011. Nrf2/ARE 信号通路及其调控的抗氧化蛋白. 中国药理学通报, 27 (3): 300-303.

李菁, 耿蕊, 卢岩, 等. 2014. 猪血浆蛋白水解物与半乳糖美拉德反应产物在生猪肉糜中抗氧化效果的研究. 食品工业科技, 23 (2): 23-25.

李靖, 马嫄, 岳文婷, 等. 2018. 猪背最长肌蛋白质在冷冻贮藏过程中的变化. 食品工业科技, 39 (16): 248-252.

李丽, 阮金兰, 钱伟亮, 等. 2017. 多指标评价核桃蛋白及多肽的抗氧化活性. 食品研究与开发, 38 (3): 4.

李清正, 张顺亮, 罗永康, 等. 2017. 温度对复合肌原纤维蛋白结构及其表面疏水性的影响. 肉类研究, 31 (2): 6-10.

李亚会, 吉薇, 吉宏武, 等. 2016. 远东拟沙丁鱼抗氧化肽对 Caco-2 细胞氧化应激损伤的影响. 广东海洋大学学报, 36 (6): 6.

廉雯蕾. 2015. 脱酰胺-酶解法制备米蛋白肽及其亚铁螯合物的研究. 无锡: 江南大学.

梁慧, 于立梅, 陈秀兰, 等. 2016. 多酚对鸡肉氧化脂肪诱导蛋白质变性的影响. 食品与发酵工业, 42 (5): 146-151.

林琳, 李八方. 2006. 鱿鱼皮胶原蛋白水解肽抗氧化活性研究. 中国海洋药物, 25 (4): 48-51.

林清华. 2012. 蓝莓花青素对 CCl_4 诱导小鼠肝损伤的保护作用及其抗氧化机制研究. 北京: 北京林业大学.

刘淇, 李慧, 赵玲, 等. 2012. 鳕鱼皮胶原蛋白肽的功能特性及抗氧化活性. 食品工业科技, 33 (1): 135-137.

刘骞, 孔保华, 张立娟, 等. 2008. 猪血浆蛋白水解物抗氧化活性和功能特性的研究. 中国农业机械学会学术年会.

刘小莉, 张金振, 胡彦新, 等. 2017. 冻藏期间河蟹蟹黄蛋白质和脂肪的氧化稳定性. 江苏农业科学, 45 (24): 183-185.

刘焱, 刘伦伦, 赵晨, 等. 2015. 茶多酚对氧化脂肪-蛋白质体系的作用研究. 激光生物学报, 24 (5): 490-494.

罗斌, 邱波, 谢作桦. 2017. 枯草芽孢杆菌发酵米糠制备活性肽及其抗氧化性评价. 安徽农业科学, 45 (2): 122-124.

马汉军, 王霞, 周光宏, 等. 2004. 高压和热结合处理对牛肉蛋白质变性和脂肪氧化的影响. 食品工业科技，25（10）：63-65.

马振龙，李菁，刘骞，等. 2013. 猪骨蛋白水解物与 3 种还原糖美拉德反应产物的理化特性及抗氧化活性的研究. 食品科技，6（4）：236-241.

毛慧慧，游育红. 2015. 灵芝多糖肽对培养乳大鼠心肌细胞缺氧复氧损伤的保护作用. 中国药理学与毒理学杂志，29（3）：398-403.

彭惠惠，李吕木，钱坤，等. 2013. 发酵芝麻粕中芝麻小肽的分离纯化及其体外抗氧化活性. 食品科学，34（9）：66-69.

彭维兵，何秋霞，刘可春，等. 2011. 花生肽对四氯化碳致小鼠肝损伤的保护作用. 中国食物与营养，17（9）：71-73.

彭新颜，刘媛，贺红军，等. 2020. 乳清多肽对抑制反复冻融猪肉糜氧化和改善品质的影响. 食品科学，41（4）：8-15.

彭新颜，许晶，杨阳，等. 2016. 乳清多肽对猪肉糜氧化和凝胶特性的影响. 食品科学，37（21）：31-37.

蒲月华，邓旗，杨萍，等. 2016. 珍珠贝多肽体外抗氧化活性的研究. 食品科技，41（11）：124-128.

荣建华，李小定，谢笔钧. 2002. 大豆肽的理化性质及其对脂肪氧合酶活性的影响. 食品工业科技，23（8）：63-66.

阮仕艳，彭新颜，张淑荣，等. 2017. 乳清抗氧化肽对冷藏猪肉糜肌原纤维蛋白功能性及品质的影响. 食品科学，38（21）：265-271.

邵元龙，董英. 2010. 芝麻蛋白水解工艺优化及芝麻多肽组分抗氧化活性的研究. 中国粮油学报，5（1）：10-14.

石娟，赵煜，雷杨，等. 2011. 黄精粗多糖抗疲劳抗氧化作用的研究. 时珍国医国药，22（6）：1409-1410.

石燕玲，何慧，梁润生，等. 2008. 灵芝肽对小鼠半乳糖胺致肝损伤的保护作用. 食品科学，29（5）：416-419.

孙京新，周光宏，徐幸莲，等. 2002. 猪肉中氧合肌红蛋白分离、纯化及其氧化特性研究. 食品科学，23（12）：27-31.

孙艳辉. 2007. 水飞蓟粕制备抗氧化物及其活性研究. 镇江：江苏大学.

覃玉娥，崔倩倩，张长城，等. 2014. 竹节参总皂苷对四氯化碳诱导小鼠肝损伤的影响. 中国中医药信息杂志，21（10）：47-49.

汪张贵，闫利萍，彭增起，等. 2011. 脂肪剪切乳化和蛋白基质对肉糜乳化稳定性的重要作用. 食品工业科技，11（8）：466-469.

王博，伊东，潘男，等. 2016. 大豆分离蛋白美拉德反应产物在生肉糜贮藏保鲜中的应用. 肉类研究，4（8）：23-27.

王晶. 2007. 玉米蛋白酶水解物抗氧化活性及应用研究. 哈尔滨：东北农业大学.

王军琦. 2018. 海参低聚肽生物活性的初步研究. 扬州：扬州大学.

王乐田，贾娜. 2016. 植物多酚对肉制品脂肪氧化和蛋白氧化的抑制机理及应用. 中国食品学报，16（8）：205-210.

王丽华，段玉峰，马艳丽，等. 2008. 槐花多糖的提取工艺及抗氧化活性研究. 西北农林科技大学学报：自然科学版，36（8）：213-217.

王瑞雪，孙洋，钱方. 2011. 抗氧化肽及其研究进展. 食品科技，36（5）：83-86.

王晓杰, 刘晓兰, 曲悦, 等. 2020. 两步水解法制备玉米抗氧化活性肽及产物的稳定性. 中国粮油学报, 35 (12): 67-73.

王亚娜. 2017. 加工条件及乳化剂对肉糜乳化凝胶特性的影响. 重庆: 西南大学.

吴晖, 任尧, 李晓凤. 2011. 鸭蛋清蛋白多肽体外抗氧化活性的研究. 食品工业科技, 32 (7): 91-95.

谢江, 陈国庆, 曹保轩. 2010. 含氢溶液对四氯化碳诱导小鼠急性肝损伤的保护作用. 中华消化杂志, 3 (7): 488-490.

徐恺. 2012. 南极磷虾肽抗疲劳、耐缺氧以及抗衰老、提高免疫力实验研究. 青岛: 中国海洋大学.

许博林, 辛元尧, 周雪姣, 等. 2018. 海参低聚肽和大豆糖肽及其混合物的抗缺氧作用. 中国高原医学与生物学杂志, 39 (2): 95-101.

许鹏. 2017. 赖氨酸/精氨酸对乳化香肠脂肪和蛋白质氧化及品质影响的研究. 合肥: 合肥工业大学.

许瑞雪, 刘晓兰. 2016. 玉米蛋白水解物对生鸡肉糜脂质氧化的影响. 中国调味品, 41 (8): 47-53.

许永乐, 蔡大勇, 唐朝枢. 2005. CCl₄导致肝硬化和门脉高压的机制. 世界华人消化杂志, 13 (2): 235-238.

薛雅茹. 2018. 蓝点马鲛鱼皮抗氧化肽段对熟肉糜脂肪和蛋白氧化的抑制作用分析. 广州城市职业学院学报, 12 (3): 53-56.

严文利. 2021. 新型抗氧化肽的3D-QSAR设计、活性验证及作用机理研究. 广州: 广东药科大学.

颜阿娜, 陈声漾, 陈旭, 等. 2019. 一种新型抗氧化五肽的纯化、鉴定与表征. 食品科学, 40 (10): 51-57.

杨芳宁. 2012. 猪皮胶原蛋白抗氧化肽的制备与活性研究. 洛阳: 河南科技大学.

杨玉玲, 游远, 彭晓蓓, 等. 2014. 加热对鸡胸肉肌原纤维蛋白结构与凝胶特性的影响. 中国农业科学, 47 (10): 2013-2020.

姚争光, 张文, 张万年, 等. 2017. Nrf2-Keap1蛋白相互作用小分子抑制剂的研究进展. 中国药物化学杂志, 27 (4): 325-333.

殷健, 李万芳, 王爱平, 等. 2013. 氧自由基吸收能力分析法的发展和应用. 中国食品卫生杂志, 25 (1): 97-101.

于海, 秦春君, 吴雪燕, 等. 2012. 中式香肠中脂肪氧化对蛋白质氧化的影响. 食品与发酵工业, 38 (6): 190-195.

张晖, 唐文婷, 王立, 等. 2013. 抗氧化肽的构效关系研究进展. 食品与生物技术学报, 32 (7): 673-679.

张慧芸, 康怀彬, 杨芳宁. 2012. 猪皮胶原蛋白肽在熟肉糜中抗氧化效果研究. 食品科技, 2 (11): 120-123.

张立娟, 吴明文, 赵得录, 等. 2010. 猪血蛋白肽功能性质的研究. 肉类研究, 1 (3): 31-35.

张莉莉, 严群芳, 王恬. 2007. 大豆生物活性肽的分离及其抗氧化活性研究. 食品科学, (5): 208-211.

张培培. 2014. 不同氧化油脂对中式香肠中蛋白质氧化的影响. 扬州: 扬州大学.

张兴, 杨玉玲, 马云, 等. 2017. pH对肌原纤维蛋白及其热诱导凝胶非共价键作用力与结构的影响. 中国农业科学, 50 (3): 564-573.

张迎阳. 2014. 干腌肉制品中脂质自动氧化机理及调控机制研究. 南京: 南京农业大学.

张玉锋, 段岢君, 王威, 等. 2014. 脱脂椰子种皮多肽的抗氧化活性研究. 中国粮油学报, 29 (8): 5.

章林, 黄明, 周光宏. 2012. 天然抗氧化剂在肉制品中的应用研究进展. 食品科学, 33 (7): 299-303.

章银良, 安巧云, 杨慧. 2012. 脂肪氧化对蛋白质结构的影响. 食品科学, 33 (1): 25-30.

赵冰, 张顺亮, 李素, 等. 2018. 脂肪氧化对肌原纤维蛋白氧化及其结构和功能性质的影响. 食品科学, 39 (5): 40-46.

赵聪, 程晨, 尹诗语, 等. 2018. 基于亚铁螯合能力的灰树花蛋白酶解工艺优化及其抗氧化活性. 食品科学, 39 (2): 73-79.

赵欣, 李贵节, 胡园园, 等. 2018. 苦丁茶多酚提取物对四氯化碳诱导小鼠肝损伤的改善作用及机制研究. 食品工业科技, 39 (4): 289-295.

郑渝. 2014. 影响猪肉糜类罐头蛋白质含量的因素及探讨. 肉类工业, 9 (9): 26-28.

周玫, 陈瑗, 齐凤菊, 等. 1986. 硒对小鼠血浆、肝、脾内丙二醛含量和硒谷胱甘肽过氧化物酶活性的影响. 中国药理学与毒理学杂志, 1 (4): 313-314.

朱卫星, 王远亮, 李宗军. 2011. 蛋白质氧化机制及其评价技术研究进展. 食品工业科技, 2 (11): 4.

邹烨, 蔡盼盼, 王立, 等. 2017. 中华鳖裙边胶原蛋白酶解物在猪肉糜中抗氧化效果. 江苏农业学报, 33 (5): 237-243.

Ahn C B, Je J Y, Cho Y S. 2012. Antioxidant and anti-inflammatory peptide fraction from salmon byproduct protein hydrolysates by peptic hydrolysis. Food Research International, 49 (1): 92-98.

Amadou I, Le G W, Amza T, et al. 2013. Purification and characterization of foxtail millet-derived peptides with antioxidant and antimicrobial activities. Food Research International, 51 (1): 422-428.

Auwal S M, Zarei M, Abdul-Hamid A, et al. 2017. Response surface optimisation for the production of antioxidant hydrolysates from stone fish protein using bromelain. Evidence-Based Complementary and Alternative Medicine, 2017: 10.

Bailey D M, Bartsch P, Knauth M, et al. 2009. Emerging concepts in acute mountain sickness and high-altitude cerebral edema: from the molecular to the morphological. Cellular and Molecular Life Sciences, 66 (22): 3583-3594.

Baird L, Swift S, Lleres D, et al. 2014. Monitoring Keap1-Nrf2 interactions in single live cells. Biotechnology Advances, 32 (6): 1133-1144.

Bakonyi T, Radak Z. 2004. High altitude and free radicals. Journal of Sports Science and Medicine, 3 (2): 64-69.

Balamurugan E, Reddy B V, Menon V P. 2010. Antitumor and antioxidant role of chrysaora quinquecirrha (sea nettle) nematocyst venom peptide against ehrlich ascites carcinoma in swiss albino mice. Molecular and Cellular Biochemistry, 338 (1-2): 69-76.

Bellezza I, Giambanco I, Minelli A, et al. 2018. Nrf2-Keap1 signaling in oxidative and reductive stress. Biochimica et Biophysica Acta-Molecular Cell Research, 1865 (5): 721-733.

Bhat Z F, Kumar S, Bhat H F. 2015. Bioactive peptides of animal origin: a review. Journal of Food Science and Technology-Mysore, 52 (9): 5377-5392.

Bolscher J G M, van der Kraan M I A, Nazmi K, et al. 2006. A one-enzyme strategy to release an antimicrobial peptide from the LFampin-domain of bovine lactoferrin. Peptides, 27 (1): 1-9.

Brewer M S, Rojas M. 2008. Consumer attitudes toward issues in food safety. Journal of Food Safety, 28 (1): 1-22.

Cai X X, Huang Q M, Wang S Y. 2015. Isolation of a novel lutein-protein complex from chlorella vulgaris and its functional properties. Food & Function, 6 (6): 1893-1899.

Cai X X, Yan A N, Fu N Y, et al. 2017. *In vitro* antioxidant activities of enzymatic hydrolysate from *Schizochytrium* sp. and its hepatoprotective effects on acute alcohol-induced liver injury *in vivo*. Marine Drugs, 15 (4): 1-13.

Carballo J, Cavestany M, Jiménez-Colmenero F. 1991. Effect of light on colour and reaction of nitrite in sliced pork bologna under different chilled storage temperatures. Meat Science, 30 (3): 235-244.

Chakrabarti S, Guha S, Majumder K. 2018. Food-derived bioactive peptides in human health: challenges and opportunities. Nutrients, 10 (11): 17.

Chan K M, Decker E A. 1994. Endogenous skeletal-muscle antioxidants. Critical Reviews in Food Science and Nutrition, 34 (4): 403-426.

Chen H M, Muramoto K, Yamauchi F, et al. 1996. Antioxidant activity of designed peptides based on the antioxidative peptide isolated from digests of a soybean protein. Journal of Agricultural and Food Chemistry, 44 (9): 2619-2623.

Chen H Q, Wang S, Zhou A M, et al. 2020. A novel antioxidant peptide purified from defatted round scad (*Decapterus maruadsi*) protein hydrolysate extends lifespan in caenorhabditis elegans. Journal of Functional Foods, 68: 11.

Chen L L, Song L Y, Li T F, et al. 2013. A new antiproliferative and antioxidant peptide isolated from arca subcrenata. Marine Drugs, 11 (6): 1800-1814.

Chen Q R, Guo L D, Du F, et al. 2017. The chelating peptide(GPAGPHGPPG)derived from alaska pollock skin enhances calcium, zinc and iron transport in Caco-2 cells. International Journal of Food Science and Technology, 52 (5): 1283-1290.

Cheng N, Du B, Wang Y, et al. 2014. Antioxidant properties of jujube honey and its protective effects against chronic alcohol-induced liver damage in mice. Food & Function, 5 (5): 900-908.

Cullere M, Hoffman L C, Zotte A D. 2013. First evaluation of unfermented and fermented rooibos (*Aspalathus linearis*)in preventing lipid oxidation in meat products. Meat Science, 95 (1): 72-77.

Dickinson B C, Chang C J. 2012. Chemistry and biology of reactive oxygen species in signaling or stress responses. Nature Chemical Biology, 7 (8): 504-511.

Dinis T C P, Madeira V M C, Almeida L M, et al. 1994. Action of phenolic derivatives (acetaminophen, salicylate, and 5-aminosalicylate)as inhibitors of membrane lipid peroxidation and as peroxyl radical scavengers. Archives of Biochemistry and Biophysics, 315 (1): 161-169.

Dong X H, Li J, Jiang G X, et al. 2019. Effects of combined high pressure and enzymatic treatments on physicochemical and antioxidant properties of peanut proteins. Food Science & Nutrition, 7 (4): 1417-1425.

Eckert E, Lu L, Unsworth L D, et al. 2016. Biophysical and *in vitro* absorption studies of iron chelating peptide from barley proteins. Journal of Functional Foods, 25: 291-301.

Elias R J, Kellerby S S, Decker E A. 2008. Antioxidant activity of proteins and peptides. Critical Reviews in Food Science and Nutrition, 48 (5): 430-441.

Erdmann K, Cheung B W Y, Schroder H. 2008. The possible roles of food-derived bioactive peptides in reducing the risk of cardiovascular disease. Journal of Nutritional Biochemistry, 19 (10): 643-654.

Fan P C, Ma H P, Jing L L, et al. 2013. The antioxidative effect of a novel free radical scavenger 4'-hydroxyl-2-substituted phenylnitronyl nitroxide in acute high-altitude hypoxia mice. Biological & Pharmaceutical Bulletin, 36 (6): 917-924.

Faremi T Y, Suru S M, Fafunso M A, et al. 2008. Hepatoprotective potentials of phyllanthusamarus against ethanol-induced oxidative stress in rats. Food and Chemical Toxicology, 46 (8): 2658-2664.

Fernandez-Millan E, Martin M A, Goya L, et al. 2016. Glucagon-like peptide-1 improves beta-cell antioxidant capacity via extracellular regulated kinases pathway and Nrf2 translocation. Free Radical Biology and Medicine, 95: 16-26.

Finkel T, Holbrook N J. 2000. Oxidants, oxidative stress and the biology of ageing. Nature, 408 (6809): 239-247.

Finkel T. 1998. Oxygen radicals and signaling. Current Opinion in Cell Biology, 10 (2): 248-253.

Frankel E N. 1983. Volatile lipid oxidation products. Progress in Lipid Research, 22 (1): 1-33.

Gangopadhyay N, Wynne K, O'Connor P, et al. 2016. In silico and *in vitro* analyses of the angiotensin-i converting enzyme inhibitory activity of hydrolysates generated from crude barley (*Hordeum vulgare*) protein concentrates. Food Chemistry, 203: 367-374.

Ghassem M, Arihara K, Mohammadi S, et al. 2017. Identification of two novel antioxidant peptides from edible bird's nest (*Aerodramus fuciphagus*) protein hydrolysates. Food & Function, 8 (5): 2046-2052.

Giudice A, Arra C, Turco M C. 2010. Review of molecular mechanisms involved in the activation of the Nrf2-are signaling pathway by chemopreventive agents. Methods in Molecular Biology (Clifton, N.J.), 647: 37-74.

Grinshtein N, Ba Mm V V, Tsemakhovich V A, et al. 2003. Mechanism of low-density lipoprotein oxidation by hemoglobin-derived iron. Biochemistry, 42 (23): 6977-6985.

Gulcin I, Alici H A, Cesur M. 2005. Determination of *in vitro* antioxidant and radical scavenging activities of propofol. Chemical and Pharmaceutical Bulletin, 53 (3): 281-285.

Guo L, Hu H, Li B, et al. 2013. Preparation, isolation and identification of iron-chelating peptides derived from alaska pollock skin. Process Biochemistry, 48 (5-6): 988-993.

Guo Z, Mo Z H. 2020. Keap1-Nrf2 signaling pathway in angiogenesis and vascular diseases. Journal of Tissue Engineering and Regenerative Medicine, 14 (6): 869-883.

Halliwell B. 1994. Free-radicals, antioxidants, and human-disease—curiosity, cause, or consequence. Lancet, 344 (8924): 721-724.

Haluska C K, Baptista M S, Fernandes A U, et al. 2012. Photo-activated phase separation in giant vesicles made from different lipid mixtures. Biochimica et Biophysica Acta, 1818 (3): 666-672.

Hancock J T, Desikan R, Neill S J. 2001. Role of reactive oxygen species in cell signalling pathways. Biochemical Society Transactions, 29: 345-350.

Harada K, Maeda T, Hasegawa Y, et al. 2010. Antioxidant activity of fish sauces including puffer (Lagocephalus wheeleri) fish sauce measured by the oxygen radical absorbance capacity method. Molecular Medicine Reports, 3（4）: 663-668.

Harman D. 1956. Aging: a theory based on free radical and radiation chemistry. Journal of Gerontology, 11（3）: 298-300.

Harnedy P A, FitzGerald R J. 2012. Bioactive peptides from marine processing waste and shellfish: a review. Journal of Functional Foods, 4（1）: 6-24.

Hernandez-Ledesma B, Hsieh C C, De Lumen B O. 2009. Antioxidant and anti-inflammatory properties of cancer preventive peptide lunasin in raw 264.7 macrophages. Biochemical and Biophysical Research Communications, 390（3）: 803-808.

Himaya S W A, Ryu B, Ngo D H, et al. 2012. Peptide isolated from japanese flounder skin gelatin protects against cellular oxidative damage. Journal of Agricultural and Food Chemistry, 60(36): 9112-9119.

Hung V W S, Masoom H, Kerman K. 2012. Label-free electrochemical detection of amyloid beta aggregation in the presence of iron, copper and zinc. Journal of Electroanalytical Chemistry, 681: 89-95.

Jang H L, Shin S R, Yoon K Y. 2017. Hydrolysis conditions for antioxidant peptides derived from enzymatic hydrolysates of sandfish (Arctoscopus japonicus). Food Science and Biotechnology, 26（5）: 1191-1197.

Je J Y, Qian Z J, Byun H G, et al. 2007. Purification and characterization of an antioxidant peptide obtained from tuna backbone protein by enzymatic hydrolysis. Process Biochemistry, 42（5）: 840-846.

Je J Y, Qian Z J, Kim S K. 2007. Antioxidant peptide isolated from muscle protein of bullfrog, rana catesbeiana shaw. Journal of Medicinal Food, 10（3）: 401-407.

Jensen I J, Dort J, E. E K. 2014. Proximate composition, antihypertensive and antioxidative properties of the semimembranosus muscle from pork and beef after cooking and in vitro digestion. Meat Science, 96（2）: 916-921.

Jung W K, Qian Z J, Lee S H, et al. 2007. Free radical scavenging activity of a novel antioxidative peptide isolated from in vitro gastrointestinal digests of mytilus coruscus. Journal of Medicinal Food, 10（1）: 197-202.

Kallenberg K, Bailey D M, Christ S, et al. 2007. Magnetic resonance imaging evidence of cytotoxic cerebral edema in acute mountain sickness. Journal of Cerebral Blood Flow and Metabolism, 27（5）: 1064-1071.

Kerler J, Grosch W. 1996. Odorants contributing to warmed-over flavor (WOF) of refrigerated cooked beef. Journal of Food Science, 61（6）: 1271-1274.

Khanna P, Jain S C, Panagariya A, et al. 1981. Hypoglycemic activity of polypeptide-p from a plant source. Journal of Natural Products, 44（6）: 648-655.

Kim S K, Wijesekara I. 2010. Development and biological activities of marine-derived bioactive peptides: a review. Journal of Functional Foods, 2 (1): 1-9.

Kim S Y, Je J Y, Kim S K. 2007. Purification and characterization of antioxidant peptide from hoki (*Johnius belengerii*) frame protein by gastrointestinal digestion. Journal of Nutritional Biochemistry, 18 (1): 31-38.

Klompong V, Benjakul S, Kantachote D, et al. 2007. Antioxidative activity and functional properties of protein hydrolysate of yellow stripe trevally(*Selaroides leptolepis*)as influenced by the degree of hydrolysis and enzyme type. Food Chemistry, 102 (4): 1317-1327.

Kobayashi K, Maehata Y, Okada Y, et al. 2015. Medical-grade collagen peptide in injectables provides antioxidant protection. Pharmaceutical Development and Technology, 20 (2): 219-226.

Korhonen H, Pihlanto A. 2003. Food-derived bioactive peptides-opportunities for designing future foods. Current Pharmaceutical Design, 9 (16): 1297-1308.

Kubow S. 1992. Routes of formation and toxic consequences of lipid oxidation-products in foods. Free Radical Biology and Medicine, 12 (1): 63-81.

Kundu J K, Surh Y J. 2010. Nrf2-Keap1 signaling as a potential target for chemoprevention of inflammation-associated carcinogenesis. Pharmaceutical Research, 27 (6): 999-1013.

Laakso S. 1984. Inhibition of lipid-peroxidation by casein-evidence of molecular encapsulation of 1, 4-pentadiene fatty-acids. Biochimica et Biophysica Acta, 792 (1): 11-15.

Lee E J, Kim Y S, Hwang J W, et al. 2012. Purification and characterization of a novel antioxidative peptide from duck skin by-products that protects liver against oxidative damage. Food Research International, 49 (1): 285-295.

Li B, Chen F, Wang X, et al. 2007. Isolation and identification of antioxidative peptides from porcine collagen hydrolysate by consecutive chromatography and electrospray ionization-mass spectrometry. Food Chemistry, 102 (4): 1135-1143.

Li L G, Liu J B, Nie S P, et al. 2017. Direct inhibition of Keap1-Nrf2 interaction by egg-derived peptides DKK and DDW revealed by molecular docking and fluorescence polarization. RSC Advances, 7 (56): 34963-34971.

Liang Q F, Ren X F, Ma H L, et al. 2017. Effect of low-frequency ultrasonic-assisted enzymolysis on the physicochemical and antioxidant properties of corn protein hydrolysates. Journal of Food Quality (4): 1-10.

Liang R, Zhang Z M, Lin S Y. 2017. Effects of pulsed electric field on intracellular antioxidant activity and antioxidant enzyme regulating capacities of pine nut (*Pinus koraiensis*) peptide QDHCH in HepG2 cells. Food Chemistry, 237: 793-802.

Lin H M, Deng S G, Huang S B. 2015. Antioxidant activities of ferrous-chelating peptides isolated from five types of low-value fish protein hydrolysates. Journal of Food Biochemistry, 38 (6): 627-633.

Lin S Y, Liang R, Li X F, et al. 2016. Effect of pulsed electric field (PEF) on structures and antioxidant activity of soybean source peptides-SHCMN. Food Chemistry, 213: 588-594.

Liu Q, Tian G, Yan H, et al. 2014. Characterization of polysaccharides with antioxidant and hepatoprotective activities from the wild edible mushroom russula vinosa lindblad. Journal of Agricultural and Food Chemistry, 62 (35): 8858-8866.

Lopez-Pedrouso M, Borrajo P, Amarowicz R, et al. 2021. Peptidomic analysis of antioxidant peptides from porcine liver hydrolysates using SWATH-MS. Journal of Proteomics, 232: 9.

Made V, Els-Heindl S, Beck-Sickinger A G. 2014. Automated solid-phase peptide synthesis to obtain therapeutic peptides. Beilstein Journal of Organic Chemistry, 10: 1197-1212.

Majumder K, Chakrabarti S, Davidge S T, et al. 2013. Structure and activity study of egg protein ovotransferrin derived peptides (IRW and IQW) on endothelial inflammatory response and oxidative stress. Journal of Agricultural and Food Chemistry, 61 (9): 2120-2129.

Mao X Y, Cheng X, Wang X, et al. 2011. Free-radical-scavenging and anti-inflammatory effect of yak milk casein before and after enzymatic hydrolysis. Food Chemistry, 126 (2): 484-490.

Marianne N L, Marina H, Caroline P B. 2011. Protein oxidation in muscle foods: a review. Molecular Nutrition & Food Research, 55 (1): 83-95.

Martinez M L, Penci M C, Ixtaina V, et al. 2013. Effect of natural and synthetic antioxidants on the oxidative stability of walnut oil under different storage conditions. LWT-Food Science and Technology, 51 (1): 44-50.

Master S, Gottstein J, Blei A T. 1999. Cerebral blood flow and the development of ammonia-induced brain edema in rats after portacaval anastomosis. Hepatology, 30 (4): 876-880.

Misuda H, Yasumoto K, Iwami K. 1966. Antioxidative action of indole compounds during the autoxidation of linoleic acid. Nipponyo Shokuryo Gakkaishi, 19 (3): 210-214.

Morrissey P A, Sheehy P, Galvin K, et al. 1998. Lipid stability in meat and meat products. Meat Science, 49 (5): S73.

Muthuraju S, Maiti P, Solanki P, et al. 2009. Acetylcholinesterase inhibitors enhance cognitive functions in rats following hypobaric hypoxia. Behavioural Brain Research, 203 (1): 1-14.

Nalinanon S, Benjakul S, Kishimura H, et al. 2011. Functionalities and antioxidant properties of protein hydrolysates from the muscle of ornate threadfin bream treated with pepsin from skipjack tuna. Food Chemistry, 124 (4): 1354-1362.

Naqash S Y, Nazeer R A. 2010. Evaluation of bioactive properties of peptide isolated from exocoetus volitans backbone. International Journal of Food Science & Technology, 46 (1): 37-43.

Nazeer R A, Kumar N S S, Ganesh R J. 2012. In vitro and in vivo studies on the antioxidant activity of fish peptide isolated from the croaker (Otolithes ruber) muscle protein hydrolysate. Peptides, 35 (2): 261-268.

Ngo D H, Ryu B, Kim S K. 2014. Active peptides from skate (Okamejei kenojei) skin gelatin diminish angiotensin-I converting enzyme activity and intracellular free radical-mediated oxidation. Food Chemistry, 143: 246-255.

Niiho Y, Yamazaki T, Hosono T, et al. 1993. Pharmacological studies on small peptide fraction derived from soybean-the effects of small peptide fraction derived from soybean on fatigue, obesity and glycemia in mice. Yakugaku Zasshi-Journal of the Pharmaceutical Society of Japan, 113 (4): 334-342.

Niki E. 2010. Assessment of antioxidant capacity in vitro and in vivo. Free Radical Biology and Medicine, 49 (4): 503-515.

Nongonierma A B, FitzGerald R J. 2013. Inhibition of dipeptidyl peptidase IV (DPP-IV) by proline containing casein-derived peptides. Journal of Functional Foods, 5 (4): 1909-1917.

Nyeki O, Rill A, Schon I, et al. 1998. Synthesis of peptide and pseudopeptide amides inhibiting the proliferation of small cell and epithelial types of lung carcinoma cells. Journal of Peptide Science, 4 (8): 486-495.

Osawa T, Namiki M. 1981. A novel type of antioxidant isolated from leaf wax of eucalyptus leaves. Agricultural and Biological Chemistry, 45 (3): 735-739.

Pan D D, Guo Y X, Jiang X Y. 2011. Anti-fatigue and antioxidative activities of peptides isolated from milk proteins. Journal of Food Biochemistry, 35 (4): 1130-1144.

Park D, Xiong Y L. 2007. Oxidative modification of amino acids in porcine myofibrillar protein isolates exposed to three oxidizing systems. Food Chemistry, 103 (2): 607-616.

Peñaramos E A, Xiong Y L. 2001. Antioxidative activity of whey protein hydrolysates in a liposomal system. Journal of Dairy Science, 84 (12): 2577-2583.

Prior R L, Wu X, Schaich K. 2005. Standardized methods for the determination of antioxidant capacity and phenolics in foods and dietary supplements. Journal of Agricultural and Food Chemistry, 53 (10): 4290-4302.

Qian Z J, Jung W K, Kim S K. 2008. Free radical scavenging activity of a novel antioxidative peptide purified from hydrolysate of bullfrog skin, *Rana catesbeiana* shaw. Bioresource Technology, 99 (6): 1690-1698.

Ranathunga S, Rajapakse N, Kim S K. 2006. Purification and characterization of antioxidative peptide derived from muscle of conger eel (*Conger myriaster*). European Food Research and Technology, 222 (3-4): 310-315.

Reinehr R, Gorg B, Becker S, et al. 2007. Hypoosmotic swelling and ammonia increase oxidative stress by NADPH oxidase in cultured astrocytes and vital brain slices. Glia, 55 (7): 758-771.

Rozek T, Wegener K L, Bowie J H, et al. 2000. The antibiotic and anticancer active aurein peptides from the australian bell frogs litoria aurea and litoria raniformis the solution structure of aurein 1.2. European Journal of Biochemistry, 267 (17): 5330-5341.

Samaranayaka A G, Kitts D D, Li-Chan E C. 2010. Antioxidative and angiotensin- I -converting enzyme inhibitory potential of a pacific hake (*Merluccius productus*) fish protein hydrolysate subjected to simulated gastrointestinal digestion and Caco-2 cell permeation. Journal of Agricultural and Food Chemistry, 58 (3): 1535-1542.

Sarmadi B H, Ismail A. 2010. Antioxidative peptides from food proteins: a review. Peptides, 31 (10): 1949-1956.

Schoonman G G, Sandor P S, Nirkko A C, et al. 2008. Hypoxia-induced acute mountain sickness is associated with intracellular cerebral edema: a 3 T magnetic resonance imaging study. Journal of Cerebral Blood Flow and Metabolism, 28 (1): 198-206.

Seifried H E, Anderson D E, Fisher E I, et al. 2007. A review of the interaction among dietary antioxidants and reactive oxygen species. Journal of Nutritional Biochemistry, 18 (9): 567-579.

Shao J H, Zhou G H, Deng Y M, et al. 2015. A raman spectroscopic study of meat protein/lipid interactions at protein/oil or protein/fat interfaces. International Journal of Food Science & Technology, 50 (4): 982-989.

Sharma O P，Bhat T K. 2009. DPPH antioxidant assay revisited. Food Chemistry，113（4）：
1202-1205.

Shi Y N，Kovacs-Nolan J，Jiang B，et al. 2014. Peptides derived from eggshell membrane improve
antioxidant enzyme activity and glutathione synthesis against oxidative damage in Caco-2 cells.
Journal of Functional Foods，11：571-580.

Shukitthale B，Stillman M J，Welch D I，et al. 1994. Hypobaric hypoxia impairs spatial memory in
an elevation-dependent fashion. Behavioral and Neural Biology，62（3）：244-252.

Stadtman E R，Levine R L. 2003. Free radical-mediated oxidation of free amino acids and amino
acid residues in proteins. Amino Acids，25（3-4）：207-218.

Suman M. 2010. Myoglobin and lipid oxidation interactions：mechanistic bases and control. Meat
Science，86（1）：86-94.

Sun S G，Niu H H，Yang T，et al. 2014. Antioxidant and anti-fatigue activities of egg white peptides
prepared by pepsin digestion. Journal of the Science of Food and Agriculture，94（15）：
3195-3200.

Sun Y Y，Pan D D，Guo Y X，et al. 2012. Purification of chicken breast protein hydrolysate and
analysis of its antioxidant activity. Food and Chemical Toxicology，50（10）：3397-3404.

Szeto H H. 2006. Cell-permeable，mitochondrial-targeted，peptide antioxidants. AAPS Journal，
8（2）：E277-E283.

Tabakman R，Lazarovici P，Kohen R. 2002. Neuroprotective effects of carnosine and homocarnosine
on pheochromocytoma PC12 cells exposed to ischemia. Journal of Neuroscience Research，
68（4）：463-469.

Theodore A E，Raghavan S，Kristinsson H G. 2008. Antioxidative activity of protein hydrolysates
prepared from alkaline-aided channel catfish protein isolates. Journal of Agricultural and Food
Chemistry，56（16）：7459-7466.

Thiansilakul Y，Benjakul S，Shahidi F. 2007. Antioxidative activity of protein hydrolysate from
round scad muscle using alcalase and flavourzyme. Journal of Food Biochemistry，31：266-287.

Tongnuanchan P，Benjakul S，Prodpran T. 2011. Roles of lipid oxidation and ph on properties and
yellow discolouration during storage of film from red tilapia（*Oreochromis niloticus*）muscle
protein. Food Hydrocolloids，25（3）：426-433.

Tsuge N，Eikawa Y，Nomura Y，et al. 1991. Antioxidative activity of peptides prepared by
enzymatic-hydrolysis of egg-white albumin. Nippon Nogeikagaku Kaishi-Journal of the Japan
Society for Bioscience Biotechnology and Agrochemistry，65（11）：1635-1641.

Udenigwe C C，Aluko R E. 2012. Food protein-derived bioactive peptides：production，processing，
and potential health benefits. Journal of Food Science，77（1）：R11-R24.

Udenigwe C C. 2014. Bioinformatics approaches，prospects and challenges of food bioactive peptide
research. Trends in Food Science & Technology，36（2）：137-143.

Valko M，Leibfritz D，Moncol J，et al. 2007. Free radicals and antioxidants in normal physiological
functions and human disease. International Journal of Biochemistry & Cell Biology，39（1）：
44-84.

Wali A，Mijiti Y，Gao Y H，et al. 2021. Isolation and identification of a novel antioxidant peptide from chickpea (*Cicer arietinum* L.) sprout protein hydrolysates. International Journal of Peptide Research and Therapeutics, 27 (1): 219-227.

Wang B, Li Z R, Chi C F, et al. 2012. Preparation and evaluation of antioxidant peptides from ethanol-soluble proteins hydrolysate of sphyrna lewini muscle. Peptides, 36 (2): 240-250.

Wang B, Wang C, Huo Y J, et al. 2016. The absorbates of positively charged peptides from casein show high inhibition ability of LDL oxidation *in vitro*: identification of intact absorbed peptides. Journal of Functional Foods, 20: 380-393.

Wang X Q, Xing R E, Chen Z Y, et al. 2014. Effect and mechanism of mackerel (*Pneumatophorus japonicus*) peptides for anti-fatigue. Food & Function, 5 (9): 2113-2119.

Winczura A, Zdżalik D, Tudek B. 2012. Damage of DNA and proteins by major lipid peroxidation products in genome stability. Free Radical Research, 46 (4): 442-459.

Witko-Sarsat V, Gausson V, Descamps-Latscha B. 2003. Are advanced oxidation protein products potential uremic toxins? Kidney International Supplements, 63 (84): S11-S14.

Wold J P, Veberg A, Nilsen A, et al. 2005. The role of naturally occurring chlorophyll and porphyrins in light-induced oxidation of dairy products. A study based on fluorescence spectroscopy and sensory analysis. International Dairy Journal, 15 (4): 343-353.

Wu H C, Chen H M, Shiau C Y. 2003. Free amino acids and peptides as related to antioxidant properties in protein hydrolysates of mackerel (*Scomber austriasicus*) . Food Research International, 36 (9-10): 949-957.

Xia J A, Song H D, Huang K, et al. 2020. Purification and characterization of antioxidant peptides from enzymatic hydrolysate of mungbean protein. Journal of Food Science, 85 (6): 1735-1741.

Xiong Y L, Decker E, Faustman C, et al. 2000. Protein oxidation and implications for muscle food quality. Antioxidants in Muscle Foods Nutritional Strategies to Improve Quality, 12 (2): 85-111.

You L J, Zhao M M, Regenstein J M, et al. 2011. *In vitro* antioxidant activity and *in vivo* anti-fatigue effect of loach (*Misgurnus anguillicaudatus*) peptides prepared by papain digestion. Food Chemistry, 124 (1): 188-194.

Yu B, Lu Z X, Bie X M, et al. 2008. Scavenging and anti-fatigue activity of fermented defatted soybean peptides. European Food Research and Technology, 226 (3): 415-421.

Yuan J, Zheng Y, Wu Y, et al. 2020. Double enzyme hydrolysis for producing antioxidant peptide from egg white: optimization, evaluation, and potential allergenicity. Journal of Food Biochemistry, 44 (2): 12.

Yuan X Q, Gu X H, Tang J. 2008. Purification and characterisation of a hypoglycemic peptide from *Momordica Charantia* L. Var. *abbreviata* Ser. Food Chemistry, 111 (2): 415-420.

Zhang H, Ren F Z. 2009. Advances in determination of hydroxyl and superoxide radicals. Spectroscopy Spectral Analysis, 29 (4): 1093.

Zhang M, Huang T S, Mu T H. 2019. Production and *in vitro* gastrointestinal digestion of antioxidant peptides from enzymatic hydrolysates of sweet potato protein affected by pretreatment. Plant Foods for Human Nutrition, 74 (2): 225-231.

Zhang T, Li Y H, Miao M, et al. 2011. Purification and characterisation of a new antioxidant peptide from chickpea (*Cicer arietium* L.) protein hydrolysates. Food Chemistry, 128 (1): 28-33.

Zhang Y，Xiu D，Zhuang Y. 2012. Purification and characterization of novel antioxidant peptides from enzymatic hydrolysates of tilapia（*Oreochromis niloticus*）skin gelatin. Peptides，38（1）：13-21.

Zhao K S，Zhao G M，Wu D L，et al. 2004. Cell-permeable peptide antioxidants targeted to inner mitochondrial membrane inhibit mitochondrial swelling，oxidative cell death，and reperfusion injury. Journal of Biological Chemistry，279（33）：34682-34690.

Zhuang Y L，Hou H，Zhao X，et al. 2009. Effects of collagen and collagen hydrolysate from jellyfish（*Rhopilema esculentum*）on mice skin photoaging induced by uv irradiation. Journal of Food Science，74（6）：H183-H188.

Zhuang Y L，Zhao X，Li B F. 2009. Optimization of antioxidant activity by response surface methodology in hydrolysates of jellyfish（*Rhopilema esculentum*）umbrella collagen. Journal of Zhejiang University-Science B，10（8）：572-579.

第 5 章　抗菌肽对肉糜的品质调控技术

5.1　抗菌肽概述

抗生素发现的"黄金时代"早已过去，然而抗生素的过敏反应、微生物的耐药性、环境污染等问题迫使人们寻找新型的抗生素。抗菌肽（antimicrobial peptides，AMPs）又名宿主防御肽（host defense peptides，HDPs），是指能杀灭或抑制微生物生长的寡肽和多肽，包括大分子蛋白质或多肽水解形成的肽和非核糖体合成的肽类物质。在过去的几十年中，已经有超过 3000 个抗菌肽被发现（源自动物、真菌、植物和细菌）。虽然这些抗菌肽在结构上有一些共同特点，如具有线性或环状结构内的阳离子和疏水序列的小尺寸等，但它们的序列、活性和靶点却有很大的不同。抗菌肽抗菌谱广且对多重耐药菌有杀伤作用，有着广阔的开发前景。

5.1.1　抗菌肽的简介

1922 年，科学家们发现的人类溶菌酶（human lysozyme），代表着第一个抗菌肽的发现。自从 20 世纪 80 年代以来，抗菌肽引起了很多研究人员的关注，目前已从生命体中发现 3000 多种抗菌肽。抗菌肽是一种防御分子，分布于各种生命形式中，它们的主要作用是杀死入侵的病原体（细菌、真菌、一些寄生虫和病毒）。最近的研究表明，抗菌肽对一些耐药菌具有杀灭或抑制作用。目前，抗菌肽广泛用于医药、食品保鲜和农业中。大多数天然抗菌肽是运用色谱技术从细菌、真菌、植物和动物分离得到的。在 20 世纪 80 年代之前，抗菌肽研究的第一波浪潮使人们发现几种非基因编码的肽抗生素。第二波浪潮开始于 20 世纪 80 年代，这一时期人们发现了基因编码的抗菌肽及其作用机制。随后，自 2000 年左右以来，已报道了抗菌肽的其他功能特性，如免疫调节等。1922～2015 年发现的部分重要抗菌肽如表 5.1 所示。

表 5.1　发现重要抗菌肽的时间表（Wang，2017）

年份	抗菌肽名称	重要的影响
1922	人类溶菌酶	首个抗菌蛋白，标志着先天免疫的开始
1928	细菌乳酸链球菌素 A	1983 年由欧盟批准的和 1988 年美国 FDA 批准第一种羊毛硫细菌素类型的食品防腐剂

续表

年份	抗菌肽名称	重要的影响
1939	短杆菌肽 A	第一个在膜中形成离子通道并且临床使用的含 D-氨基酸的线性肽
1944	短杆菌肽 S	在苏联临床上使用的第一种环肽抗生素来治疗伤口
1947	多黏菌素	被认为是治疗耐药革兰阴性菌的最后手段
1967	丙甲甘肽	第一个被认为是"桶-棍小孔"抗菌机制的真菌来源的哌珀霉素
1973	Plant kalata B1	具有子宫收缩活性的环肽
1981	昆虫天蚕素	开创了与昆虫中发现 Toll 信号通路有关的先天免疫研究的新浪潮
1985	人类的 α-防御素	从哺乳动物中分离出来的第一个 α-防御素
1986	达托霉素（克必信）	2003 年由 FDA 批准作为肽抗生素用于治疗由革兰阳性菌引起的危及生命的感染
1987	蛙皮素	一种被临床广泛研究的模式两栖动物抗菌肽
1988	人类组蛋白	富含组氨酸的抗菌肽家族
1988	牛（白细胞）抗菌肽	第一个 Cathelicidin 类型的抗菌肽
1989	蜜蜂抗菌肽	第一个富含脯氨酸的抗菌肽，核糖体一直是可能它的靶点
1991	牛 β-防御素	第一个 β-防御素
1992	片球菌素 PA-1	用作食品防腐剂的 IIa 类细菌素
1992	Microcin J25	有一个不同寻常的套索结构
1996	人源性蛋白酶 LL-37	研究最好的人类组织蛋白酶；由光和维生素 D 诱导表达；免疫调节和其他活性也已被研究
1996	蟾蜍抗菌肽 Buforin II	一个证据充分的 DNA 结合肽
1997	Tunicate stylelin A	来自海洋的高度修饰的抗菌肽
1998	人颗粒溶素	T 细胞中也包含抗菌肽
1999	猴 θ-防御素	非人类灵长类中唯一的环状抗菌肽
2000	人血栓素	第一个抗菌趋化因子
2001	鱼皮素 1	第一个来自肥大细胞的抗生素
2002	人类核糖核酸酶 7	人尿路中含量最丰富的抗菌肽
2004	植物甜味蛋白	基于 γ-核心基序的具有抗菌活性的非碳水化合物肽甜味剂
2005	真菌菌丝霉素	有潜在的医疗用途
2010	昆虫荧光素	苍蝇 Lucilia sericata 药用蛆抗菌因子的关键组成部分
2012	人类 KAMP-19	人眼中富含甘氨酸的 AMP，第一个具有非 αβ 3D 结构的人类 AMP
2014	细菌性黑霉素 A	含有两种氨基酸的最短脂肽
2015	泰斯巴汀	使用 i-Chip 技术从无法培养的细菌中分离出新肽类抗生素
2015	细菌 cOB1	性信息素以 22pg/mL 的最小抑制浓度（MIC）抑制肠道中的多药耐药类肠球菌 V583

5.1.2　抗菌肽的来源及分类

1. 植物来源

　　植物不具备哺乳动物机体内的特异性免疫系统，在其生长过程中遭受病原微生物侵袭时，非特异性免疫防御系统的作用显得尤为重要。而抗菌肽就是该系统发挥防御作用的一类重要分子。植物机体在遭受生物侵袭或非生物条件刺激时，能迅速产生一类对入侵病原生物具有抑制或杀灭作用的活性成分——抗菌肽（Zeitler et al.，2013）。植物抗菌肽多年来一直是研究的重点领域，根据氨基酸序列及其二级结构的不同，将植物源抗菌肽分为 9 类，如表 5.2 所示：包括植物防御素（Defensins）、硫堇（Thionins）、转脂蛋白（Lipid transfer proteins）、橡胶素（Hevein-like peptides）、打结素（Knottin-type peptides）、富含甘氨酸肽（Glycine-rich peptides）、发卡抗菌肽（Hairpin-like peptides）、环肽（Cyclotides）和蜕皮素（Snakin）。

表 5.2　植物源抗菌肽的分类（Wang，2017）

序号	植物抗菌肽	氨基酸数目	半胱氨酸数目	举例
1	植物防御素	78	4、6 或 8	NaD1，PhD1，Rs-AFP1
2	硫堇	13	4、6 或 8	Tu-AMP1，Cp-thionin2
3	转脂蛋白	3	2、4 或 8	Cc-LTP1，LTP110
4	橡胶素	6	8 或 10	Pn-AMP1，WAMP-1
5	打结素	4	6	PAFP-S，Mj-AMP2
6	富含甘氨酸肽	5	0、1 或 6	Shepherin 1，Pg-AMP1
7	发卡抗菌肽	3	4	MBP-1，EcAMP1
8	环肽	160	6	Kalata B1，Cliotide 20
9	蜕皮素	6	12	Snakin-1，Snaking-Z

2. 昆虫来源

　　昆虫不像高等动物那样具备高效、专一的免疫体系，不具备 B 淋巴细胞、T 淋巴细胞系统，也不具备免疫球蛋白及其补体成分。然而，昆虫在长期的演化过程中形成了其自身独特的免疫体系。抗菌肽是天然免疫体系的重要组成部分。昆虫目前分离出最多抗菌肽种类，最早被分离鉴定的抗菌肽为惜古比天蚕抗菌多肽（Cecropin）。除了这类天蚕素抗菌肽，此后在昆虫中还发现了昆虫防御素（Insect defensins）、富含脯氨酸残基的昆虫抗菌肽（Apidaecin）、富含甘氨酸的抗菌肽蚕蛾素（Gloverins）等。

3. 哺乳动物来源

目前，在哺乳动物中发现的抗菌肽根据氨基酸的数量、半胱氨酸的位置以及二硫键连接方式的不同主要有防御素 Defensins 和 Cathelicidins 两类。迄今已从不同的物种中分离得到多种 α-、β- 和 θ-防御素。例如，Cathelicidins 是哺乳动物中另一大类抗菌肽，由于分子中都含有与 Cathelin（一种猪的白细胞中分离到的蛋白质，分子量为 12kDa 左右，其前体肽包含一个高度保守域）非常相似的一段结构，被命名为 Cathelicidins。现在，人们已在人、马、牛、绵羊等哺乳动物中发现了多种 Cathelicidins 家族的抗菌肽。

4. 两栖动物来源

两栖类动物在皮肤的分泌物中存在的大量皮肤活性肽具有多样的生物学活性，其中大多数多肽类物质均具有一定的抗微生物活性，在进化上是一类非常古老而有效的天然防御物质，也被归类于抗菌肽。自从在非洲爪蟾（*Xenopus laevi*）的皮肤中发现了小分子抗菌肽（Magainins）以来，越来越多的抗菌肽从两栖动物中分离鉴定出来。颇有意思的是，在非洲爪蟾一种蟾蜍的皮肤中就有十多种抗菌肽，不仅在皮肤颗粒腺表达，而且存在于胃黏膜和小肠道细胞。据不完全统计，目前已从无尾两栖的 8 个属约 40 多种动物的皮肤中提取出了数百种抗菌肽。

5. 鱼类来源

鱼类生活在富含各种微生物的水环境中。抗菌肽是它们在受到损伤或病原入侵时迅速防御和杀伤入侵物质的重要的非特异先天免疫因子。1986 年首次从 *Pardachirus marmoratus* 中分离到一种含有 35 个氨基酸残基抗菌肽（Pardaxin）。该肽是离子型神经毒素，由该肽衍生出一系列具有比蜂毒素抗菌活性更强、溶血活性更低的抗菌活性肽，还有来源于杂交斑纹鲈鱼皮肤的 Piscidins、海鳗的一种多肽 LCRP（lamprey corticostatin-related peptide）等。

6. 微生物来源

目前，微生物来源 AMPs 被学者分为源自细菌的 AMPs——细菌素（bacteriocins）和源自病毒的 AMPs 两大类。细菌素是一类由 G^+ 细菌和 G^- 细菌核糖体合成的具有抑菌活性的小分子多肽，在各种环境条件下和细菌的各个生长阶段均能发挥抗菌作用。研究表明，微生物来源的 AMPs 的种类和数量相对较少，且细菌素的种类多于病毒来源的 AMPs。G^+ 菌可产生糖肽、脂肽和环形肽等典型窄谱 AMPs，如乳链菌肽、多黏菌素、杆菌肽等；其中，短杆菌肽 S 和多黏菌素为一类带有高正电荷的两亲性 AMPs。据报道，多黏类芽孢杆菌 CP7 菌株能够产生包括抗 G^+

菌的 Cpacin 在内的多种抗菌活性物质,是一种具有广谱抗病原菌活性的拮抗性细菌。资料显示,目前已发现病毒源 AMPs 种类相对较少。其中,慢病毒跨膜蛋白的 C 端富含精氨酸的 AMPs 为一种具有抗菌活性和细胞毒性的强两亲性多肽。源自丙型肝炎病毒(HCV)NS5A 的 α 螺旋肽(C5A)可以使其在细胞外和细胞内感染颗粒失活,对 HCV 的从头感染及其进行性感染具有阻碍和控制作用。

5.1.3 抗菌肽的功能

AMPs 结构的多样性从某种程度上决定了其生物学活性的多样性。研究表明,AMPs 不仅对 G$^+$ 细菌和 G$^-$ 细菌具有较高的抗菌活性,而且对部分真菌、病毒、肿瘤细胞和原虫等也具有一定的选择性杀伤作用;但其对正常的哺乳动物细胞未见有明显毒副作用。

1. 广谱抗细菌活性

研究表明,在琼脂糖弥散法抑菌活性测定试验中,AMPs 可同时抑制一种或多种混合常见 G$^+$/G$^-$ 细菌(如大肠杆菌、金黄色葡萄球菌、铜绿假单胞菌等)生长。AMPs 拥有比传统抗生素抗菌谱更广的抑菌活性,引起了研究人员越来越多的关注。资料显示,兔肠源抗菌蛋白对 9 种测试菌株的杀菌率为 78%~98%,具有较强的抗菌效果(Liu et al.,2007)。在对天蚕素多肽分子生物活性的研究中发现:天蚕素多肽分子可有效抑制标准大肠埃希菌株(ATCC25922)及多重耐药菌株(临床分离株)的生长;尽管天蚕素多肽分子对大肠埃希菌多重耐药菌株(临床分离株)的抑制效果相对较弱,但其抑菌活性可保持 10h 以上,有效持续时间比多种抗生素更长。有研究表明,鸡源 Fowlicidin-3 AMPs 酵母重组表达产物对致病性大肠杆菌 K99、鸡白痢沙门菌和金黄色葡萄球菌 Cowan I 等均具有抑杀作用。

2. 抗真菌活性

AMPs 不仅对细菌具有广谱抗菌的作用,对一些真菌也有一定抑杀作用。从果蝇中分离出与富含 Cys 的 AMPs γ-Thionins 及 Rs-AFP II 具有高度同源性的抗真菌肽 Drosomycin,但试验结果表明 Drosomycin 不能有效抑制细菌和酵母菌的生长。此外,已发现的还有东北大黑鳃金龟幼虫抗真菌肽 Holotricin III、鳞翅目昆虫抗真菌肽 Heliomicin 和白蚁死亡素 Termicin 等。另有资料表明,某些昆虫源 AMPs 不仅可有效防治某些特殊植物性真菌病,还可以使某些谷类作物的产量增加。

3. 抗病毒活性

目前临床应用的抗病毒药物均有不同程度的毒副作用,寻找更加安全且有效的抗病毒药物是研究人员长期关注的焦点。研究表明,目前研究中发现的大多数

AMPs 对包膜病毒的杀灭效果优于无包膜病毒。资料显示，哺乳动物 Defensin 家族和两栖动物 Magainin 家族、Brevinin-1 家族、Maximin 家族等 AMPs 对单纯疱疹病毒、人免疫缺陷病毒、流感病毒等包膜病毒均有一定灭活作用。

4. 抗肿瘤活性

鉴于 AMPs 具有理化性质稳定、抗菌谱较广，且不易引发细菌产生耐药性等优点，相关学者对 AMPs 的早期研究主要致力于将其开发为新一代高效抗菌药物。近年来，随着人类对 AMPs 逐步地研究和探索，一些 AMPs 在体内和体外的试验中所表现出的抗肿瘤活性引起国内外专家学者的日益关注。人们在肿瘤治疗的研究中发现，多数化疗药物在消除癌细胞的同时也会对正常细胞造成一定程度的损伤，具有较强毒副作用。研究表明，从果蝇幼虫中分离获得的富含甘氨酸的抗菌肽 SK84 对多种癌细胞系（人白血病 THP-1、肝癌 HepG2 和乳腺癌 MCF-7 细胞）的增殖均有特异性抑制作用，且无溶血活性。这表明，AMPs 不仅可以特异性地抑制某些肿瘤细胞的生长，而且不会损伤机体的正常细胞。因此，AMPs 在今后的研究中有可能成为一种新型的抗肿瘤药物。

5.2 抗菌肽的作用机制

近年来，相关学者针对抗菌肽的抗菌机制开展大量研究，但仍未能完全阐明。研究资料表明，抗菌肽对微生物的广谱抗菌作用可能与其对细胞膜通透性、核酸复制及蛋白质等物质的生物合成有关。

5.2.1 抗菌肽的结构

分析常见抗菌肽间氨基酸序列的一级结构可知，它们彼此间并未表现出高度的同源性，但存在一些共同特征（如富含较多的疏水性氨基酸，使分子在疏水性环境中折叠成疏水或两亲性的 α 螺旋结构；富含赖氨酸或精氨酸而使分子整体带正电荷等）。根据抗菌肽的一级结构和在细胞膜相互作用过程中形成的二级结构特征，主要可将其分为三类：①不含半胱氨酸但可以折叠成疏水或两亲性的 α 螺旋结构［图 5.1（a）］。此类抗菌肽因为富含某种碱性氨基酸和具有 α 螺旋结构，有利于通过在细菌细胞膜中形成穿孔以直接发挥抗菌活性，主要包括 Piscidins、Gaduscidins、Moronecidins、Pleurocidin、Chrysophsin、Pardaxins 及 Epinecidin 等。②富含半胱氨酸且能够通过二硫键形成 β 折叠结构［图 5.1（b）］，主要包括 Cathelicidins、Defensins、Hepcidins 等。③富含某种特定氨基酸的无规则结构肽，如环状结构抗菌肽［图 5.1（c）］和伸展类抗菌肽［图 5.1（d）］，主要包括 HPL-1、Parasin 1、Oncorhyncin 2 及 Hipposin 等组蛋白衍生抗菌肽，此类抗菌肽的一级结构与组蛋白 H1、H2A 及 H2B 相似。近几年，海洋鱼类中富含天冬氨酸和谷氨酸的非阳离子抗菌肽也相继被发现，主要包括鲣鱼的 SHbAP、大西洋鳕鱼的 Piscidin-2、大黄鱼的 Lc-NK-lysin 等。

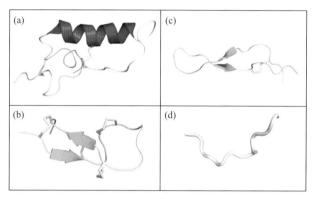

图 5.1　抗菌肽的结构

5.2.2　膜损伤机制

研究表明，阳离子抗菌肽通过静电相互作用先结合在表面带负电荷的细胞膜上，破坏细胞膜的完整性并诱使其产生孔隙，致使细胞的内容物外溢而死亡。破膜型抗菌肽的作用机制假说主要有以下四种：桶板模型、地毯模型、曲面-孔道模型、凝聚模型。

1. 桶板模型（barrel stave model）

桶板模型是在 1977 年提出的，而抗菌肽作用于细胞膜的作用方式于 2009 年阐明。即结合于细胞膜表面的抗菌肽相互聚合，以多聚体形式插入细胞双分子层中，形成横跨细胞膜的离子通道。离子通道形成后外界的水分可渗入细胞内部，细胞质也可渗透到外部。由于失去能量，严重时细胞膜就会崩解而导致细胞死亡。采用桶板模型机制发挥作用的抗菌肽，一般包含两亲或疏水性的 α 螺旋、β 折叠片层的结构，或同时含有这些结构。

2. 地毯模型（carpet model）

地毯模型是 1992 年提出的，即抗菌肽平行于细胞膜排列，如同一张地毯覆盖于磷脂膜外表面。与其他模型一样，阳离子抗菌肽通过静电作用结合到细胞膜，覆盖在磷脂双层上。当抗菌肽浓度达到临界值时，被覆盖区域的细胞膜因稳定性降低而出现显著的弯曲从而破裂，此过程中不形成通道。以"地毯式"模型发挥作用的抗菌肽分子多含有 β 折叠结构。从蛾血淋巴中提取的抗菌肽 Cecropin P1，采用偏光衰减全反射傅里叶变换红外光谱（ATR-FTIR 技术）对 Cecropin P1 的研究发现，这种肽最初不进入疏水环境而是平贴在细胞膜表面，从而形成不稳定的磷脂胞膜，导致膜破坏。

3. 曲面-孔道模型（toroidal pore model）

曲面-孔道模型是 1995 年提出的，该模型即抗菌肽与细胞膜表面结合后，其疏水区的移位可使细胞膜疏水中心形成裂口，并引发磷脂单分子层向内弯曲，直至孔道形成。与桶板模型不同的是抗菌肽始终与磷脂膜头部相结合，两者共同形成跨膜孔道。

4. 凝聚模型（aggregate model）

凝聚模型是 1999 年首次提出的，即结合于细胞膜表面的抗菌肽通过自身结构的改变，与磷脂分子形成类似胶束状的复合物，以凝聚物形式跨越细胞膜，形成穿孔。与"虫孔"模型不同，在此模型中抗菌肽没有特定的取向。运用多肽的移位双分子层和分子动力学机理模拟爪蟾抗菌肽 MG-12 肽脂质间的相互作用证实了这个模型。凝聚模型注重了抗菌肽与膜结合的动态过程，但结合过程中抗菌肽没有特定取向，这就难以说明抗菌肽的两亲性 α 螺旋结构与其功能之间的关系。

不同抗菌肽胞膜渗透的作用模型虽然有所不同，但最终都作用在细胞膜上，引起阳离子等胞质内容物大量渗漏，胞外水分大量内流，使细胞不能保持正常的渗透压而引起细胞迅速死亡。图 5.2 是前三种模型的简略图。

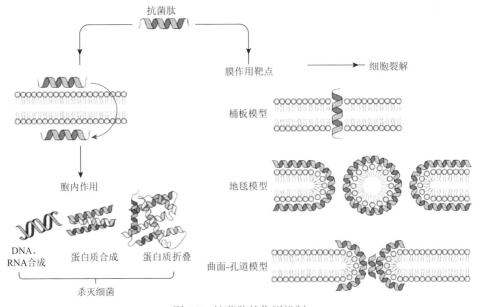

图 5.2　抗菌肽的作用机制

如图 5.2 所示，胞膜渗透的整个过程最初是由抗菌肽吸附到细菌细胞膜，这些过程并不是各自独立的过程。在经典的抗菌肽破坏细胞膜的模型中，当膜上抗菌肽的浓度达到临界值时就会插入脂质膜内，形成孔道，形成桶板模型。抗菌肽覆盖在膜周围，裂解膜形成地毯模型或插入到膜内形成环形孔模型，抗菌肽在孔内有时是无序的又可形成无序的环形孔。细胞膜的厚薄受抗菌肽的影响而被修改，在特定条件下抗菌肽可诱导膜形成非双层中间体。抗菌肽吸附在膜上增加膜特异性，抗菌肽以氧化磷脂的方式与膜结合形成阳离子肽，在膜两侧形成电位差而不破坏膜结构。在分子电击模型中，肽在膜外单个积累，以增加膜电位的临界值，电位超过临界值时各种小分子抗菌肽能快速渗透入膜内侧。

5.2.3　非膜损伤机制

在胞内靶点的作用机制中，抗菌肽也需要先通过静电作用与细菌胞膜相互吸引而结合。抗菌肽穿透质膜后在胞内累积，通过与胞内靶点特异性结合干扰细胞正常代谢，达到抑制、杀灭细菌的目的，如图 5.2 所示。抗菌肽主要通过以下几个方面发挥胞内攻击作用：①与核酸物质结合，阻断 DNA 复制、RNA 合成；②影响蛋白质合成；③抑制隔膜、细胞壁合成，阻碍细胞分裂；④抑制胞内酶的活性。

1. 与核酸结合，阻断 DNA 复制和 RNA 合成

一些抗菌肽能与核酸结合，阻碍 DNA 复制。体外试验表明，Indolicidin 是牛中性粒细胞来源的抗菌肽，仅由 13 个氨基酸残基组成，富含脯氨酸和色氨酸。可与单链、双链 DNA 共价结合，干扰 DNA-HIV 整合酶复合物的形成，抑制 HIV-1 整合酶的催化活性。在此基础上，通过对 Indolicidin 的修饰，发现其类似物 IN-3 和 IN-4 也可以透过大肠杆菌质膜，在胞质内积累，并与 DNA 分子结合。对抗菌肽 Buforin Ⅱ 结合大肠杆菌核酸的研究中指出，与 DNA 结合的肽首先吸附基本氨基酸的磷酸基团，然后依靠静电引力使肽插入到 DNA 双链的凹槽中，从而干扰苯丙氨酸和核酸碱基的合成。此外，其他昆虫抗菌肽也可以与核酸结合，如运用光谱分析增色效应试验证实新疆家蚕抗菌肽 Cecropin-xJ 可与溴化乙啶（EB）竞争性地结合金黄色葡萄球菌染色体 DNA。

2. 影响蛋白质合成

发挥胞内损伤作用的某些抗菌肽可在阻碍 DNA 复制、RNA 合成的同时还可抑制蛋白质结合。因为当抗菌肽阻断 DNA 和 RNA 的合成后，蛋白质的翻译因缺少模板而会同时受到抑制；反之，当参与基因复制、转录的蛋白质合成受抑制时，核酸的合成亦会受到影响。早在 1999 年就研究发现，源于昆虫的富含脯氨酸抗菌

肽 Apidaecins 与大肠杆菌共孵育 1h 后, DNA 合成速率降低。对抗菌肽 Apidaecins 的进一步研究发现, Apidaecins 能竞争性地结合大肠杆菌细胞膜蛋白异构体, 抑制细胞分裂蛋白酶 FTSH 的活性, 并增强胞浆蛋白 UDP-3-O-酰基-N-乙酰氨基脱乙酰基酶的活性, 从而使磷-脂失去平衡。另外, 有研究发现用抗菌肽 HE2alpha、HE2beta1 或 HE2beta2 处理大肠杆菌后也能抑制大肠杆菌的 DNA、RNA 和蛋白质的合成。通过扫描电子显微镜还可观察到细菌胞膜起皱和细胞内容物泄漏。

3. 阻碍细胞分裂

抗菌肽可影响隔膜、细胞壁合成, 阻碍细胞分裂。细菌素是由细菌分泌的一类抗菌肽, 是抗菌肽家族中的重要一员。细菌素 Lcn972 是乳酸乳球菌 IPLA 972 合成的, 含 66 个氨基酸残基。研究发现处于指数生长期的乳酸乳球菌与细菌素 Lcn972 共同孵育后, 细菌隔膜的内陷受阻, 进一步研究发现, Lcn972 主要通过与众多细胞壁前体中的 Lipid Ⅱ 特异性结合, 从而影响隔膜形成, 阻碍细胞分裂。Lantibiotic 是革兰阳性菌分泌的一类细菌肽, 抗菌肽 Nisin 又称乳链菌肽, 是目前研究最为清楚的 Lantibiotic 类抗菌肽。研究证明, Nisin 不仅可通过细胞膜渗透机制杀灭细菌, 还可将 Lipid Ⅱ 从细胞壁合成位点或隔膜处移除, 以阻断细胞壁的合成。此后, 发现 Lantibiotic 家族中的细菌素 Allidermin、Pidermin 均可通过胞膜攻击作用和抑制细胞壁合成的双重机制杀灭细菌。

4. 抑制胞内酶活性

抗菌肽可与酶结合使其失去活性进而抑菌或杀菌。通过对六肽 WRWYCR 进行研究发现, WRWYCR 能够抑制 DNA 修复的相关酶活性, 阻碍 DNA 修复, 导致 DNA 断裂和染色体分离。有研究表明, MccJ25 可抑制呼吸链中琥珀酸盐脱氢酶和 NADH 脱氢酶的活性, 改变氧的消耗速率。有研究发现, 由大肠杆菌质粒编码的细菌素 Microcin J25 (MccJ25) 与 RNA 聚合酶结合后, 可阻断 RNA 聚合酶中用于合成 RNA 的碱基的运输和合成过程中的副产物的排出, 从而阻止底物与酶的活性中心结合、抑制 RNA 聚合酶的活性。富含脯氨酸的抗菌肽 Apidaecin、L-pyrrhocoricin 和 Drosocin 可与 70kD 的细菌分子伴侣 DnaK 特异性结合, 通过抑制 DnaK 的 ATPase 活性、阻断蛋白质折叠来杀灭细菌。进一步的研究还显示, 当 L-pyrrhocoricin、Drosocin 与大肠杆菌共同孵育后, 不仅可以降低 ATPase 的活性, 也可使细菌中碱性磷酸酶和 β-半乳糖苷酶的活性降低。

5.3　抗菌肽的制备方法

食源性抗菌肽具有使用安全、原料来源广泛、抑菌活性等特点, 故如何实现抗菌肽的工业化生产已成为如今食品、畜牧、医药领域的发展必然要求。通常，抗菌肽在其母体蛋白中被加密，必须经过释放才能发挥其生物活性。故许多方法已用于食品源抗菌肽的开发，包括从天然组织直接提取、化学合成、微生物发酵法、酶解法等。

5.3.1　从天然组织直接提取

天然提取抗菌肽或称为基因编码抗菌肽，具有不同的氨基酸序列、结构及作用靶点。在高等脊椎动物中，这些天然抗菌肽多是由上皮组织产生或通过血液循环系统的中性粒细胞或组织肥大细胞合成和分泌。对于天然抗菌肽的直接提取方式，多数需要借助化学试剂，且试剂用量大，后期分离纯化操作复杂且活性难以保证。天然抗菌肽来源丰富，可作为新型抗菌药物的模板，但缺点是在各种生物组织中的含量较低，采用直接提取的方法获得的产物往往杂质较多。此外，高纯产物的获得还需借助凝胶色谱、离子交换色谱等技术进行多次的分离纯化，且分离过程中各组分的抗菌活性需进行监测。该过程复杂烦琐，成本高，得率低，人力物力耗费大，且所得肽段的活性可能会在反复分离纯化中受到影响，不能满足生产需。

5.3.2　化学合成

早期的抗菌肽发现依赖于从天然生产者中分离出来，通常需要大量的原材料，从中可以分离出少量的纯肽。现在可以通过化学合成和重组技术大规模提取抗菌肽。生产方法的选择通常取决于要合成的抗菌肽的大小，较大的肽（>大约50 个残基）越来越不适合通过化学方式实现。然而，尽管生产成本较低且环境负担较轻，但抗菌肽的重组表达通常被认为比化学合成更复杂且费时费力。此外，一些抗菌肽的重组表达需要掺入一个大的融合蛋白来减少肽对宿主细胞的毒性，宿主细胞随后必须在纯化过程中去除。因此，抗菌肽的化学合成通常是更实用的方法，尤其是在固相技术的出现之后，这使得该过程变得快速、有效和可靠。以 Buforin 2 为母肽，设计合成了类似物 BF-A 和 BF-B，二者均表现出比 Buforin 2 更高的抗菌活性。也可以通过对抗菌肽氨基酸序列的改造，合成的抗菌肽衍生物比母肽活性更高。

抗菌肽的化学合成有两种：固相（SPPS）或液相（溶液）（LPPS）肽合成法。SPPS 通常应用于小规模，并为开发更具成本效益的食品防腐剂提供了潜力。SPPS 涉及在抗菌肽的 C 端羧基部分和固体支持物之间连接形成共价键，在整个肽合成过程中起到羧基保护作用（图 5.3）。还有另一个步骤称为该氨基酸的 α-氨基的"脱保护"步骤，它与支持物共价结合，并通过洗涤程序除去氨基的保护剂。随后，第二个氨基酸与第一个氨基酸发生连接，再次洗涤支持物，并重复所有步骤，直到形成所需的肽序列。

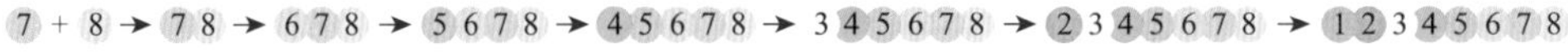

7 + 8 → 78 → 678 → 5678 → 45678 → 345678 → 2345678 → 12345678
图 5.3　固相合成（SPPS）抗菌肽示意图

而 LPPS 则适用于 SPPS 不易制备的短肽或结构的大规模制造。在 LPPS 中，酰基受体的 α-羧基通常通过酯化或酰胺化修饰，从而导致形成的序列更长（图 5.4）。LPPS 和 SPPS 也可以组合，其中特定的肽片段由 SPPS 合成，随后由 LPPS 结合在一起。然而，合成过程中的高成本限制了其应用，特别是具有较长氨基酸序列的抗菌肽。这是由于 SPPS 中固有的工艺复杂性，涉及每个引入的残留物的多个化学保护-脱保护步骤。增加的步骤数量也增加了产生序列错误的肽的风险。此外，毒性试剂在其偶联和/或活化反应中的使用会增加肽链残基的数量，造成不利的环境影响。由化学合成法得到的抗菌肽纯度较高，但其成本相对来说也比较高，且随着肽段氨基酸残基数的增加，合成出错的概率也大大增大。

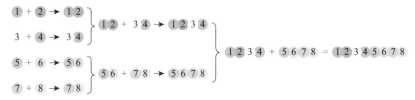

1 + 2 → 12
3 + 4 → 34
12 + 34 → 1234
5 + 6 → 56
7 + 8 → 78
56 + 78 → 5678
1234 + 5678 = 12345678
图 5.4　液相合成（LPPS）抗菌肽示意图

5.3.3　微生物发酵法

发酵法是利用微生物菌种在生产代谢过程中产生的蛋白酶来水解底物蛋白制备生物活性肽的方法。微生物在代谢过程中可以产生复合酶系，通过酶解释放出特定的高浓度生物活性肽，酶解效率更高；同时，还能够产生肽酶除去苦味肽，使生物活性肽产品的口感风味更好；在发酵过程中，微生物菌体本身在一系列的代谢作用下也能够合成和分泌小肽类物质；此外，菌体的代谢产物可以进一步修饰某些功能基团，提高其生物活性。目前，用于发酵法制备抗菌肽的菌种主要有枯草芽孢杆菌、地衣芽孢杆菌、曲霉菌以及乳酸菌等。有学者通过嗜酸乳杆菌发酵酪蛋白酸钠得到三个来源于牛 α-酪蛋白的抗菌肽，对病原阪崎肠杆菌 ATCC 12868 和大肠杆菌 DPC 5063 表现出抗菌活性。有学者以牛骨为原料，采用混合发酵法制备牛骨抗菌肽，混合发酵的菌株选用嗜酸乳杆菌（LA）、嗜热链球菌（ST）和经筛选安全无毒的蜡样芽孢杆菌（BC MBL13-U），发现在最优发酵工艺条件下，多肽液的抑菌率最高为（95.03 ± 0.55）%。

5.3.4　酶解法

采用酶制剂对蛋白进行水解可得到具有抑菌活性的肽段。当抗菌肽处于蛋白质的整体结构中时可能并不表现出抗菌作用，当利用合适的蛋白酶将其从母体蛋白质中释放出来，其结构发生重排而形成具有抗菌作用的空间构象。研究发现，牛乳铁蛋白经胃蛋白酶水解后可得到一种新型抗菌肽，其抗菌活性是母体蛋白的20 倍。研究者利用胰蛋白酶和胰凝乳蛋白酶水解卵清蛋白获取抗菌肽，结果发现所得抗菌肽中五个片段来自胰蛋白酶水解产物，三个片段来自胰凝乳蛋白酶水解产物。此外，无抗菌活性的牛乳 α-乳清蛋白经胰蛋白酶、胰凝乳蛋白酶酶解后，可得到具有抗菌活性的两个肽段。

采用酶水解法制备抗菌肽由于反应条件温和，所用酶试剂价格适中且方便易得，还可充分利用食品加工废弃物，从而增加副产品的价值，提高资源利用率，故是大批量生产抗菌肽最有前途的方法之一。然而，酶特异性、水解时间、酶/底物比等条件均会影响所制备抗菌肽的产量、组成和功能活性。因此，蛋白质材料需在选定蛋白酶的最佳温度和 pH 下进行水解以期获得最高产量。为了获得更高的水解度，酶与底物的比例是一个需要考虑的重要因素。肽序列及其生物活性可能因所用酶的类型而异。可选择的植物或动物来源的酶有：胃蛋白酶、胰蛋白酶、碱性蛋白酶、糜蛋白酶、木瓜蛋白酶和胰酶，它们可以单独使用，也可以与其他酶联合使用。广泛使用的微生物蛋白酶是可从芽孢杆菌属、双歧杆菌属中获得的蛋白酶，以及来自乳酸菌的蛋白酶。由于以下原因，微生物蛋白酶比其他来源的蛋白酶具有一些优势。首先，由于微生物的营养需求低且"成熟"时间短，因此培养微生物的成本相对较低。其次，大多数微生物的蛋白酶，尤其是乳酸菌的蛋白酶在细胞膜上表达，使得分离纯化工作省时省力。最后，微生物蛋白酶与自然界中的微生物一样多样化，随着组学发展，微生物学家可以通过高通量测序的手段获得靶标微生物及其产物。同时，酶的组合也是高效获得目标抗菌肽的一种策略。Agyei 等简要描述了通过酶解法制备 AMPs 的过程。该过程首先涉及获取起始材料——食物蛋白质和蛋白水解酶。其中，来自乳制品、鱼类和肉类工业的副产品是蛋白质的合适廉价来源；第二步涉及蛋白质水解。酶水解的应用优于原位微生物发酵，特别是在食品领域，因为产品中没有残留的有机溶剂和有毒化学物质。在工业规模条件下，固定化酶的应用比普通的可溶性酶有几个优点，如条件温和可控、固定化酶可以回收利用；最后一步是抗菌肽的分离纯化。超滤、色谱、电泳等技术已用于抗菌肽的分离纯化，但由于蛋白酶解产物成分复杂，故如何从复杂酶解产物中快速筛选出目的抗菌肽是生产中亟待解决的关键问题。

5.4　抗菌肽在肉糜及其制品的品质调控中的应用

由农场到餐桌的整个肉糜及其制品产业链条，涉及养殖、生产加工、包装和储藏保鲜及市场流通等各个环节，每个环节都存在食品安全风险因素，其中又以因细菌、病毒及真菌等病原微生物引起的食品安全问题最为常见。同时，传统抗生素的过度使用，已经导致了许多病原微生物对几乎所有的药物都产生了不同程度的耐药性。因此，从大自然中发现天然的"抗生素替代物"并探索其在畜牧、水产及食品工业等"菜篮子"领域的安全应用已成为国内外学者持续关注的焦点。抗菌肽不仅具有对革兰阳性菌、革兰阴性菌、真菌、病毒及肿瘤细胞等的抑制或杀灭作用，而且还具有良好的免疫调节活性，因此发现更多活性丰富的抗菌肽并探索其在包括肉糜及其制品原料安全、包装及储藏保鲜等食品安全领域的应用将具有广阔的前景。值得注意的是，一般天然来源的抗菌肽活性并不高，甚至其中一些对真核细胞存在毒性。因此，为了保证抗菌肽能够作为合格的"抗生素替代物"，则必须要对其作用机制及特点进行深入研究，并通过科学的结构优化以提高活性、降低毒性。

5.4.1　肉糜及其制品的原料安全

多年来，伴随着养殖业的高速发展，抗生素作为促生长和预防疾病的主要饲料添加剂得到广泛应用。由于抗生素在畜牧业的长期、大量使用，细菌、真菌对抗生素产生的耐药性正以惊人的速度增加，如近些年出现的超级细菌等，引起了全世界对现有抗生素药物疗效的普遍担忧，如图 5.5 所示。据报道，2013 年，我国抗生素总使用量为 16.2 万吨，其中兽用抗生素占到 52%。畜禽养殖过程中，饲粮中抗生素的滥用一直制约着养殖行业绿色健康发展。2006 年 1 月起，欧盟全面禁止在饲料中添加抗生素成分。我国农业部第 2292 号公告也已表明自 2015 年 12 月 31 日起禁止在食品动物中添加洛美沙星、培氟沙星、氧氟沙星、诺氟沙星

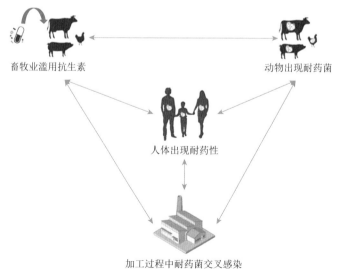

图 5.5　肉糜及其制品的抗生素耐药性

这四类抗生素。至此，"禁抗""限抗"已是我国畜牧业发展的大势所趋。在此背景之下，寻找到适宜的替代抗生素产品成为当务之急。

抗菌肽由于具有无毒副作用、不残留、在动物生产中使用效果显著等特点，是抗生素较为理想的替代物之一。抗菌肽成分为易消化吸收的氨基酸，可作为畜禽饲料添加剂取代或部分取代目前饲喂动物所用的抗生素，减少抗生素对动物体的危害。应用抗菌肽基因转化酵母进行高效表达，经发酵条件优化，生产抗菌肽酵母制剂，用作畜禽及水产饲料添加剂，代替抗生素预防及治疗仔猪白痢和雏鸡白痢有明显效果。研究表明，在动物饲粮中添加抗菌肽能够抑制病菌繁殖，改善动物肠道菌群结构，提高动物生产性能。在仔猪饲粮添加抗菌肽能够增加肠道益生菌数量，控制腹泻率，提高仔猪生长性能，从而提高成活率。鸡食用添加抗菌肽的饲料能提高日增重及增强免疫性能。将无公害的抗菌肽添加到鱼饲料中，不仅可以抗病毒、提高鱼体的免疫抗病力，而且可以提高水产品质量，缓解海水养殖生产中的细菌耐药性及水产品中抗生素污染等问题。上述研究表明，抗菌肽具有促进鱼、禽、畜机体对营养物质的合成和利用，抑制病原菌繁殖，改善肠道菌群结构，提高机体免疫能力等作用，是一类极具开发潜力的绿色抗生素替代剂。

5.4.2　肉糜及其制品的腐败变质

肉糜及其制品为人体提供丰富优质的蛋白质，深受人们的欢迎。同时，肉及各种肉制品也是多种腐败微生物（如被认为是食源性疾病和食品卫生指示菌的大肠杆菌）的理想底物。微生物利用肉制品中的营养成分生长代谢并产生腐败物质，是导致肉制品腐败和变质的主要根源。对于不同种类、包装和贮藏条件下的肉糜及其制品而言，由于微生物所处的环境不同，它们在肉糜及其制品中的组成分布及消长规律都不同，因而导致不同肉糜及其制品腐败的微生物种类也不同。以水产品为例，尤其是水产鲜品的货架期短，品质不稳定，造成这一现象的原因很多，如微生物、内源酶类以及脂肪氧化等，但主要是由腐败微生物引起的。鲜活对虾的肌肉、体液及内脏是无菌的，肠道内的细菌也处于相互制约的平衡状态，但体表和鳃等部位直接与水体接触，导致多种微生物附着在对虾表面，它们在虾死亡后逐渐向内侵袭，分解营养物质，最终导致虾的腐败变质。通常水产品所含的微生物中只有部分对营养物质的分解起着决定作用，这些微生物被称为特定腐败菌（specific spoilage organism，SSO）或优势腐败菌。SSO 的重要特征就是在产品贮藏过程中，对恶劣贮藏环境的忍受能力强、生长繁殖速度快、能分解营养物质产生腐败产物，对产品的腐败起主要作用，如假单胞菌（*Pseudomonas*）在代谢过程中产生强烈的氨臭味，气单胞菌（*Aeromonas*）和希瓦氏菌（*Shewanella*）都是三甲胺（TMA）和 H_2S 产生菌，可造成对虾在贮藏过程中鲜味的丧失和不良气味的产生，此外，气单胞菌还具有很强的分解蛋白、水解淀粉和血红蛋白的能力，是许多水产品的特定腐败菌之一。通常 SSO 在初始微生物菌群中所占比例较小，但随着贮藏时间的延长，尤其是货架期结束以后，其数量在菌群中占有明显的优势，其腐败代谢产物可以作为食品品质的评价指标。先进的食品包装及储藏保鲜技术是保证肉糜及其制品安全，预防食源性疾病的关键。抗菌肽具有高效的抑菌作用及独特的抗菌机制，因此被视为生物保鲜剂和食品包材的重要原料。例如，郭晓强等对蛙皮抗菌肽在低温火腿肠制品中的防腐作用进行研究，发现将蛙皮抗菌肽冷冻干品应用于低温火腿肠制品中具有明显的防腐作用，且防腐效果优于乳酸链球菌素；朱文明等探讨了粗提牛白细胞抗菌肽对冷藏肉的抑菌效果，结果表明粗提牛白细胞抗菌肽可以有效抑制冷藏肉中的细菌增殖，可延长冷藏肉的保存期限，具有良好的抑菌效果。

5.4.3　抗菌肽在肉糜及其制品保鲜中的应用实例

细菌素是某些细菌在代谢过程中，核糖体合成的一种对近源株或其他菌株生长具有抑制作用的多肽或蛋白质类物质。大多数细菌素通常只对近源菌株具有抑制作用，且生产菌株对自身分泌的细菌素完全免疫。乳酸链球菌素（Nisin），是乳酸链球菌所分泌的一种天然生物抗菌小肽，含有 34 个氨基酸分子，分子质量在 3.5kDa 左右，分子式为 $C_{143}H_{228}O_{37}N_{42}S_7$。Nisin 具有广谱的抗菌作用，能有效抑制大部分革兰阳性菌及其芽孢的生长和繁殖，特别是对常见的金黄色葡萄球菌、溶血链球菌、微球菌、肉毒杆菌等有较强的抑制作用，通常主要用于乳和乳制品、肉和肉制品的防腐保鲜。从理化特性上来看，Nisin 具有较好的稳定性、溶解性和耐热耐酸性。在稳定性方面，Nisin 在室温条件下十分稳定，在形态上呈棕色固体粉末状，经 121℃处理 15min 后依旧可以保持全部的活性。在溶解性方面，Nisin 能较好地溶于水或液体中，在酸性条件下具有良好的溶解度。相关试验表明，Nisin 在 pH 为 7 的一般水中溶解度为 49mg/mL，在 0.02mol/L HCl 中的溶解度大大增加，可达到 118mg/mL。从安全性上来看，Nisin 广泛存在于发酵的乳制品中，对蛋白水解酶很敏感，在食用后，能在消化道中很快被蛋白水解酶消化成氨基酸被人体吸收，不会在体内形成残留，亦不影响正常肠道菌群。毒理学试验证明，Nisin 是安全、无毒副作用的食品防腐剂，目前已被多国批准使用在食品生产中。从抗菌能力上来看，Nisin 对可以引起食品腐败的革兰阳性菌，产生孢子的芽孢杆菌属诸如梭状芽孢杆菌、嗜热芽孢杆菌、致死肉毒芽孢杆菌、细菌孢子等都具有很强的抑制作用，但对革兰阴性菌、霉菌没有明显的抑制效果。这可能与不同菌株的细胞膜、细胞壁的组成有关。基于上述特点，目前 Nisin 已被广泛用于乳制品、罐头、饮料、果汁饮料、液体蛋及蛋制品、调味品、酿酒、烘焙食品、方便食品、香基香料等食品领域中，特别是肉糜及其制品上。例如，有学者研究了牛肉干原料和牛肉干在贮藏过程中的微生物分布及 Nisin 对牛肉干中蜡样芽孢杆菌生长的影响，结果表明 Nisin 是延长牛肉干贮藏期、提高牛肉干微生物安全性的有效保鲜剂。同时，也有部分研究是利用 Nisin 与其他保鲜剂复合使用。有学者研究了 Nisin、壳聚糖和乳酸对冷却猪肉的保鲜效果，结果表明 Nisin 或壳聚糖协同乳酸复合使用对冷却猪肉具有良好的防腐保鲜作用；分别使用 Nisin 和植酸对鸭肉进行保鲜，发现两者均能有效抑制腐败微生物的生长，但 Nisin 的保鲜效果优于植酸。

参 考 文 献

陈选，陈旭，韩金志，等. 2021. 海洋鱼源抗菌肽的研究进展及其在食品安全中的应用前景. 食品科学，42（9）：328-335.

段珍珍. 2019. Nisin 添加量和贮藏温度对酸肉品质变化的影响研究. 重庆：西南大学.

侯晓艳. 2019. 基于生物信息学与多肽组学的花椒籽抗菌肽筛选及抑菌机理研究. 成都：四川农业大学.

胡凤姣. 2017. 鸡血源抗菌肽分离鉴定及其生物活性的研究. 北京：中国农业大学.

田凤. 2013. 冷藏南美白对虾生物防腐保鲜技术的研究. 湛江：广东海洋大学.

Chahardoli M，Fazeli A，Ghabooli M. 2018. Recombinant production of bovine lactoferrin-derived antimicrobial peptide in tobacco hairy roots expression system. Plant Physiology and Biochemistry，123：414-421.

Cherkasov A，Hilpert K，Jenssen H，et al. 2009. Use of artificial intelligence in the design of small peptide antibiotics effective against a broad spectrum of highly antibiotic-resistant superbugs. ACS Chemical Biology，4（1）：65-74.

Gao X，Chen Y，Chen Z，et al. 2019. Identification and antimicrobial activity evaluation of three peptides from laba garlic and the related mechanism. Food & Function，10（8）：4486-4496.

Hao G，Shi Y H，Tang Y L，et al. 2009. The membrane action mechanism of analogs of the antimicrobial peptide Buforin 2. Peptides，30（8）：1421-1427.

Hatab S，Chen M L，Miao W，et al. 2017. Protease hydrolysates of filefish（*Thamnaconus modestus*）byproducts effectively inhibit foodborne pathogens. Foodborne Pathogens and Disease，14（11）：656-666.

Hati S，Patel N，Sakure A，et al. 2018. Influence of whey protein concentrate on the production of antibacterial peptides derived from fermented milk by lactic acid bacteria. International Journal of Peptide Research and Therapeutics，24（1）：87-98.

Hu F，Wu Q，Shuang S，et al. 2016. Antimicrobial activity and safety evaluation of peptides isolated from the hemoglobin of chickens. BMC Microbiology，16（1）：287.

Jemil I，Abdelhedi O，Mora L，et al. 2016. Peptidomic analysis of bioactive peptides in zebra blenny（*Salaria basilisca*）muscle protein hydrolysate exhibiting antimicrobial activity obtained by fermentation with *Bacillus mojavensis* A21. Process Biochemistry，51（12）：2186-2197.

Liu H Z，Wang K Z，Zhu R L，et al. 2007. Isolation and purification of an antimicrobial protein from rabbit small intestine and its antibacterial activity. Acta Laboratorium Animalis Scientia Sinica，15（4）：253-257.

Pellegrini A，Hülsmeier A J，Hunziker P，et al. 2004. Proteolytic fragments of ovalbumin display antimicrobial activity. Biochimica et Biophysica Acta（BBA）-General Subjects，1672（2）: 76-85.

Sila A, Nedjar-Arroume N, Hedhili K, et al. 2014. Antibacterial peptides from barbel muscle protein hydrolysates: activity against some pathogenic bacteria. LWT-Food Science and Technology，55（1）: 183-188.

Song R, Shi Q Q, Gninguue A, et al. 2017. Purification and identification of a novel peptide derived from by-products fermentation of spiny head croaker（*Collichthys lucidus*）with antifungal effects on phytopathogens. Process Biochemistry，（62）: 184-192.

Sun Y，Chang R，Li Q，et al. 2016. Isolation and characterization of an antibacterial peptide from protein hydrolysates of *Spirulina platensis*. European Food Research and Technology，242（5）: 685-692.

Taha S，El Abd M，de Gobba C，et al. 2017. Antioxidant and antibacterial activities of bioactive peptides in buffalo's yoghurt fermented with different starter cultures. Food Science and Biotechnology，26（5）: 1325-1332.

Wang G S. 2017. Antimicrobial peptides: discovery，design and novel therapeutic strategies. Cabi.

Yang F J，Chen X，Huang M C，et al. 2021. Molecular characteristics and structure-activity relationships of food-derived bioactive peptides. Journal of Integrative Agriculture，20（9）: 2313-2332.

Zeitler B，Diaz A，H. Dangel A，et al. 2013. De-Novo design of antimicrobial peptides for plant protection. PLOS ONE，8（8）: 1-15.

第6章 可食性膜品质调控技术

6.1 可食性膜概述

6.1.1 可食性膜的简介

食品在运输或贮藏过程中易发生失水、氧化、风味物质散失、易挥发性组分迁移、微生物污染等现象，从而使食品品质、营养、风味等有所下降或散失，缩短产品的保质期（林松毅，2004）。食品包装膜在食品的抗氧化变质、微生物变质和延长货架期方面起着很重要的作用。其中，塑料制品因其价格便宜和性质稳定，广泛应用于食品包装及保鲜。但是，这些塑料包装不易被降解，容易造成"白色污染"，此外有的塑料包装膜易产生有害物质，污染食品，对人身体具有一定的毒副作用，同时还影响着食品的风味（李彪等，2017）。近年来，随着人们环保意识的增强及对食品品质要求的提高，安全、绿色、可降解的膜材料来替代塑料包装日益成为食品包装研究的热点之一（马胜亮等，2020）。

可食性膜是由纯天然且具有可食性的生物大分子（如多糖、蛋白质和脂类等）为原料，并辅以安全可食的增塑剂、交联剂等添加剂，通过混合、涂布、干燥等制膜工序处理使不同成膜基质分子间产生相互作用，最终形成具有选择透过性和物理机械性能的多孔致密网状结构的薄膜（李欣欣等，2012）。可食性膜作为一种绿色并极具开发潜势的食品包装材料，已部分替代塑料膜应用到食品行业中，其不仅具有可食性的特性，还具有制作工艺简单、可降解、不产生污染等特点，能有效地解决塑料等包装材料污染环境等问题，是一种具有开发前景的绿色包装材料（王宁宁，2014；林饮荣，2001）。

可食性膜较食品塑料包装膜有以下显著的优势：①具有能够自主选择的透气性以及抗渗透性，可以避免食品中风味物质挥发出去；②具备良好的阻水性，能够延缓食品里面水、油等成分的扩散；③具备良好的物理机械性能，能够大幅提高食品表面的机械强度，方便生产加工；④能够作为食品色、香、味、营养强化以及抗氧化物质等的载体；⑤能够通过涂膜的方式分别包装食品的个体；⑥可以和被包装食品的一起食用，不会产生包装环境污染；⑦能够被应用到类似比萨、蛋糕等组成比较复杂的层状食物当中，起到各层分开、避免不同水分含量以及不同风味混合到一起的作用（王京，2011；陈丽，2009）。另外，在可食性膜中还可以添加一些抗氧化剂、抗菌剂等一些功能性添加剂，涂抹于食品表面，可以有效地抵抗食品中腐败菌和致病菌的生长，从而改善食品品质和感官性能（图 6.1）（Guecbilmez et al., 2007）。因而可食性膜在食品工业方面具有广阔的应用前景。

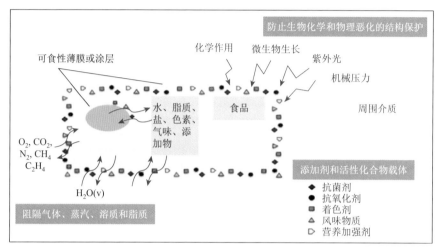

图 6.1　可食性膜的主要功能特点（Salgado et al., 2015）

6.1.2　可食性膜的分类

可食性膜虽取材较广泛，但按其主要成分大体可分为蛋白类可食性膜、多糖类可食性膜、脂类可食性膜和复合型可食性膜。

1. 蛋白类可食性膜

蛋白质类可食性膜按照原料来源可分为两类：①植物性蛋白膜，包括大豆蛋白、小麦面筋蛋白、玉米醇溶蛋白等；②动物性蛋白膜，包括明胶蛋白、乳清蛋白、肌原纤维蛋白等。蛋白基可食性膜具有营养价值高、机械性能好、透明度高、阻氧性好以及易于消化吸收等特点，近年来逐渐成为研究热点（王宁宁，2014；王京，2011）。

大豆分离蛋白通常作为蛋白膜基质进行膜制备。大豆分离蛋白含有多种氨基酸，具有很高的营养价值，可制成具有良好机械强度、弹性和耐湿性的可食性膜或涂层。在适当的碱处理和热处理能使蛋白分子发生变性，分子内疏水基团和巯基暴露，生成新的二硫键，所得大豆分离蛋白膜结构稳定，机械性能良好，且研究表明大豆分离蛋白中的 11S 组分对膜的理化性能起主要作用（Cho and Rhee，2004）。

小麦面筋蛋白（俗称谷朊粉）是小麦淀粉生产过程中的一种副产物，麦朊和麦谷蛋白占面筋蛋白的 85% 以上（杨坤等，2009）。麦谷蛋白的弹性较好，可以和水一起构成网络结构，同时麦醇溶蛋白也有着较好的延伸性，能够让小麦蛋白具备较好的弹性、吸水性、延伸性以及乳化性等。因此利用麦谷蛋白制备的可食性膜的机械性能、阻隔水蒸气透过的性能比相同条件下麦朊制备的蛋白膜优越（李彪等，2017）。

玉米醇溶蛋白在玉米中含量极为丰富，可溶解于乙醇中，因含有大量非极性氨基酸而呈现出疏水性，能快速成膜，具有良好的稳定性和阻气性，可用来制备生物降解膜和涂层。郭兴凤等（2018）考察了改变蛋白浓度、甘油添加量和成膜温度条件下所制成的膜以及在不同相对湿度储藏条件下机械性能的变化。结果表明，环境湿度对玉米醇溶蛋白膜的稳定性起到决定作用，制备条件对膜的稳定性起次要的作用。

明胶是胶原通过热变性衍生而来的产物，是骨头、皮肤中主要的纤维状蛋白。明胶蛋白是一种线性蛋白，其组成单一，在水中的溶解性较好。溶解的明胶蛋白中添加适量的甘油作为增塑剂可以形成机械性能良好的明胶蛋白膜。与其他类型的可食性膜相比，明胶膜具有优越的机械性能和阻隔氧气性能，但膜的耐水性能较差（翁武银等，2011；Hoque et al.，2010）。

乳清蛋白中 α-乳白蛋白和 β-乳球蛋白具有分散度高、水合力强的特点，呈典型的高分子溶液状态。因此，以乳清蛋白为成膜基质，添加山梨醇等增塑剂制备的乳清蛋白膜具有透氧率低、抗拉强度高、透光率好的特点（曹龙奕和于志彬，2015）。王雯丹等（2009）研究表明增塑剂甘油与乳清蛋白的容积比越高，成膜时间越长，形成的膜越厚越柔软。80℃下加热 30min 与 90℃下加热 30min，两种条件下成膜的物理特性差别不大。此外，陈义勇等（2008）得出在乳清蛋白溶液中加入低分子量的增塑剂可以提高膜液成膜性，并找到了最佳增塑剂为山梨醇。

肌原纤维蛋白是动物肌肉的重要组成部分。在肌原纤维蛋白中存在大量的氢键、疏水键、离子键等，使得其具有较好的成膜特性。但由于肌原纤维蛋白属于盐溶性蛋白，在中性条件下不易溶解于水，因此利用其制备可食性膜时通常需要改变 pH 使其溶解制备成膜溶液再进行涂抹、干燥。例如，将大西洋沙丁鱼肌原纤维蛋白溶解在 pH 为 2.75～3.00 的水溶液中，通过干燥可制备成可食性膜。另有报道指出不同 pH 条件下制备的蓝枪鱼肌原纤维蛋白可食性膜都具有良好的耐水性能，而且能有效防止紫外线透过（陶忠，2013）。岳喜庆等（2011）通过将木薯淀粉添加到鲢鱼肌原纤维蛋白中制备可食性膜发现，在甘油添加量为 3%，木薯淀粉与肌原纤维蛋白的比例为 3∶7 时，可食性膜具有较好的成膜性能。

2. 多糖类可食性膜

多糖类可食性膜主要是使用动植物多糖作为基质的可食性包装膜，主要包括淀粉膜、食用胶膜、纤维素膜以及壳聚糖膜等。多糖类可食性膜成膜机理：通常是利用一定溶剂将高分子质量多糖聚合物进行溶胀或溶解，经过分子内和分子间的氢键等作用形成一层有阻隔作用的网状结构薄膜（孙宛茹等，2018）。

淀粉是大多数植物的储备多糖，淀粉类可食性膜的原料有玉米、小麦、红薯、土豆以及魔芋等物质的淀粉，其来源广泛、价格低廉，用淀粉做涂膜材料在市场上有着广阔的前景（杨月等，2011）。淀粉基可食性膜是以直链淀粉为基质，添加增塑剂如醇类物质（如甘油、聚乙二醇等）和脂类物质（如脂肪酸、油酸等）、交联剂等，制备成具有良好的抗拉性、透明度、延展性、水不溶性和阻隔性的薄膜（闫倩倩等，2020）。近年来，国内外在淀粉基可食性膜的成膜材料、工艺手段以及膜性能的影响因素等方面所进行的研究已经取得较大的进步。Valero等（2013）以直链淀粉为主要材料，向其中添加多元醇及脂类物质为增塑剂，配以少量动物或植物胶作为增强剂配制出来的可食性膜在拉伸性、透明度、透气性和水不溶性等方面效果出色。刘宏生等（2018）研究发现当茶多酚添加量为5%时，膜具有较好的机械性能，可获得水蒸气透过系数较低的淀粉可食性膜。谢玮等（2018）研究了生姜提取液对淀粉膜抑菌作用的影响，实验表明，随着生姜提取液的添加量逐步增多，淀粉膜抑菌效果得到显著提升。

以食用胶如葡甘聚糖、卡拉胶、果胶和角叉胶等为基质，添加甘油、多元醇、山梨醇酯等为增塑剂，制得的可食性膜具有透明性高、强度高、印刷性、热封性、阻气性和耐水耐湿性好的特点（李彪等，2017）。例如，针对卡拉胶膜对食品水分损失以及氧化所起到的作用进行研究分析，发现卡拉胶在进行热处理之后能够形成薄膜。目前卡拉胶膜已经在食品加工中得到了普遍的应用，能够有效避免微生物对食品产生污染，同时也可以防止食品失水与氧化（王京，2011）。因此卡拉胶膜在防止食品失水的过程中，能够充当强吸湿剂。

纤维素是制备食品膜的重要物质，其中最常见运用于涂抹保鲜的纤维素衍生物有甲基纤维素（MC）、羧甲基纤维素（CMC）、羟丙基纤维素（HPC）和羟丙基甲基纤维素（HPMC）等（李帅等，2018；李彪等，2017）。这些物质本身具有较高的溶解度、膜的强度适中、柔韧性好、透明度高、阻油性好，具有中等阻水和阻氧等特性（Valencia-Chamorro et al.，2011）。刘邻渭等（1995）以甲基纤维素和羧甲基纤维素为原料，添加硬脂酸、软脂酸、琼脂和蜂蜡为增塑剂，制得了半透明、光滑、柔软、入口即化、拉伸强度较高、透湿性较小的可食性膜。魏占锋等（2017）以羧甲基纤维素为膜基底，研究了不同质量分数的纳米纤维素对羧甲基纤维素膜的影响。结果表明，利用纳米纤维素可以有效改善羧甲基纤维素的性能，并且当纳米纤维素质量分数为5%时，膜的综合性能达到最佳。

壳聚糖是一种直链多糖，是甲壳质脱去乙酰基的产物，在自然界中的丰富度仅次于纤维素。它具有无毒、可降解、生物相容性、优良的成膜性以及较强的抗菌性等特点，能溶于大多数弱酸，形成具有一定黏度的胶体溶液，涂布于食品表面形成一层无色透明的薄膜，能够避免真菌污染并腐蚀食品，但阻湿性略差（孙宛茹等，2018）。段玲和于伟东（2017）研究了黄麻纳米原纤对壳聚糖膜的影响，实验表明，黄麻纳米原纤能增强壳聚糖膜的各类机械性能，较之纯壳聚糖膜的抗拉强度和模量都有显著提升。Jara 等（2018）研究了不同聚合物浓度和不同干燥温度对壳聚糖可食性薄膜力学性能和热性能等的影响，发现使用较低的干燥温度对薄膜的含水量、溶解度、水蒸气渗透率有积极影响，使用较高的干燥温度以及较高的壳聚糖浓度，增强了膜的拉伸强度和膨胀力等，但降低了它们的光度。

3. 脂类可食性膜

可食性膜制备中常添加的脂类物质有脂肪酸、脂肪酸甲酯、脂肪酸乙酯、蔗糖脂肪酸酯、天然蜡类、乙酸化单甘酯等。由于脂类具有相对较低的极性和易于形成致密分子网状结构的特点，所形成的膜具有较好的阻水性，因此其较早被商业化应用于新鲜水果和蔬菜的防护涂料。但脂类物质单独成膜时，膜的均匀性、机械性能和透明度均较差，且易产生腊味等不良口感，所以通常将类脂物质添加到多糖和蛋白质可食性膜中，改善多糖膜和蛋白膜的阻湿性，获得理想的可食性膜以进行实际应用（李升锋等，2001）。唐辰炜等（2014）使用辛烯基琥珀酸淀粉酯制备可食性膜并优化了工艺，最终获得最佳工艺参数为辛烯基琥珀酸淀粉酯、海藻酸钠、甘油的质量比为 3.5：0.9：1.15 时，膜的综合性能最高。李欣欣等（2004）研究了添加硬脂酸和软脂酸对马铃薯淀粉基可食性膜性能的影响，结果表明，添加这两种物质有助于提高马铃薯淀粉基可食性膜的阻隔性能。

4. 复合型可食性膜

复合型可食性膜，主要指由蛋白质、多糖及脂类物质中的两种或三种根据一定的比例调和在一起经处理制成的可食性膜。由于天然原料本身的特性，如蛋白质和多糖的亲水性以及脂类物质的疏水性，单独物质制备的可食性膜性能不完善，如蛋白膜阻湿性差，但阻气性好；多糖膜阻湿性不好，但水溶性好；脂类膜阻湿性好，但机械强度差。复合膜可克服这些可食性膜在应用中的不足。复合膜将单一材料制备的膜的特点相结合，使制备的可食性膜机械性能达到最佳，并增加其功能性，使其使用范围更为广阔。例如，陈秀宇和林谦（2018）研究了添加不同增塑剂对纤维素/大豆分离蛋白/淀粉复合膜成膜性能的影响，结果表明，添加增塑剂甘油和山梨糖醇可以有效改善和提高拉伸强度及断裂伸长率。张莉琼等（2012）研究了魔芋葡甘聚糖-卡拉胶可食性复合膜的制备工艺和性能，结果表明，当共混膜中二者的质量配比为 3：1 时，相容性和协同效应较好，共混膜的综合力学性能和光学性能最好。

6.2 可食性膜的制备、性能表征及形成机制

6.2.1 可食性膜的制备方法

1. 浇注法

浇注法（Suhag et al.，2020）通常分为两类，分别是分批浇注法和连续浇注法。分批浇注法的制备流程如下。

（1）制备成膜溶液。将明胶、酪蛋白、乳清蛋白、淀粉、纤维、果胶、琼脂、海藻酸盐、葡聚糖、蜡等成膜原料溶于溶剂中（通常为水、乙醇或两者的混合），用磁力搅拌器或高压均质机将各组分混合均匀。当添加增强剂（如纤维素纳米纤维和淀粉纳米晶）、功能性添加剂（如植物精油和茶多酚）、增塑剂（如甘油和山梨醇）等其他成分时，需将各成分溶于溶剂中并搅拌均匀，再与成膜原料溶液按适当的比例混合均匀。

（2）脱气消泡。可食性膜中的气泡会降低其阻隔性能和拉伸强度，因此在干燥前去除溶液中的气泡是生产可食性膜的一个重要步骤。常用的方法有抽真空脱气法和超声脱气法，脱气时间随溶液黏度的变化而不同，通常为 15～45min。

（3）浇注。将适量溶液倾倒在光滑的培养皿或聚乙烯塑料平板上，通过控制溶液的用量来调节可食性膜的厚度。

（4）干燥。分批浇注法常用于实验室研究可食性膜，通常采用烘箱干燥或自然干燥的方法，干燥温度为 30～40℃，干燥时间为 12～720min。连续浇注法用于工业规模生产可食性膜，常用的干燥方式有红外加热和对流加热干燥，加热时间较短且不易受微生物污染。在连续浇注法中，用挤出模头将制备好的成膜液均匀地涂敷在连续的抛光金属带或转筒上，先用红外加热器部分干燥可食性膜，再将部分干燥的可食性膜从金属载体上剥离，随后送进干燥室，最后把完全干燥的可食性膜卷进轧机的轧辊中。该方法可以提高可食性膜均匀性、传热和干燥效率，具有简单、操作方便、成本低、环境友好等优点，铸造过程的结果是多种因素的作用，如大气条件、设备、时间和使用的温度组合。

2. 挤压吹塑法

挤压法是另一种用于生产聚合物薄膜的方法，也是目前商业使用加工技术之一，通过单/双螺杆的转动给物料施加压力，使物料混合均匀并向前移动挤出，再利用吹膜机吹塑成型，这种方法改变了材料的结构，提高了挤压材料的理化性能（程月，2021）。当多种来源的生物聚合物（最常见的是脂类和淀粉）与其他添加剂一起使用时，挤压法是一种获得预期结果的合适技术。这个过程可以分为三个

主要步骤：进料、揉捏和加热。首先，将成膜材料带到进料区，利用压缩力进行脱气。其次，通过增加压力和温度进一步压缩材料，以获得特定的物理属性。最后，加热发生在挤出机的最后一段，这里的温度、剪切速率和压力等参数最高（张路遥等，2021）。因此，这样形成的薄膜的物理化学特性是加热的结果。挤压过程需要选择螺杆的配置、螺杆直径与长度之比、进给率、含水率、螺杆速度等参数，以及控制进料速率、螺杆速度、物料进出口压力等参数以保证薄膜的质量和完整性（Bangar et al.，2021）。挤压工艺的生产速度更快，去除水分所需的能量更少，因此与浇注法相比，挤压吹塑法在工业上的应用更加广泛。采用挤压吹塑制法制备羟丙基交联淀粉和普鲁兰多糖复合可食性膜，将淀粉和普鲁兰多糖混合均匀后喂入双螺杆造粒机，螺杆转动频率为 18Hz，温度设置为 130℃，挤出后冷却切粒，然后吹塑制膜。研究发现，甘油可以降低热塑性淀粉的表观黏度和玻璃化转变温度，淀粉膜在环境湿度 40%、甘油添加量 28%时机械性能良好（孙万海等，2011）。Cheng 等（2021）使用挤压吹塑法制备了淀粉/明胶/蜂蜡膜。

3. 浸没法

浸没法是通过浸没的方式使成膜溶液均匀地覆盖于食品上，干燥后在食品表面形成均匀的薄膜。Sun 等（2019）利用姜黄素/β-环糊精溶液与鲢鱼鱼皮胶原蛋白制备了具有抗氧化和缓释性能的可食性涂层，用涂膜保鲜的方法研究了在 4℃ 贮藏条件下该涂层对草鱼肉片的保鲜效果并分析了其保鲜机理，测定了鱼肉样品的质量损失、pH、挥发性盐基总氮（TVB-N）、过氧化值（PV）、酸败（TBA）、蛋白质降解、游离氨基酸以及微生物等指标。结果表明，胶原蛋白基活性涂层能够减少草鱼肉片的质量损失，明显抑制鱼肉的脂质氧化和蛋白质的降解，较好地维持鱼肉的品质，延长了鱼肉的货架期。

4. 刮涂法

刮涂法是工业中连续生产可食性膜的工艺方法，用刮刀将一定量的成膜溶液刮涂在移动的平面上，并且可以通过调整刮刀与平面的距离来改变膜厚。该方法可以针对不同的成膜溶液设定相应的膜厚的刮涂速度，使制备的可食性膜具有良好的均匀性。相对于浇注法，刮涂法的干燥时间更短，只需约 2h，因此，刮涂法适用于大规模生产可食性膜（张路遥等，2021）。de Moraes 等（2013）用刮涂法生产了木薯淀粉基可食性膜，将淀粉、甘油和水混合均匀制备成膜液，在 71℃温度下加热成膜液并连续搅拌 5min，以 40cm/min 的速度向平面上浇注成膜液并通过刮刀间隙，干燥脱膜获得木薯淀粉基可食性膜。研究发现，木薯淀粉可食性膜的拉伸强度和防水性能良好，刮涂法是一种适合扩大淀粉基薄膜生产规模的技术。

6.2.2　可食性膜的性能与表征

1. 机械性能

良好的机械性能是可食性薄膜的基本要求之一，柔韧性或强度差可能导致其在生产、搬运、储存或使用过程中过早失效或开裂，因此，包装材料必须有足够的机械强度来保证食品在运输和贮藏过程中的完整性（Kocira et al.，2021；高贵贤和王稳航，2017）。薄膜的机械性能通常通过拉伸试验来研究（ASTM D882-2018），测量时以给定的速率逐渐拉伸薄膜，并记录断裂时的强度及时间或距离。膜的机械性能主要通过抗拉强度（TS）、断裂延伸率（EAB）、穿刺强度（PS）等指标来衡量（Wihodo and Moraru，2013）。TS 是指膜材料在纯拉伸力作用下不致断裂时所能承受的最大拉力与受拉伸膜的横截面积的比值；EAB 是指当进行断裂拉伸实验时，膜材料断裂时膜长度增加的百分率，该值用来衡量膜材料在未断裂前的延伸能力；PS 是指用专用实验针刺穿膜材料时所需的力，它反映膜材料抵抗钝物穿透的能力。这些指标是包装材料的重要特性。薄膜的机械性能是由许多因素决定的，如所使用材料的成膜性质、膜的微观结构特征、薄膜的成分及它们的相对比例、制备条件、储存环境与时间（Kocira et al.，2021）。通常情况下，蛋白膜的特殊结构使得其机械特性比糖膜、脂膜要好，同时不同蛋白膜的机械性能也差距较大，在相同处理条件下，乳清分离蛋白膜的机械性能普遍好于大豆分离蛋白膜与胶原蛋白膜（Wihodo and Moraru，2013）。添加脂质对蛋白质薄膜拉伸性能的影响取决于脂质特性及其与蛋白质基质相互作用的能力（Atares and Chiralt，2016）。壳聚糖膜的机械性能取决于环境的 pH（在酸性环境中，膜会膨胀并溶解，在 pH 为 6 的环境中，它们的溶解度降低）、聚合物脱乙酰度以及壳聚糖的分子量和其溶解于酸的类型。壳聚糖薄膜可以是透明的、无色的或微黄色的（Kocira et al.，2021）。由淀粉（如木薯粉，源自木薯 *Manihot esculenta Crantz*）和黄原胶或结冷胶（黄单胞菌 *campestris*）制成的薄膜具有较高的延伸性（Kim et al.，2015）。

2. 阻隔性能

可食性薄膜和涂层在防止食品变质方面的有效性取决于它们对氧气、二氧化碳、氮和水蒸气的阻隔性能。相对湿度和温度是分析可食性膜透气性最重要的参数。研究表明，高温以指数方式促进气体通过可食性涂层。此外，随着相对湿度的增加，更多的水分子与材料相互作用，薄膜的可塑性增强。在这些条件下，膜具有更大的流动性，更多的传质物可通过膜。因此，食用涂料的抗氧化性能应在控制相对湿度的条件下进行测试（Kocira et al.，2021；Hong and Krochta，2006）。

水蒸气和氧气是包装应用中研究的主要渗透剂,它们可以从内部/外部环境通过聚合物发生转移,从而导致产品质量和货架寿命的持续变化。

薄膜延缓产品水分流失的能力是影响产品质量的一个重要特性,因此,在应用于潮湿产品时,薄膜或涂层材料的防水性能应考虑在内。水分子的溶解度和扩散率是控制可食性膜渗透性的重要因素(Murrieta-Martinez et al., 2018)。阻水性是衡量膜性能的一项重要指标,通常以膜的水溶性、水蒸气透过性(water vapor permeability, WVP)、疏水性等来衡量。水溶性主要指膜材料充分溶于水后与溶解前质量的百分比;WVP 是指在规定的实验条件下,实验达到平衡时单位时间内,由试样两侧单位水蒸气压引起的,单位厚度的样品在单位面积上透过的水蒸气量,透过方向垂直于膜材料表面;疏水性用水滴与膜的接触角表示,接触角越大,说明膜的疏水性越大(Mustapha et al., 2020)。WVP 的值取决于聚合物分子结构、聚合物分子量、无定形与结晶比、聚合物的疏水亲水性比、聚合物基体中官能团之间的相互作用、干物质和增塑剂类型以及薄膜的厚度等因素(Zibaei et al., 2021;Atares and Chiralt, 2016)。一般情况下,蛋白膜具有高度亲水性,在高相对湿度条件下会吸收大量的水,导致膜的机械性能减弱,WVP 增加(高贵贤和王稳航,2017)。

可食性薄膜对 O_2 和 CO_2 的阻隔性是衡量膜性能的另一个重要指标。通常采用压差法进行气体透过率测试,这种特性很大程度上受到薄膜平衡时的相对湿度和温度的影响,因为扩散特性取决于分子迁移率,当膜含水率或温度升高时,气体透过率增加。氧气可能是导致食品氧化的因素,导致一些不必要的变化,如气味、颜色、味道以及营养恶化。可食性薄膜和涂层的透气性取决于膜的完整性、晶态与非晶态的比值、亲水疏水比和聚合物链迁移率等因素,成膜聚合物与增塑剂或其他添加剂之间的相互作用也是影响膜渗透性的重要因素(Kocira et al., 2021;Sothornvit and Pitak, 2007;Miller and Krochta, 1997)。蛋白膜对 O_2 的阻隔性高,有利于防止食品的氧化变质;对 N_2 和 CO_2 的阻隔性高则有利于食品的充气包装。蛋白膜的阻气性通常好于多糖基质膜,同时不同蛋白膜的阻气性差别较大,大豆分离蛋白膜阻隔性较好,尤其阻氧性比玉米蛋白膜和面筋蛋白膜高很多(高贵贤和王稳航,2017)。由于精油的疏水特性,它的加入有助于提高氧渗透性。利用生姜精油制作羟丙基甲基纤维素(HPMC)薄膜,发现其透氧性显著增加。HPMC-生姜精油涂层表现出了一些抗氧化活性,这表明透氧性并不是决定可食性薄膜抗氧化能力的唯一因素(Atares and Chiralt, 2016)。多糖在自然界中通常是极性的,所得到的薄膜可以很好地阻挡非极性气体,包括氧气(Wang et al., 2011)。与对照相比,涂有 10%~15%阿拉伯胶薄膜的番茄果实在储藏期间的失重率更低,这表明阿拉伯胶膜对 O_2、CO_2、水分和溶质运动具有有效的半透性屏障,可能降低呼吸、水分流失和氧化反应速率(Ali et al., 2013)。

3. 光学性质

可食性膜的光学性能（颜色、透明度和光泽）可能对食品外观有很大影响，因此对消费者的接受度有很大影响。

颜色是一个重要的感官参数，通常使用便携式色度计测量。测定 L^*（亮度）、a^*（+: 红色；−: 绿色）、b^*（+: 黄色；−: 蓝色），以及色差 $\Delta E = \sqrt[2]{(\Delta L)^2 + (\Delta a)^2 + (\Delta b)^2}$ 对颜色及其变化进行表征。一般情况下，在可食性薄膜表面随机选择 5 个点进行测量。与胶原蛋白/纳米纤维素膜相比，添加了表没食子儿茶素没食子酸酯（EGCG）和香芹酚（CAR）的复合膜 L^* 值有所上升，呈现比空白对照组偏暗的趋势，这归因于活性物质本身具有的颜色和活性物质的光散射效应。然而，所有活性膜的 L^* 值均相差不大（$P > 0.05$），说明活性膜之间的明暗程度变化不大，这是因为活性物质本身颜色较浅且含量较低。EGCG 和 CAR 的加入都使得膜的 b^* 值增大而 a^* 值减小，使膜更偏黄绿色，而 CAR 对于复合膜 a^* 值和 b^* 值的影响大于 EGCG 的影响，这是由于 CAR 比 EGCG 本身更偏黄色（朱文进，2020）。

可食性膜透明度的测量方法通常测量薄膜在 200～800nm 的透光率。"透明度值"是将 600nm 处的吸光度除以薄膜厚度来计算。透明度值越大，表示膜的透明度越低，这也是其他一些作者把这个指数称为"不透明度指数"的原因（Wu et al.，2013）。研究发现，精油的加入会导致膜的透明度降低，这可能是由于光在嵌入膜基质中的精油水滴界面上发生散射。同时，还与精油的类型有关（Atares and Chiralt，2016）。

光泽度是在规定条件下对材料表面反射光的能力进行评价的物理量，同时，它表述的是具有方向选择的反射性质，指的是物体表面产生镜面反射光的能力，因此常说的光泽度指的就是"镜向光泽"。薄膜的表面形貌决定了薄膜的光泽度（Sanchez-Gonzalez et al.，2011）。在聚合物基体中加入精油通常会增加非均质性和表面粗糙度，这通常与光泽度降低有关，这是因为在干燥过程中，油滴或聚集物迁移到薄膜表面，降低了气膜界面的镜面反射率，从而降低了光泽度（Ward and Nussinovitch，1996）。Sanchez-Sanchez-Gonzalez 等（2011）发现香柠檬、柠檬或茶树精油加入壳聚糖、HPMC 薄膜中降低了膜的光泽度。Shojaee-Aliabadi 等（2013）将 *Satureja hortensis* 提取物加入到角叉菜胶薄膜也得到类似的结果。

4. 热重分析

生物聚合物对温度很敏感，因此，热稳定性是可食性膜一个重要参数。通常使用热重仪测定热重曲线（TG-热重分析以及 DTG-微分热分析）表征薄膜的热稳定性。样品以 x℃/min 的速率从室温附近加热到 500～800℃。从热重曲线可以解析出水分蒸发、增塑剂挥发、聚合物降解等。胶原蛋白膜和胶原蛋白-绿茶提取物

（GTE）膜有三个主要的热失重阶段。第一阶段失重（Δw_1 = 7.825%～15.33%）的降解温度（T_{d1}）为 68.2～83.1℃，有可能是吸附在膜表面的水的降解。第二阶段失重（Δw_2 = 9.98%～12.6%）的降解温度（T_{d2}）为 152.7～210.8℃，这与膜中低分子量的蛋白片段、甘油或结合水的热降解有关。第三阶段失重（Δw_3 = 48.79%～50.12%）的降解温度（T_{d3}）为 298.5～308.8℃，主要是大分子量的胶原蛋白的降解。结果表明，胶原蛋白-GTE 膜的耐热性高于胶原蛋白膜，因为胶原蛋白膜的降解温度（T_{d1}、T_{d2} 和 T_{d3}）和失重（Δw_1、Δw_2 和 Δw_3）要低于胶原蛋白-GTE 膜。GTE 的加入增强了胶原蛋白膜的耐热性，使其热降解温度提高，最后的残留量增加。其原因可能是 GTE 中的酚类物质和胶原蛋白分子间形成了更强的网状结构，从而提高了膜的耐热性（Wu et al., 2013）。

5. 微观形貌分析

用扫描电子显微镜（SEM）放大 500 倍以上观察复合可食性膜的形貌，可观察可食性膜的任何裂缝、破裂、开口，或者通过混合几种成分而出现的特定形态。郭小斑（2019）发现纯胶原膜显示出光滑均匀的表面，横截面无颗粒状和多孔结构，完整性较好，表明其形成了有序的基质。在胶原蛋白基质中添加肉桂醛磺丁基倍他环糊精包合物之后，膜的表面结构仍保持相对光滑平整，然而在其截面观察到了小隙缝，这可能是因为磺丁基倍他环糊精亲水性太强，导致基质中自由水的含量下降，膜变干燥而产生了隙缝。对于掺有肉桂醛的胶原蛋白复合膜，其表面结构更为粗糙，这些粗糙的表面可能是在成膜时，肉桂醛乳液蒸发到膜的表面形成的。

6. 红外光谱分析

傅里叶变换红外光谱法（FTIR）是测定薄膜红外光谱的方法。FTIR 采集红外光谱高清数据，工作模式为衰减全反射（ATR）模式、吸收或透射模式，波数为 4000～400cm^{-1}（室温，x = 110～120 次累积扫描）。FTIR 用于识别大分子中官能团振动产生的吸收带。由于在可食性薄膜形成过程中可能会形成新的化学键，这些吸收带的位置会发生变化或产生新的吸收。因此，红外光谱可以用于分析薄膜形成过程中成膜组分之间的相互作用。纪明宇（2019）报道可食性胶原蛋白膜在 3289.60cm^{-1} 处的吸收峰可能是—OH 和—NH 的伸缩振动。2935.18cm^{-1} 和2878.28cm^{-1} 处有—CH$_2$—伸缩振动产生的吸收峰。此外，1632.73cm^{-1}、1547.93cm^{-1} 处的峰分别是由酰胺Ⅰ带（C＝O 伸缩振动）和酰胺Ⅱ带（N—H 弯曲振动，C—N 伸缩振动）引起的。1238.43cm^{-1} 处的峰可能是酰胺Ⅲ带（C—N 伸缩振动，N—H 的弯曲振动）以及甘氨酸主链和脯氨酸侧链上的—CH$_2$ 的摇摆振动共同造成的。1035.13cm^{-1} 可能是膜中甘油的—OH 引起的吸收峰。对比肉桂醛/胶原蛋白膜和胶原蛋白膜的红外图谱，发现 1035cm^{-1} 处的吸收峰振幅随着肉桂醛（CA）的加入而降低，可能原因是加入 CA 后其会对膜中的甘油产生稀释作用。此外，在 1733cm^{-1} 附近出现了新的吸收峰，且随着 CA 浓度的升高吸收峰变强，可能是 CA 的醛基的 C＝O 伸缩振动引起。对比维生素 C/胶原蛋白膜和胶原蛋白膜的红外图谱，可以看出随着维生素 C 浓度的增加，1547cm^{-1} 处的酰胺 II 带吸收峰振幅逐渐减弱。此外，在 1761cm^{-1} 处有了新的吸收峰，可能是维生素 C 的 C＝O 的伸缩振动引起的。对比肉桂醛/维生素 C/胶原蛋白膜和胶原蛋白膜的红外图谱，可以看出随着 CA 和维生素 C 的含量增加，1035cm^{-1} 处的吸收峰振幅逐渐下降，酰胺 II 带吸收峰振幅也逐渐减弱。另外，在 1788cm^{-1} 出现了新的吸收峰，可能是 CA 和维生素 C 的 C＝O 伸缩振动引起的。

6.2.3　可食性膜的形成机制

对于合成聚合物材料而言，其成膜机制主要包括三大类：①成膜过程中，与空气中的氧气发生反应；②溶剂蒸发；③化学交联（聚合作用）。根据成膜机理的不同可以将这些合成材料包装膜分成热塑性膜（溶剂蒸发型）和热固性膜（氧化反应型以及化学交联型）。生物大分子材料制备得到的膜主要是通过溶剂蒸发和交联这两种方式成膜。研究表明，无论是在合成材料或是生物大分子材料成膜过程中，首先发生的都是溶剂的蒸发，同时紧跟着交联或者氧化反应（肖茜，2012）。可食性膜是生物大分子聚合物膜中的一种，使用多糖、蛋白质等可食性材料为原料，水或者乙醇为溶剂制得的膜，其成膜机理可以简单总结如下。

1. 溶剂蒸发成膜

单种或者多种水溶性胶（这些水溶胶相互之间不存在强的离子键或者化学键）溶解在水中形成均相溶液，分散在水中的水胶体通过溶剂蒸发过程（即干燥）实现沉淀或相变化。在干燥成膜过程中，随着溶液中溶剂的蒸发，水溶性胶的链段接触越来越紧密，分子间和分子内的氢键或者疏水键形成，当大部分的水溶剂蒸发后，水溶性胶的链段形成一定的三维网状结构，最后形成致密的薄膜态。还有加入水溶性非电解质（其中水胶体不能溶解，如乙醇）而沉淀，或加入电解液，通过调节 pH，促使盐析或交联，形成凝胶后制备可食性膜，如 pH 影响鱼肌原蛋白凝胶成膜。两种水溶性胶带有相反的电荷，可以在水溶液中相互作用形成聚合物复合体，然后随着溶剂的蒸发，聚合物复合体积累、沉淀成膜。果胶或者海藻酸钠与壳聚糖混合制备成膜，因为果胶或者海藻酸钠中的羧基和壳聚糖中的氨基具有相反电荷。一些大分子物质（如卵白蛋白）在加热件下或者一些具有成胶性能的大分子多糖（如结冷胶、琼胶、明胶等）溶液冷却形成凝胶，通过干燥而获得的可食性膜（Parreidt et al.，2018；Umaraw and Verma，2017）。

　　2. 交联成膜

　　交联成膜一般包括：化学、物理以及酶法交联。化学交联主要是通过化学交联剂（如戊二醛、甘油醛、甲醛以及乙二醛等）对蛋白质进行交联。然而由于这些化学交联剂不能直接食用，因此化学交联的方法在可食性膜成膜中几乎没有应用。一般来说，在可食性成膜中应用较多的是物理交联成膜和酶法交联成膜（肖茜，2012）。

　　紫外照射是一种改善蛋白质膜性能的方式，蛋白质中含有芳香类氨基酸（酪氨酸、苯丙氨酸和色氨酸），氨基酸内的双键和芳香环吸收紫外光后形成游离基，进而形成分子间的共价键交联。Gennadios 等（1998）使用紫外处理大豆蛋白可食性膜液，让大豆蛋白产生一定的交联作用，从而使得可食性膜的抗拉强度提高，断裂延伸率降低。电离辐射可引起蛋白质的构象变化，如氨基酸的氧化、共价键断裂、游离基团的形成以及重组和聚合反应。由于蛋白质性质和辐照剂量的不同，辐照固体状态蛋白质的结果是引起交联或是蛋白分子降解。Lacroix 等（2002）发现使用辐照能有效使酪蛋白、大豆蛋白以及乳清蛋白可食性膜产生交联作用。

　　酶具有反应条件温和、无毒害、催化效率高的特点，因此，酶法交联方法制备的膜可食用、安全性能高。在可食性膜酶法交联中使用的酶介质主要有转谷氨酰胺酶（TG）、酪氨酸酶、多酚氧化酶、过氧化物酶等。TG 不仅可以作为蛋白质基可食性膜的酶法交联剂，也可以作为果胶、壳聚糖基可食性膜的交联剂。TG 对蛋白质基可食性膜的交联机理是 TG 催化谷氨酸盐中的羧酸酰胺基和赖氨酸中的 ε-氨基酰基发生转移反应，在蛋白质链段间和链段内形成 ε-谷氨酰胺赖氨酸，形成分子内或分子间的网状结构，进而改善蛋白质的结构和功能（Akbari et al.，2021；Kieliszek and Misiewicz，2014）。在 50℃条件下，当 TGase 处理时间小于 60min 时，大豆分离蛋白（SPI）膜的抗拉强度、杨氏模量、变性温度、热焓值都随着处理时间的增加而增加；当处理时间大于 60min 时，SPI 膜的上述性能随着处理时间的增加而逐渐降低；当处理时间为 90min 时，SPI 膜的性能急剧下降。经十二烷基硫酸钠-聚丙烯酰胺凝胶电泳（SDS-PAGE）分析推断，原因可能是处理时间小于 60min 时，TG 逐渐催化 SPI 形成高分子量的蛋白质聚合物，随着时间的增加，酶分子变性失活，蛋白质分子也发生部分变性，从而导致 SPI 膜的拉伸性能大大降低。另外，对 SPI 进行预热处理，降低了 TG 的催化聚合反应，变性后的 SPI 膜拉伸性能大大降低（滑艳稳等，2013）。使用酪氨酸酶可以催化明胶/壳聚糖混合膜液中凝胶的形成，可能是由于明胶的链接枝到壳聚糖的链段上（Chen et al.，2002）。

6.3　可食性膜性能的影响因素

6.3.1　可食性膜的成膜成分

成膜成分主要有蛋白质、多糖和脂类，见图 6.2。蛋白质由不同的氨基酸组成，具有广泛的功能特性。由于电荷分布、极性和非极性氨基酸沿蛋白质链产生化学势能和相互作用，成为有黏性的制膜基质材料。此外，蛋白质含有大量的官能团，可以使用酶、化学或物理方法改变它们，以适应特定应用的需求（Murrieta-Martinez et al., 2018）。常用于制备可食性膜的蛋白质有乳清蛋白、大豆分离蛋白、玉米醇溶蛋白、胶原蛋白、卵白蛋白、小麦蛋白、酪蛋白、肌原纤维蛋白等（Avramescu et al., 2020）。自然状态下，天然蛋白质依靠分子中氢键、离子键、二硫键和疏水性相互作用、偶极相互作用等维持其稳定结构。蛋白质分子在溶液中呈现卷曲的紧密结构，其表面被水化膜包围，具有相对稳定性。蛋白质的两亲性意味着在很宽的 pH 范围内，随着电荷密度的变化，蛋白质可以同时带正负电荷，而且每种蛋白质都有自己的亲疏水平衡。在不同外界条件下，如热、碱、酸和盐处理等，蛋白质分子间的相互作用力被破坏，蛋白质分子变性，三维空间结构展开，亚基解离，分子结构得到一定程度的伸展，原来埋藏在分子内部的部分疏水基团、巯基和二硫键等暴露出来，分子间的相互作用加强，同时，分子内的一些二硫键断裂，又合成新的二硫键，从而形成立体网络结构。在脱除溶剂（一般为水）的过程中，干燥条件能改变蛋白质结构并影响最终所成膜的性能，从这个意义上说，温度是影响蛋白质变性的重要因素。蛋白质的构造和热稳定性依赖于氨基酸的组成，干燥过程中，当水分逐渐失去，蛋白构象发生改变，蛋白质的展开程度取决于蛋白链间相互作用的共价键（二硫键）或非共价键（疏水作用、离子键和氢键）的类型和比例。蛋白变性后，链间反应变得更容易、更强烈，特别是二硫键的反应。这些链间反应使分子间相互作用不断加强，聚合形成致密的立体网络结构，最终可以得到具有一定阻隔性能和机械强度的蛋白膜。蛋白质分子的适度变性是成膜的先决条件，形成立体网络结构的优劣将影响膜的性能。因此，为了改善膜的性能，应当强化分子间的作用力，促使其形成更致密均匀的网络结构。可见，蛋白质基膜的形成经历了 3 个主要步骤：第一，低能量分子间键，聚合物稳定在天然状态；第二，聚合物链的排列，第三，利用新的相互作用和化学键形成三维网络（Dehghani et al., 2018；高贵贤和王稳航，2017；李彪等，2017）。

多糖类可食性膜以动、植物多糖和微生物多糖为主，常用的有淀粉膜、改性纤维素膜、动植物胶膜、壳聚糖膜、魔芋葡甘聚糖膜、褐藻酸钠膜及微生物多糖

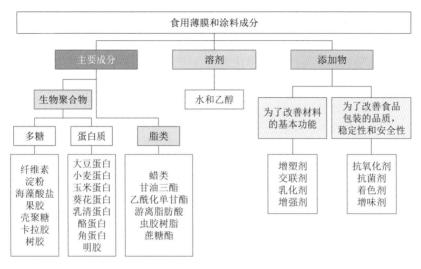

图 6.2 可食性膜的组成成分（Salgado et al., 2015）

膜等，这类膜通常具有良好的机械性能和透明度。多糖膜依靠分子间氢键、分子内氢键和多糖特殊的长链螺旋分子结构，使其化学性质稳定，适应于长时间储存及各种储存环境。在多糖类物质形成过程中，分子间氢键和分子内氢键起到了重要的作用。同时，多糖的黏附性能优越，可以改变内部气体环境，有着良好的阻气性。但它们都属亲水性聚合物，阻湿性不好，导致该类膜在较高的湿度环境下容易吸潮而发黏，而且热封性也较差，机械性能也有待提高，这些是限制多糖可食性膜应用的重要因素。多糖类可食性膜可通过调整膜液浓度、成膜的原料比和塑化剂的类型与含量，最后浇铸成膜（Kumar et al., 2021；高丹丹等，2012）。

　　用于可食性膜的脂质类物质常包括植物油、脂肪酸及其单甘酯、蜂蜡和表面活性剂等。由于脂类具有相对较低的极性和易于形成致密分子网状结构的特点，所形成的膜有较好的阻水性和防潮性，因此其较早被商业化应用于新鲜水果和蔬菜的防护涂料。各种脂质物质也可为食品提供诱人的光泽。脂类广泛应用于肉类、家禽、海鲜和其他食品的可食性涂层和薄膜中。纯脂质薄膜的阻隔性能与其厚度有关，但脂质膜易碎，强度和弹性差。因此，与单独使用相比脂质与水胶体或蛋白质形成复合膜效果更好（Yousuf et al., 2021；李彪等，2017）。

　　蛋白、多糖或脂类来源的可食性薄膜都有一些缺点，不能满足理想包装薄膜的要求。不同的食品对包装膜有不同的要求，如对于鲜肉的包装，薄膜应具有较低的水蒸气透气性，但良好的透氧性，不应散发任何气味或妨碍能见度，尽量避免迁移，而熟制/腌制的肉类产品基本上需要隔绝氧气，腌肉在光照下容易褪色，所以必须用不透明薄膜包装。蛋白质和多糖是形成膜的优良基质，蛋白质类物质通过分子间的交叠使结构致密，多糖类物质提供了结构上的基本构造，但是天然原料本身的特性如蛋白质和多糖的亲水性以及脂类物质的疏水性，单独物质制备的可食性膜性能都不完善，如蛋白膜阻湿性差，但阻气性好；多糖膜阻湿性不好，但水溶性好；脂类膜阻湿性好，但机械强度差。三者性质不同但功能上具有互补性。复合膜可克服这些可食性膜在应用中的不足。复合膜可将各种成膜材料结合起来生产出所需性能的薄膜，更加符合市场需求。复合薄膜的主要目的是根据具体应用调节薄膜的渗透性或力学性能，其功能特性取决于各组分的特性及之间的相互作用。复合膜可以通过多糖、蛋白质和/或脂类混合物形成，也可通过复合两层或更多的可食性薄膜或通过乳化剂形成（Hammam，2019；Hassan et al.，2018）。

6.3.2 成膜液

成膜液的材料组成、共混状态、微相分布、流动性质、相容性、液滴与颗粒的均一性等性质都会影响到可食性膜最终的结构与性能，如机械性能、阻隔性能。同时，膜液均一性直接影响成膜后膜的机械性能，所以需要对其进行搅拌均质。搅拌均质会使膜液产生过多的气泡，气泡的存在会使膜的机械性能降低，所以需要对膜液进行脱气处理。玉米粉糊呈现剪切变稀的假塑性，且黏度会影响触变行为，而触变性最大时所制备的玉米粉膜的抗拉伸强度最大（李艳霞等，2021）。采用高温高压挤出改性技术对玉米粉进行质构优化及稳定化处理，当玉米粉粒度为120目、挤出温度为165℃、水分质量分数为34%时制备的玉米粉成膜特性最优，并且玉米粉成膜液具有较高的黏弹性和较大的触变环面积，成膜液中分子之间的相互作用增强，易形成稳定的网络结构（樊红秀等，2021）。采用微射流处理可制备得到纳米尺度且分布均一的成膜乳液，膜材料中油相均匀分散，以此制备的膜材料具有良好的机械性能、水汽阻隔性和对溶菌酶的控释性；高速分散处理制备的成膜乳液油滴粒为微米尺度，且均匀性差，成膜过程中部分油相富集在乳液膜表面，形成类似双层膜的结构，该材料具有良好的水汽阻隔性，但抗拉强度低；利用高速分散和微射流两种处理方法制备的成膜乳液在干燥过程中出现不同程度的团聚现象；乳液膜的机械性能和阻隔性与膜材料中的油滴大小及分布具有很大的关联（尹寿伟等，2012）。Zhang 等（2020）报道 α-生育酚浓度为1%的壳聚糖/玉米蛋白乳液液滴的多分散性指数（PDI）最小，对应膜的水蒸气透过率最小和不透明度最大。Wu 等（2018）发现含有 2.5mg 的姜黄素/β-环糊精溶液的平均粒径最小和均一性最好，制得的鱼明胶/β-环糊精/姜黄素复合膜的抗拉强度和断裂伸长率最好，抗氧化活性下降最小，并且对苹果汁的保鲜效果最好，如图 6.3 所示。Li 等（2019）利用蛋白（大豆分离蛋白和花生分离蛋白）和多糖［葡聚糖（DX）和阿拉伯树胶（GA）］的糖基化产物对蜂蜡进行乳化，制备可食性膜，并对成膜液中液滴尺寸大小对膜性能的影响进行了详细的描述。共价物类型和反应时间都会影响乳液液滴的尺寸大小和分布，进而对膜的白度指数、透明度、热稳定性、机械性能和表面疏水性等性质产生影响。成膜溶液在酸溶液介质中稳定性较好，所以有时需要对膜液进行酸修饰。Jia 等（2009）研究发现成膜溶液的 pH 控制在 3 或 4 时，魔芋葡甘聚糖-壳聚糖-大豆分离蛋白膜的机械强度最高。段林娟和卢立新（2011）研究发现膜液质量浓度影响甲基纤维素（MC）-小麦面筋蛋白（WG）可食性复合膜性能，MC-WG 复合膜的抗拉强度、阻氧性能随着膜液质量浓度的增大而显著提高；断裂伸长率、透光率随着膜液质量浓度的增大而降低；水蒸气透过系数则随着膜液质量浓度的增大先减小后增大，在膜液质量浓度为 50g/L 时最小。各个质量浓度下的复合膜均可完全溶于水，具有良好的水溶性。

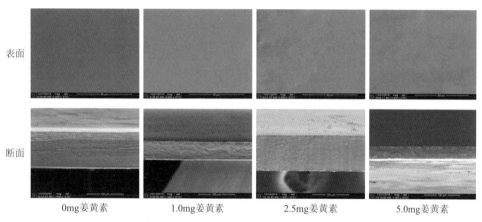

图 6.3　胶原蛋白基复合膜的表面和断面微观结构（Wu et al.，2018）

6.3.3　添加剂

1. 增塑剂

增塑剂是一类低挥发性的分子，添加到天然聚合物中，能通过增强聚合物材料的延展性、弹性、柔韧性、抗拉强度和机械性能等改善其功能特性（Suderman et al.，2018）。为了解决生物基质脆易破损的问题，向膜结构中添加适量的增塑剂是最为常见的方案。常用的增塑剂通常可归为两类：亲水性增塑剂和疏水性增塑剂（柠檬酸酯）。对于亲水性的生物聚合物材料来说，亲水性增塑剂包括多元醇（如甘油、山梨醇、木糖醇和甘露醇等）、脂肪酸、单糖（如葡萄糖、甘露糖和果糖等）、双糖（如蔗糖）、寡糖等，其中多元醇被证实是最为有效的，也是应用于生物基可食性膜研究最为广泛的一类增塑剂（Ghasemlou et al.，2011）。尤其是甘油，其亲水的小分子结构能形成更多的氢键和共价键，还能插入蛋白质分子链之间，隔断蛋白质分子的网络结构，使得蛋白质分子链之间距离变远、相互作用变小，进而使得蛋白基可食性膜获得更好的延展和机械性能（Guo et al.，2012）。

增塑剂的种类和用量不仅直接影响着膜原料在成膜液中的分散,更影响着膜样品的功能特性,如机械强度、水蒸气透过率、晶体结构、热稳定性、光学特性以及微观结构等。虽然在生物基聚合物材料中添加增塑剂通常是为了增强膜结构的机械性能,但是低浓度(浓度因生物基复合物的种类而异)的增塑剂则可能起到相反的效果,使得共混膜的质地更加干硬易碎(Chang et al., 2006)。增塑剂分子的极性也会影响其塑化效果,比如,由于具备更好的相容性,极性的增塑剂分子最好应用于含极性基团的聚合物材料中,且含极性基团的脂肪族分子要比芳香族分子的塑化效果好,因为脂肪族分子的分子链更灵活(Dyson, 1951)。此外,多种增塑剂的复配(含量与配比)也能极大地影响共混膜功能特性(Al-Hassan and Norziah, 2012; Ghasemlou et al., 2011; Cao et al., 2009)。因此,塑化某种特定的生物基复合物材料,需要挑选合适的增塑剂并优化其用法用量,原则一般为:①最大限度地增强膜的机械性能;②尽量降低对膜透过性的影响;③改善膜的延展性或弹性。

2. 乳化剂

乳化剂是一类具备表面活性的有机化合物,能降低液体间的界面张力,使互不相容的液体易于乳化并形成稳定的乳状液。通常含有脂类颗粒的复合乳液膜,以及对表面黏附(润湿性)有特殊要求的膜,需要添加乳化剂。常用的乳化剂主要包括糖酯、单油酸甘油酯、乙酰化单甘油酯、卵磷脂、甘油单乳酸酯、甘油单硬脂酸酯、聚山梨酸酯、月烷基硫酸钠、硬脂酰乳酸钠、山梨油酸酯和山梨酯单硬脂酸酯等。

3. 活性成分

向膜结构中添加适量的具备抗菌/氧化活性的成分,制备"活性包装"是生物基膜的新趋势。"活性包装"作为包装、内容物及外界环境之间相互作用的媒介,能利用其物理的、化学的或生物活性,改变被包装食品的原始环境,从而保证食品的品质、安全以及货架期(Yildirim et al., 2018)。

这种新型生物基"活性"可食性膜的研发,除了要保证包装内食品的安全和品质,更重要的是要对包装内食品的营养成分的保护。而预包装食品中营养成分流失的一个重要原因就是氧化。氧化除了会造成营养成分的破坏,还会引发氧化褐变、产生异味等,造成巨大的经济损失(Khan et al., 2021)。传统的抗氧化膜是降低包装内氧气的含量,但是这种方式过于局限,对于需要一定量氧气的新鲜蔬果尤为不适。近年来抗氧化可食性膜的研究热点集中在:①抗氧化剂的控释;②氧清除剂或自由基清除剂的添加。目前已有多种抗氧化活性成分被应用于抗氧化"活性"包装的研发,包括人工合成的抗氧化活性成分(如 BHT、BHA、TNHQ

等），只是这类抗氧化剂因为具备一定的毒性而备受限制；而天然的抗氧化活性成分则更受青睐，包括水/醇溶的植物提取物、药草和香料中提取的精油、生物下脚料获取的多酚浓浆等（Rangaraj et al.，2021）。

根据作用方式，抗氧化"活性"可食性膜可分为两类：释放型和清除型。释放型可以将活性物质成分以一个持续的过程从可食性膜中释放至食品中，使包装内的抗氧化活性成分保持在一个特定的浓度，进而得到延长保质期的目的；清除型则是一种预防机制，阻止或延缓食品的氧化进程（Gómez-Estaca et al.，2014）。有效且合适的抗氧化活性物质的选择，对抗氧化"活性"可食性膜的开发至关重要：首先，要明确目标食品的种类和存储特性；其次，抗氧化活性物质成分需与可食性膜的生物基聚合物有良好的生物相容性，这样抗氧化活性物质成分才能均匀分散于可食性膜中。抗氧化活性物质成分可以直接添加于生物基聚合物中，通过膜液浇注法制备可食性膜；也可以通过物理或化学方式将抗氧化活性物质成分有效黏附于可食性膜表面。

抗菌活性成分的添加能有效抑制食品中有害微生物的生长与增殖。按照抗菌活性成分自身成分或来源，它们可被分为：精油类、酶和细菌素、抗菌复合物、有机酸及其衍生物以及其他有机化合物、抗菌纳米颗粒等（Yildirim et al.，2018）。

精油是植物的一种次级代谢产物，通常在植物防御方面发挥重要作用。一些植物精油本身具备优越的抗菌性能，也越来越多地被应用于抗菌"活性"可食性膜的研发中。其中较为常用的是肉桂精油（cinnamon essential oil，CEO）（Gherardi et al.，2016）、香芹酚（Campos-Requena et al.，2015）、罗勒叶精油（Arfat et al.，2015）等。但是添加精油的抗菌"活性"可食性膜并没有得到产业化开发，主要原因在于：①待包装产品的感官特性。精油通常具有较为强烈，甚至刺激性气味，会影响包装内食品的感官特性；②包装材料的理化特性（与精油的生物相容性等）；③真实情景下"活性"包装的有效性存疑。此外，尽管精油是高等植物的天然代谢产物，考虑到其分子组成，它们对人体健康仍然存在一定程度的威胁（Rivaroli et al.，2016）。因此，向生物基可食性膜中添加精油时，应对其潜在的毒理学行为进行分析。

4. 纳米颗粒

在膜结构中添加纳米颗粒不仅可以改善生物基膜的机械、物理和阻隔性能，这些纳米颗粒还能充当活性成分的负载体系（Anka et al.，2021）。由此，应用于生物基膜材料的纳米颗粒通常也被称为"纳米填充物"，经纳米颗粒填充/强化的生物基膜材料也被称为"纳米复合物"。纳米颗粒极大的颗粒表面积，为纳米颗粒与生物基膜基质之间提供了更大的界面面积，这改变了膜结构体系中的分子流动性和弛豫特性，进而改善了生物纳米复合物的热稳定性、阻隔特性和机械特性

（Unalan et al.，2014）。此外，一些纳米颗粒甚至可以负载并控释活性物质成分，制备出智能活性包装膜（Kumar et al.，2020）。

常应用于包装材料的纳米颗粒包括：金属纳米颗粒（金、银、铁、氧化锌、二氧化钛、铝、氧化亚铁、铜、氧化铜等）、黏土、有机物等。而应用于可食性膜的生物基纳米颗粒则主要包括：纳米淀粉、淀粉纳米晶、壳聚糖、纳米纤维素、蛋白质纳米颗粒、纳米活性成分等。

6.4　功能性可食性膜及在肉制品保鲜中的应用

肉制品营养丰富，是"天然的培养基"，给微生物的生长繁殖创造了良好的条件，而且其含水量高，很容易因贮藏不当引起腐败，若人们不小心食用会造成食源性疾病。因此，现在的可食性薄膜常添加活性化合物，如抗菌剂、抗氧化剂和着色剂等来提高肉制品的品质，延长其货架期，保证食品安全。

6.4.1　抗菌抗氧化活性可食性膜

1. 抗菌型可食性膜

根据来源的不同，可将抗菌剂分为天然抗菌剂和合成抗菌剂。合成抗菌剂一般为有机酸及其盐类，比如苯甲酸、丙酸、乳酸、山梨酸和乙酸等。吕跃钢等（2000）以海藻酸钠为成膜基质，添加质量分数为60%乙醇、0.5%乳酸和0.2%的乙酸为防腐保鲜剂，用来包装卤猪肉。该抗菌膜能够有效地抑制卤肉表面微生物的生长繁殖，其细菌总数和大肠菌群均未检出，并且可在常温贮藏28天。但合成抗菌剂由于存在安全性问题而逐渐被取代。

天然抗菌剂可细分为微生物源抗菌剂、植物源抗菌剂和动物源抗菌剂。微生物源抗菌剂有乳酸链球菌和溶菌酶等，它们对革兰阳性菌有较好的抑制效果。Millette等（2007）采用含有乳酸链球菌素的海藻酸盐对新牛肉进行涂膜处理，4℃下储存7天，有效抑制了金黄色葡萄球菌的数量。Pintado等（2009）在乳清蛋白分离物和甘油为基质的膜溶液中加入有机酸和乳酸链球菌这两种抗菌剂来制备薄膜，将有机酸（乳酸、苹果酸和柠檬酸）与乳酸链球菌联合作用，其抗李斯特菌活性显著高于单一使用有机酸，并且苹果酸和乳酸链球菌的联合使用时抗李斯特菌活性的效果最好。Wang等（2017）用胶原蛋白和溶菌酶制作涂膜用于新鲜鲤鱼的保鲜，结果表明该涂层显著提高了新鲜鲤鱼片的保存质量，降低了总挥发性盐基氮值，并且可以抑制细菌的生长。Kaewprachu等（2018）将乳酸链球菌素和儿茶素加入到明胶膜中，提高膜的抗菌和抗氧化活性，可以延缓猪肉末的脂质氧化和微生物生长，延长保质期。

　　植物源抗菌剂来自植物提取物，因为它含有醛类、酚类、黄酮类和萜类等活性物质，有抗氧化性、抗菌性和天然无害等优点，所以此类抗菌剂是研究热点。Ali 等（2019）采用溶液浇铸法来制备淀粉薄膜，首次将石榴粉作为抗菌剂和强化剂加到膜液中形成淀粉基抗菌膜，该薄膜能抑制革兰阳性菌（金黄色葡萄球菌）和革兰阴性菌（沙门氏菌）的生长，并有较好的力学性能。单梦圆等（2019）在鱼鳞明胶膜中添加薄荷、橘子精油和柠檬精油，结果表明该保鲜膜均能抑制金枪鱼肉中的微生物繁殖，并减缓总挥发性盐基氮值、总胆汁酸值和高铁肌红蛋白含量的升高，抑制鱼肉色泽的衰变，延长金枪鱼肉的货架期至 7～8 天，而且薄荷与橘子或柠檬精油的复合有协同增效保鲜金枪鱼肉的作用。Mild 等（2011）制备了含香芹酚的抗菌苹果薄膜用于鸡肉的保鲜，该保鲜膜可以减少鸡肉上的空肠弯曲杆菌，从而降低感染弯曲杆菌病的风险。

　　动物源抗菌剂有壳聚糖和蜂胶等，其中对壳聚糖的研究最多。壳聚糖既可作为多糖类成膜基材，也可作为抗菌剂添加到薄膜中。壳聚糖是一种由葡糖胺组成的线性杂多糖（Hu et al.，2011），是世界上第二丰富的多糖，也是唯一一种天然多聚阳离子（Shah et al.，2016）。它的抑菌机制还未有统一说法，但可以明确的是在酸性的条件下抑菌活性更好。Mohan 等（2012）用壳聚糖做成可食用涂层，以研究壳聚糖浓度对印度沙丁鱼在冷冻条件下的品质影响。结果表明，该壳聚糖涂层能有效抑制细菌生长，显著减少挥发性碱和氧化产物的形成，延长了印度沙丁鱼的食用期限。Na 等（2018）用赖氨酸和壳聚糖制成抗菌膜，用来保鲜太平洋白对虾，结果显示该膜可以显著抑制嗜温菌与嗜冷菌数，将太平洋白对虾的货架期延长至 12 天。卢鹏（2011）使用壳聚糖和蜂胶等保鲜剂来制作复合涂膜，其优化组合为：0.5%壳聚糖、0.15%溶菌酶、0.6%蜂胶、0.05%石榴多酚，该组合的复合涂膜可以将冷鲜鸡肉的货架期延长至 12～15 天，显著优于空白组 4～5 天的货架期。添加丁香精油可提高壳聚糖可食性膜的抗菌和抗氧化活性。包裹丁香精油-壳聚糖复合可食性膜可有效抑制生肉糜菌落总数和高铁肌红蛋白含量的增加；同时还可抑制贮藏过程中的脂肪氧化，对感官品质具有良好的保持作用，在（4±1）℃条件下贮藏期可达 10～12 天，明显提高了生肉糜贮藏过程中的品质和货架期，丁香精油-壳聚糖复合膜可作为可食性包装膜延长生肉糜冷藏期间的货架期（张慧芸和郭新宇，2014）。

2. 抗氧化型可食性膜

　　肉制品的脂质易氧化酸败产生不良气味，从而影响到肉制品的品质。而动物在被屠杀后，抗氧化系统不再起作用，所以为了延长肉制品的保质期，常见手段是向其中添加抗氧化剂。抗氧化剂分为人工合成抗氧化剂和天然抗氧化剂。

　　食品中常见的人工合成抗氧化剂有丁基化羟基苯甲醚、丁基化羟基甲苯、叔丁基对苯二酚和没食子酸丙酯等，但因人工合成抗氧化剂的不合理使用引起的食品安全问题仍然存在。有研究表明高剂量的化学合成抗氧化剂可能会导致 DNA 损伤（Baran et al.，2020），而且在动物模型中，丁基化羟基苯甲醚和丁基化羟基甲苯已被证明直接参与致癌过程（Bauer and Dwyer-Nield，2021）。

这些研究发现也推动了天然抗氧化剂的出现，天然抗氧化剂主要是植物提取物，为维生素类、多酚类和黄酮类等，其中也有上面提到的植物源抗菌剂，添加了此类活性物质的保鲜膜一般具有抗菌抗氧化双功能。邵东旭等（2016）将高良姜精油添加到胶原蛋白和马铃薯淀粉复合膜中，结果显示：该抗菌膜对金黄色葡萄球菌、大肠杆菌和黑霉菌都有较好的抑菌作用，还能抑制鱼肉脂肪氧化腐败，以此来延长鱼肉冷藏的货架期。Song 等（2011）研究了含有维生素 C 和茶多酚的海藻酸钠食用涂层对鲷鱼货架期延长的影响，结果表明：与未经处理的鲷鱼相比，可食性薄膜处理有效地抑制鱼的总活菌数增长，延缓了鱼的腐烂，提高了鱼的整体感官质量。并且在涂料中使用不同的抗氧化剂（如维生素 C 和茶多酚）比单一使用海藻酸钠的薄膜延缓脂质氧化的效率更高。毕田田等（2017）发现，鼠尾草酸（CA）/低密度聚乙烯（LDPE）活性膜包装的鸡肉丸各项指标［感官评分、酸价、质构和硫代巴比妥酸值（TBARS）］均优于空白 LDPE 膜包装的鸡肉丸，且温度越高，两种包装膜之间的差异越明显：37℃第 10d 时，CA/LDPE 膜包装的鸡肉丸口感味道感官评分为 1.22±0.26，比 LDPE 膜高 22%；酸价为（20.53±0.43）mg/g 鸡肉丸，比 LDPE 膜低 28.5%；硬度、凝聚力、咀嚼性分别为 43.30、0.21 和 42.87，比 LDPE 膜分别高 95.4%、53.2% 和 81.9%；TBARS 值为 0.698mg/kg，比 LDPE 膜低 47.2%。研究表明，添加 CA 的 LDPE 膜能够有效改善鸡肉丸的贮藏品质特性。含有迷迭香油树脂和绿茶提取物的聚对苯二甲酸乙二醇酯复合膜具有清除自由基、抑制脂类和蛋白质氧化的作用，从而延长了猪肉末的货架期。6%绿茶和 8%迷迭香都能防止猪肉末的脂质氧化，降低蛋白质氧化。绿茶提取物中的儿茶素可以在不迁移的情况下捕获和清除包装内的自由基，从而不会影响猪肉末的感官特性。与迷迭香油树脂涂层相比，绿茶提取物涂层具有更高的抗氧化能力，可用于抗氧化包装的工业化生产（Song et al.，2020）。

6.4.2　缓释型可食性膜

当今人们对包装的需求越来越高，虽然添加抗菌抗氧化剂等活性物质可以起到杀菌抗氧化等作用，但它们存在易挥发、水溶性差等缺点，而消费者希望在保质期内这些活性物质的有效作用时间可以尽可能延长，所以如何控制抗菌抗氧剂的按需释放、缓释是现在的研究重点。目前活性包装的缓释技术主要有通过成膜材料本身的化学结构及其特性、封装技术和多孔材料这三种。

1. 成膜材料本身的化学结构及其特性

成膜材料的化学结构、亲疏水性及其结晶度等都会影响活性物质的释放。与单层膜相比，比例合适的双层膜有更大的优势。Luo 等（2019）将牛至精油添加到奇异胶和明胶的混合薄膜中，观察到该薄膜对革兰阳性菌和革兰阴性菌均具有长期抗菌作用，这主要是通过增加薄膜形成过程中的浮动电阻来实现的，从而诱导薄膜组分之间的氢键相互作用。Arcan 和 Yemenicioğlu（2013）使用复合和混合薄膜制备方法改变玉米蛋白薄膜的疏水性和形态来控制溶菌酶的释放。将蜂蜡掺入玉米醇溶蛋白中形成含有无定形蜡颗粒的复合膜，该薄膜显示出对李斯特菌的抗菌活性和控释特性以及抗氧化活性。

2. 封装技术

活性物质对氧气和光敏感，为了加强加工储存过程的稳定性，研究人员常将它们封装成微粒、微胶囊或脂质体。Wu 等（2015）通过薄膜超声分散法制备含有肉桂精油纳米脂质体的明胶膜以增强抗菌稳定性，该膜可以提高其水和光阻隔性能，并显示出缓释效果和抗菌稳定性的提高以及释放速率的降低。Wu 等（2018）用 β-环糊精包埋姜黄素，再通过溶液浇铸法与鱼明胶形成薄膜。这一处理解决了姜黄素水溶性低的缺点，还能控制它的释放，提高其稳定性和生物利用度，当该薄膜含有 2.5mg 姜黄素时，有更好的明胶基薄膜性能。将其应用于鱼肉的保鲜，用涂膜保鲜的方法研究了在 4℃贮藏条件下对草鱼肉片的保鲜效果。结果表明，胶原蛋白基活性涂层能够降低草鱼肉片的质量损失、明显抑制鱼肉的脂质氧化和蛋白质的降解，较好地维持鱼肉的品质，达到了延长其货架期的目的，如图 6.4 所示（Sun et al.，2019）。张慧芸等（2019）采用离子凝胶法，以壳聚糖为壁材制备丁香精油纳米胶囊并应用于猪肉饼的保鲜。添加丁香精油的纳米胶囊显著抑制了猪肉饼脂质氧化和微生物生长，并使猪肉饼具有较高的红

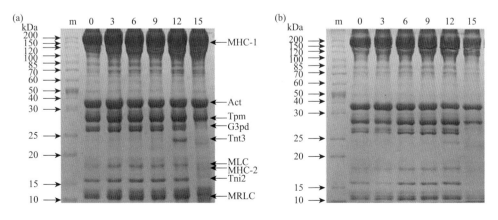

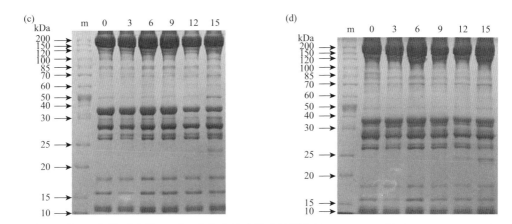

图 6.4　在 4℃条件下贮藏 15 天，草鱼肉片高盐溶性蛋白的 SDS-PAGE 图（Sun et al.，2019）

（a）CK；（b）GL-βCD；（c）GL-βCD-2CUR；（d）GL-βCD-4CUR．MHC-1：肌球蛋白重链；MHC-2：肌球蛋白
重链降解产生的小分子片段；Tpm：原肌球蛋白；G3pd：甘油醛-3-磷酸盐脱氢酶片段；Act：肌动蛋白；Tnt3：
T3b 型肌钙蛋白片段；MLC：肌球蛋白轻链；Tni2：I2a 型肌钙蛋白；MRLC：肌球调节性蛋白轻链

色稳定性，且对猪肉饼冷藏期间的感官指标没有不良影响，延长了猪肉饼冷藏期间的货架期。

3. 多孔材料

多孔材料内部具有多孔网络结构，可用于对活性物质的吸附、控制释放，从而达到缓释的目的。陈晨伟（2018）用硼酸和纳米蒙脱土改性聚乙烯醇，再将疏水性薄膜聚丙烯作为内层材料，以茶多酚为活性物质，通过干式复合工艺制得复合薄膜。结果表明，该复合薄膜内膜层上的微孔具有缓释功能，可以通过微孔孔径来调控薄膜中茶多酚的释放速率。在应用于对鱼肉的保鲜中，可有效抑制鱼肉中微生物的生长繁殖和鱼肉脂质氧化，延缓鱼肉蛋白质的降解及胺类等碱性物质的生成，保持其特有鲜味、抑制臭味，有效延长了带鱼的货架期，并且保鲜效果随着薄膜中茶多酚含量的增加而增强。

6.4.3　pH 响应型可食性膜

由于食品在腐败过程中会有硫化物、挥发性氮类等化合物的产生，这些物质的产生会引起 pH 的变化，比如，海鲜中挥发性胺的产生使 pH 升高，意味着海鲜的新鲜度降低；泡菜中乳酸菌发酵过久变酸引起变质等。而消费者在购买使用过程中很难觉察到 pH 的变化，因此 pH 响应型可食性膜的出现很有必要，它可以帮助消费者在不用打开包装品尝的情况下，仅从外观包装就可判断食品的新鲜度。

pH 响应型可食性膜中一般含有颜色指示剂，并且该指色剂从化学合成逐渐向天然指示剂靠拢,常见的有花青素、姜黄素和叶绿素等。Wang 等(2022)以羧甲基纤维素钠/聚乙烯醇为原料,并向其中添加玫瑰花青素提取物,采用铸造法来制备活性 pH 敏感膜,用于对猪肉的鲜度进行监测。在 25℃贮藏猪肉监测新鲜度时,浅绿色的薄膜表明猪肉的新鲜度较高,而深绿色和橙色的外观表明猪肉已腐败。Wu 等(2019)将姜黄素/氧化几丁质纳米晶体与壳聚糖复合,制备了一种用于海鲜鲜度监测的新型智能膜。该薄膜对水蒸气和紫外可见光有好的阻隔性能和高的机械强度,傅里叶变换红外光谱证实了它们之间的静电相互作用和氢键。在对海产品新鲜度进行监测的过程中,膜的颜色从黄色(第 0 天)逐渐变为橙色或红色(第 5 天),说明该膜内部呈现碱性且海产品的新鲜度下降,如图 6.5 所示。Ezati 等(2021)向基于羧甲基纤维素和纤维素纳米纤维的薄膜中添加从紫草提取的紫草素并用于制备 pH 响应指示膜。紫草素的添加不会影响薄膜的热稳定性和水蒸气阻隔性,还能增加薄膜的抗氧化性活性。该指示膜在 pH 低于 7 时呈粉红色,并且随着 pH 从 7 升高到 12 而变为红紫色、紫色和浅蓝色。在监测鱼的新鲜度中,一开始鲜鱼呈粉红色(pH = 5.7),36 小时后变为蓝紫色,这表明鱼已变质(pH = 6.9)。pH 响应型可食性膜除了可以指示食品新鲜度,还可以用于智能抗菌。Pavlukhina 等(2014)以带负电的蒙脱石黏土纳米薄片和聚丙烯酸为原料,通过层层自组装技术制备了一种具有多种抗菌保护机制的 pH 响应复合涂层。该膜可以保证抗菌药物的永久保留,当细菌引发 pH 变化时,膜会肿胀并释放抗生素,从而在一定程度上解决抗生素滥用的问题。

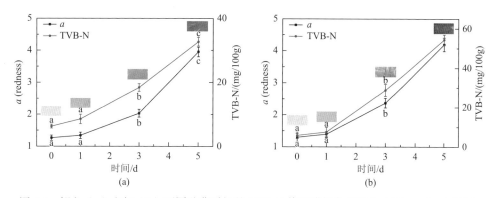

图 6.5 鲳鱼(a)和虾(b)不同贮藏时间的 TVB-N 值和膜颜色的变化(Wu et al., 2019)

参 考 文 献

毕田田, 张双灵, 赵海燕. 2017. 鼠尾草酸/LDPE 活性膜对新鲜鸡肉丸品质特性的影响. 现代食品科技, 33(4): 189-194.

曹龙奕, 于志彬. 2015. 可食性包装薄膜的研究进展. 包装与食品机械, 33(4): 50-55.

陈晨伟. 2018. 基于多层复合控释技术的 PP/PVA/PP 活性包装复合薄膜制备分析及其应用研究.

上海：上海海洋大学.

陈丽. 2009. 可食性狭鳕鱼皮明胶复合膜的制备、性质与应用研究. 青岛：中国海洋大学.

陈秀宇，林谦. 2018. 增塑剂对大豆分离蛋白/纤维素/淀粉复合膜的性能影响. 江汉大学学报：
　　自然科学版，46（2）：188-192.

陈义勇，黄友如，邓克权，等. 2008. 不同增塑剂对浓缩乳清蛋白体系膜性质的影响. 食品工业，
　　（1）：10-12.

程月. 2021. 挤出吹塑法制备淀粉/明胶可食性膜及其性能研究. 泰安：山东农业大学.

段林娟，卢立新. 2011. 膜液质量浓度对 MC/WG 可食性复合膜性能的影响. 食品科学，32（9）：
　　64-67.

段玲，于伟东. 2017. 黄麻纳米原纤增强壳聚糖膜的制备及表征. 应用化工，46（4）：629-632.

樊红秀，李艳霞，刘婷婷，等. 2021. 挤出处理对玉米粉流变及其成膜特性的影响. 食品科学，
　　42（15）：89-98.

高丹丹，江连洲，张超，等. 2012. 提高多糖类可食性膜机械性能的研究进展. 食品工业科技，
　　33（6）：432-434.

高贵贤，王稳航. 2017. 基于分子交联的蛋白膜性能改良技术的研究进展. 食品科学，38（9）：
　　280-286.

郭小斑. 2019. 肉桂醛/鱼皮胶原蛋白抗菌膜的制备、性质分析及对草鱼保鲜机理的研究. 福州：
　　福州大学.

郭兴凤，崔和平，魏倩，等. 2018. 不同相对湿度环境条件下玉米醇溶蛋白膜的稳定性研究. 食
　　品工业科技，39（9）：66-71.

滑艳稳，陈志周，尹国平. 2013. 谷氨酰胺转氨酶改性蛋白类生物包装膜研究进展. 包装学报，
　　5（4）：9-14.

纪明宇. 2019. 双因子胶原蛋白活性膜的制备、性质分析及对草鱼保鲜的机理研究. 福州：福州
　　大学.

李彪，倪伟超，倪穗. 2017. 可食性膜的研究进展. 中国野生植物资源，36（2）：52-56.

李升锋，周瑞，曾庆孝. 2001. 含脂大豆分离蛋白复合膜研究. 山地农业生物学报，（5）：353-356.

李帅，钟耕辉，刘玉梅. 2018. 多糖类可食性膜的研究进展. 食品科学，39（3）：309-316.

李欣欣，马中苏，杨圣棽. 2012. 可食膜的研究与应用进展. 安徽农业科学，40（22）：11438-11441.

李欣欣，宋艳翎，马中苏，等. 2004. 脂质-马铃薯淀粉基可食包装膜的研究. 食品工业科技，
　　（12）：101-102.

李艳霞，刘鸿铖，樊红秀，等. 2021. 玉米粉静态流变特性及成膜特性. 食品工业，42（2）：
　　187-192.

林松毅. 2004. 可食性保鲜膜应用现状分析. 吉林工程技术师范学院学报，（6）：52-54.

林饮荣. 2001. 绿色可食性包装的研究和开发. 福建轻纺，（5）：12-13.

刘宏生，冯明月，陈霞. 2018. 茶多酚/淀粉可食性膜的制备及其性能. 华南理工大学学报（自
　　然科学版），46（6）：109-115.

刘邻渭，陈宗道，王光慈. 1995. 可食性甲基纤维素膜的制作及性质研究. 食品工业科技，（5）：
　　7-9.

卢鹏. 2011. 壳聚糖抗菌膜在冷鲜鸡肉保鲜中的应用. 合肥：安徽农业大学.

吕跃钢，顾天成，张培. 2000. 可食性涂膜对熟肉制品保鲜作用的初步研究. 北京轻工业学院学

报，（3）：16-20.

马胜亮，刘文良，胡亮. 2020. 可食性绿色包装膜的研究进展. 包装工程，41（23）：90-97.

单梦圆，宋琳璐，胡奇杰，等. 2019. 基于鱼鳞明胶的可食性保鲜膜对金枪鱼肉的保鲜作用研究. 核农学报，33（6）：1137-1145.

邵东旭，王卉，裴志胜，等. 2016. 鱼鳞胶原蛋白复合抗菌膜对罗非鱼肉的保鲜效果. 包装工程，37（23）：73-77.

孙宛茹，贾仕奎，孙垚垚，等. 2018. 多糖类可食性膜的改性与应用研究进展. 现代化工，38（6）：52-55.

孙万海，董海洲，侯汉学，等. 2011. 挤压吹塑法制备淀粉基可食膜及其性能表征. 食品与发酵工业，37（1）：78-81.

唐辰炜，邵静，李沅，等. 2014. 辛烯基琥珀酸淀粉酯可食膜的制备. 大连工业大学学报，33（4）：262-265.

陶忠. 2013. 淡水鱼糜蛋白可食膜的性质改良及其应用研究. 厦门：集美大学.

王京. 2011. 鱼糜可食用蛋白膜的制备、性质与应用研究. 青岛：中国海洋大学.

王宁宁. 2014. 鱼糜蛋白基可食性膜的制备与性能研究. 杭州：浙江工业大学.

王雯丹，林慧珏，景浩. 2009. 乳清蛋白及甘油浓度对乳清蛋白膜物理特性的影响. 食品科技，34（5）：96-102.

魏占锋，董峰，王小林，等. 2017. 羧甲基纤维素增强膜的制备及性能. 包装工程，38（17）：77-81.

翁武银，刘光明，苏文金，等. 2011. 鱼皮明胶蛋白膜的制备及其热稳定性. 水产学报，35（12）：1890-1896.

肖茜. 2012. 多糖基可食用膜成膜机理及水分子对膜的影响. 无锡：江南大学.

谢玮，崔少宁，牛国才，等. 2018. 生姜提取液对淀粉膜抑菌作用的研究. 食品工业，39（9）：175-178.

闫倩倩，孔青，续飞，等. 2020. 淀粉基可食性膜研究进展. 现代食品，（17）：10-12.

杨坤，陈树兴，赵胜娟，等. 2009. 可食性蛋白膜研究进展. 食品研究与开发，30（7）：174-178.

杨月，陆丹英，凌静，等. 2011. 交联木薯淀粉对蜜橘涂膜保鲜效果研究. 食品科学，32（6）：275-278.

尹寿伟，马雯，徐航，等. 2012. 均质条件对明胶乳液膜物理性能及控释性的影响. 华南理工大学学报（自然科学版），40（8）：128-132.

岳喜庆，李伟，常雪妮. 2011. 鲢鱼肌原纤维蛋白可食性膜的制备. 食品研究与开发，32（5）：90-92.

张慧芸，郭新宇. 2014. 丁香精油-壳聚糖复合可食性膜对生肉糜保鲜效果的影响. 食品科学，35（18）：196-200.

张慧芸，何鹏，李鑫玲，等. 2019. 丁香精油纳米胶囊对冷藏调理猪肉饼品质的影响. 食品科学，40（3）：259-265.

张莉琼，赵素芬，刘晓艳，等. 2012. 魔芋葡甘聚糖-卡拉胶可食性共混膜的制备与性能研究. 包装工程，33（21）：45-47.

张路遥，焦旭，韦云路，等. 2021. 多糖基可食性膜研究进展. 食品工业，42（5）：311-315.

朱文进. 2020. 胶原蛋白/氧化纳米纤维素/EGCG/香芹酚可食性膜的制备、表征及对鲈鱼肉保鲜的研究. 福州: 福州大学.

Akbari M, Razavi S, Hkieliszek M. 2021. Recent advances in microbial transglutaminase biosynthesis and its application in the food industry. Trends in Food Science & Technology, 110: 458-469.

Al-Hassan A A, Norziah M H. 2012. Starch-gelatin edible films: water vapor permeability and mechanical properties as affected by plasticizers. Food Hydrocolloids, 26 (1): 108-117.

Ali A, Chen Y, Liu H, et al. 2019. Starch-based antimicrobial films functionalized by pomegranate peel. International Journal of Biological Macromolecules, 129: 1120-1126.

Ali A, Maqbool M, Alderson P G, et al. 2013. Effect of gum arabic as an edible coating on antioxidant capacity of tomato (*Solanum lycopersicum* L.) fruit during storage. Postharvest Biology and Technology, 76: 119-124.

Anka Trajkovska P, Davor D, Nathan M D, et al. 2021. Edible packaging: sustainable solutions and novel trends in food packaging. Food Research International, 140: 109981.

Arcan I, Yemenicioğlu A. 2013. Development of flexible zein-wax composite and zein-fatty acid blend films for controlled release of lysozyme. Food Research International, 51 (1): 208-216.

Arfat Y A, Benjakul S, Vongkamjan K, et al. 2015. Shelf-life extension of refrigerated sea bass slices wrapped with fish protein isolate/fish skin gelatin-ZnO nanocomposite film incorporated with basil leaf essential oil. Journal of Food Science and Technology, 52 (10): 6182-6193.

Atares L, Chiralt A. 2016. Essential oils as additives in biodegradable films and coatings for active food packaging. Trends in Food Science & Technology, 48: 51-62.

Avramescu S M, Butean C, Popa C V, et al. 2020. Edible and functionalized films/coatings-performances and perspectives. Coatings, 10 (7): 687.

Bangar S P, Chaudhary V, Thakur N, et al. 2021. Natural antimicrobials as additives for edible food packaging applications: a review. Foods, 10 (10): 2282.

Baran A, Yildirim S, Ghosigharehaghaji A, et al. 2020. An approach to evaluating the potential teratogenic and neurotoxic mechanism of BHA based on apoptosis induced by oxidative stress in zebrafish embryo (*Danio rerio*). Human & Experimental Toxicology, 40 (3): 425-438.

Bauer A K, Dwyer-Nield L D. 2021. Chapter 10-Two-stage 3-methylcholanthrene and butylated hydroxytoluene-induced lung carcinogenesis in mice. Methods in Cell Biology, 163: 153-173.

Campos-Requena V H, Rivas B L, Pérez M A, et al. 2015. The synergistic antimicrobial effect of carvacrol and thymol in clay/polymer nanocomposite films over strawberry gray mold. LWT-Food Science and Technology, 64 (1): 390-396.

Cao N, Yang X, Fu Y. 2009. Effects of various plasticizers on mechanical and water vapor barrier properties of gelatin films. Food Hydrocolloids, 23 (3): 729-735.

Chang Y P, Karim A A, Seow C C. 2006. Interactive plasticizing-antiplasticizing effects of water and glycerol on the tensile properties of tapioca starch films. Food Hydrocolloids, 20 (1): 1-8.

Chen T H, Embree H D, Wu L Q, et al. 2002. *In vitro* protein-polysaccharide conjugation: tyrosinase-catalyzed conjugation of gelatin and chitosan. Biopolymers, 64 (6): 292-302.

Cheng Y, Wang W T, Zhang R, et al. 2021. Effect of gelatin bloom values on the physicochemical properties of starch/gelatin-beeswax composite films fabricated by extrusion blowing. Food Hydrocolloids, 113: 106466.

Cho S Y，Rhee C. 2004. Mechanical properties and water vapor permeability of edible films made from fractionated soy proteins with ultrafiltration. LWT-Food Science and Technology，37（8）：833-839.

de Moraes J O，Scheibe A S，Sereno A，et al. 2013. Scale-up of the production of cassava starch based films using tape-casting. Journal of Food Engineering，119（4）：800-808.

Dehghani S，Hosseini S V，Regenstein J M. 2018. Edible films and coatings in seafood preservation：a review. Food Chemistry，240：505-513.

Dyson A. 1951. Some aspects of the motion of chain segments in plasticized polyvinyl chloride. Ⅰ. Dielectric relaxation of plasticized polyvinyl chloride. Journal of Polymer Science，7（23）：133-145.

Ezati P，Priyadarshi R，Bang Y J，et al. 2021. CMC and CNF-based intelligent pH-responsive color indicator films integrated with shikonin to monitor fish freshness. Food Control，126：10-46.

Gennadios A，Rhim J W，Handa A，et al. 1998. Ultraviolet radiation affects physical and molecular properties of soy protein films. Journal of Food Science，63（2）：225-228.

Ghasemlou M，Khodaiyan F，Oromiehie A. 2011. Physical，mechanical，barrier，and thermal properties of polyol-plasticized biodegradable edible film made from kefiran. Carbohydrate Polymers，84（1）：477-483.

Gherardi R，Becerril R，Nerin C，et al. 2016. Development of a multilayer antimicrobial packaging material for tomato puree using an innovative technology. LWT-Food Science and Technology，72：361-367.

Gómez-Estaca J，López-De-Dicastillo C，Hernández-Muñoz P，et al. 2014. Advances in antioxidant active food packaging. Trends in Food Science & Technology，35（1）：42-51.

Guecbilmez C M，Yemenicioglu A，Arslanoglu A. 2007. Antimicrobial and antioxidant activity of edible zein films incorporated with lysozyme，albumin proteins and disodium EDTA. Food Research International，40（1）：80-91.

Guo X，Lu Y，Cui H，et al. 2012. Factors affecting the physical properties of edible composite film prepared from zein and wheat gluten. Molecules，17（4）：3794-3804.

Hammam A R A. 2019. Technological，applications，and characteristics of edible films and coatings：a review. Sn Applied Sciences，1（6）：632.

Hassan B，Chatha S A S，Hussain A I，et al. 2018. Recent advances on polysaccharides，lipids and protein based edible films and coatings：a review. International Journal of Biological Macromolecules，109：1095-1107.

Hong S I，Krochta J M. 2006. Oxygen barrier performance of whey-protein-coated plastic films as affected by temperature，relative humidity，base film and protein type. Journal of Food Engineering，77（3）：739-745.

Hoque M S，Benjakul S，Prodpran T. 2010. Effect of heat treatment of film-forming solution on the properties of film from cuttlefish（*Sepia pharaonis*）skin gelatin. Journal of Food Engineering，96（1）：66-73.

Hu B，Wang S S，Li J，et al. 2011. Assembly of bioactive peptide-chitosan nanocomplexes. The Journal of Physical Chemistry B，115（23）：7515-7523.

Jara A K H, Daza L D, Aguirre D M, et al. 2018. Characterization of chitosan edible films obtained with various polymer concentrations and drying temperatures. International Journal of Biological Macromolecules Structure Function & Interactions, 113: 1233-1240.

Jia D Y, Fang Y, Yao K. 2009. Water vapor barrier and mechanical properties of konjac glucomannan-chitosan-soy protein isolate edible films. Food and Bioproducts Processing, 87 (1): 7-10.

Kaewprachu P, Amara C B, Oulahal N, et al. 2018. Gelatin films with nisin and catechin for minced pork preservation. Food Packaging and Shelf Life, 18: 173-183.

Khan M R, Di Giuseppe F A, Torrieri E, et al. 2021. Recent advances in biopolymeric antioxidant films and coatings for preservation of nutritional quality of minimally processed fruits and vegetables. Food Packaging and Shelf Life, 30: 100752.

Kieliszek M, Misiewicz A. 2014. Microbial transglutaminase and its application in the food industry. A review. Folia Microbiologica, 59 (3): 241-250.

Kim S R B, Choi Y G, Kim J Y, et al. 2015. Improvement of water solubility and humidity stability of tapioca starch film by incorporating various gums. LWT-Food Science and Technology, 64 (1): 475-482.

Kocira A, Kozlowicz K, Panasiewicz K, et al. 2021. Polysaccharides as edible films and coatings: characteristics and influence on fruit and vegetable quality-a review. Agronomy-Basel, 11 (5): 813.

Kumar L, Ramakanth D, Akhila K, et al. 2021. Edible films and coatings for food packaging applications: a review. Environmental Chemistry Letters, (4): 1-26.

Kumar S, Mukherjee A, Dutta J. 2020. Chitosan based nanocomposite films and coatings: emerging antimicrobial food packaging alternatives. Trends in Food Science & Technology, 97: 196-209.

Lacroix M, Le T C, Ouattara B, et al. 2002. Use of gamma-irradiation to produce films from whey, casein and soya proteins: structure and functionals characteristics. Radiation Physics and Chemistry, 63 (6): 827-832.

Li C, Wang L X, Xue F. 2019. Effects of conjugation between proteins and polysaccharides on the physical properties of emulsion-based edible films. Journal of the American Oil Chemists Society, 96 (11): 1249-1263.

Luo M, Cao Y, Wang W, et al. 2019. Sustained-release antimicrobial gelatin film: effect of chia mucilage on physicochemical and antimicrobial properties. Food Hydrocolloids, 87: 783-791.

Mild R M, Joens L A, Friedman M, et al. 2011. Antimicrobial edible apple films inactivate antibiotic resistant and susceptible *Campylobacter jejuni* strains on chicken breast. Journal of Food Science, 76 (3): 163-168.

Miller K S, Krochta J M. 1997. Oxygen and aroma barrier properties of edible films: a review. Trends in Food Science & Technology, 8 (7): 228-237.

Millette M, Le T C, Smoragiewicz W, et al. 2007. Inhibition of Staphylococcus aureus on beef by nisin-containing modified alginate films and beads. Food Control, 18 (7): 878-884.

Mohan C O, Ravishankar C N, Lalitha K V, et al. 2012. Effect of chitosan edible coating on the quality of double filleted Indian oil sardine (*Sardinella longiceps*) during chilled storage. Food

Hydrocolloids, 26 (1): 167-174.

Murrieta-Martinez C L, Soto-Valdez H, Pacheco-Aguilar R, et al. 2018. Edible protein films: sources and behavior. Packaging Technology and Science, 31 (3): 113-122.

Mustapha R, Zoughaib A, Ghaddar N, et al. 2020. Modified upright cup method for testing water vapor permeability in porous membranes. Energy, 195: 117057.

Na S, Kim J H, Jang H J, et al. 2018. Shelf life extension of Pacific white shrimp (*Litopenaeus vannamei*) using chitosan and ε-polylysine during cold storage. International Journal of Biological Macromolecules, 115: 1103-1108.

Parreidt T S, Muller K, Schmid M. 2018. Alginate-based edible films and coatings for food packaging applications. Foods, 7 (10): 170.

Pavlukhina S, Zhuk I, Mentbayeva A, et al. 2014. Small-molecule-hosting nanocomposite films with multiple bacteria-triggered responses. NPG Asia Materials, 6 (8): 121.

Pintado C M B S, Ferreira M A S S, Sousa I. 2009. Properties of whey protein-based films containing organic acids and nisin to control listeria monocytogenes. Journal of Food Protection, 72 (9): 1891-1896.

Rangaraj V M, Rambabu K, Banat F, et al. 2021. Natural antioxidants-based edible active food packaging: an overview of current advancements. Food Bioscience, 43 (1): 101251.

Rivaroli D C, Guerrero A, Velandia Valero M, et al. 2016. Effect of essential oils on meat and fat qualities of crossbred young bulls finished in feedlots. Meat Science, 121: 278-284.

Salgado P R, Ortiz C M, Musso Y S, et al. 2015. Edible films and coatings containing bioactives. Current Opinion in Food Science, 5: 86-92.

Sanchez-Gonzalez L, Chiralt A, Gonzalez-Martinez C, et al. 2011. Effect of essential oils on properties of film forming emulsions and films based on hydroxypropylmethylcellulose and chitosan. Journal of Food Engineering, 105 (2): 246-253.

Shah B R, Li Y, Jin W, et al. 2016. Preparation and optimization of Pickering emulsion stabilized by chitosan-tripolyphosphate nanoparticles for curcumin encapsulation. Food Hydrocolloids, 52: 369-377.

Shojaee-Aliabadi S, Hosseini H, Mohammadifar M A, et al. 2013. Characterization of antioxidant-antimicrobial kappa-carrageenan films containing *Satureja hortensis* essential oil. International Journal of Biological Macromolecules, 52: 116-124.

Song X, Canellas E, Wrona M, et al. 2020. Comparison of two antioxidant packaging based on rosemary oleoresin and green tea extract coated on polyethylene terephthalate for extending the shelf life of minced pork meat. Food Packaging and Shelf Life, 26: 100588.

Song Y, Liu L, Shen H, et al. 2011. Effect of sodium alginate-based edible coating containing different anti-oxidants on quality and shelf life of refrigerated bream (*Megalobrama amblycephala*). Food Control, 22 (3): 608-615.

Sothornvit R, Pitak N. 2007. Oxygen permeability and mechanical properties of banana films. Food Research International, 40 (3): 365-370.

Suderman N, Isa M, Sarbon N M. 2018. The effect of plasticizers on the functional properties of biodegradable gelatin-based film: a review. Food Bioscience, 24: 111-119.

Suhag R，Kumar N，Petkoska A T，et al. 2020. Film formation and deposition methods of edible coating on food products：a review. Food Research International，136：109582.

Sun X Y，Guo X B，Ji M Y，et al. 2019. Preservative effects of fish gelatin coating enriched with CUR/beta CD emulsion on grass carp（*Ctenopharyngodon idellus*）fillets during storage at 4℃. Food Chemistry，272：643-652.

Umaraw P，Verma A K. 2017. Comprehensive review on application of edible film on meat and meat products：an eco-friendly approach. Critical Reviews in Food Science and Nutrition，57（6）：1270-1279.

Unalan I U，Cerri G，Marcuzzo E，et al. 2014. Nanocomposite films and coatings using inorganic nanobuilding blocks（NBB）：current applications and future opportunities in the food packaging sector. RSC Advances，4：29393-29428.

Valencia-Chamorro S A，Palou L，del Río M A，et al. 2011. Antimicrobial edible films and coatings for fresh and minimally processed fruits and vegetables：a review. Critical Reviews in Food Science & Nutrition，51（9）：872-900.

Valero D，Díaz-Mula H M，Zapata P J，et al. 2013. Effects of alginate edible coating on preserving fruit quality in four plum cultivars during postharvest storage. Postharvest Biology and Technology，77：1-6.

Wang X W，Sun X X，Liu H，et al. 2011. Barrier and mechanical properties of carrot puree films. Food and Bioproducts Processing，89（2）：149-156.

Wang Y，Zhang J，Zhang L. 2022. An active and pH-responsive film developed by sodium carboxymethyl cellulose/polyvinyl alcohol doped with rose anthocyanin extracts. Food Chemistry，373：131-367.

Wang Z，Hu S，Gao Y，et al. 2017. Effect of collagen-lysozyme coating on fresh-salmon fillets preservation. LWT，75：59-64.

Ward G，Nussinovitch A. 1996. Gloss properties and surface morphology relationships of fruits. Journal of Food Science，61（5）：973-977.

Wihodo M，Moraru C I. 2013. Physical and chemical methods used to enhance the structure and mechanical properties of protein films：a review. Journal of Food Engineering，114（3）：292-302.

Wu C，Sun J，Chen M，et al. 2019. Effect of oxidized chitin nanocrystals and curcumin into chitosan films for seafood freshness monitoring. Food Hydrocolloids，95：308-317.

Wu J L，Chen S F，Ge S Y，et al. 2013. Preparation，properties and antioxidant activity of an active film from silver carp（*Hypophthalmichthys molitrix*）skin gelatin incorporated with green tea extract. Food Hydrocolloids，32（1）：42-51.

Wu J L，Sun X Y，Guo X B，et al. 2018. Physicochemical，antioxidant，*in vitro* release，and heat sealing properties of fish gelatin films incorporated with beta-cyclodextrin/curcumin complexes for apple juice preservation. Food and Bioprocess Technology，11（2）：447-461.

Wu J，Liu H，Ge S，et al. 2015. The preparation，characterization，antimicrobial stability and *in vitro* release evaluation of fish gelatin films incorporated with cinnamon essential oil nanoliposomes. Food Hydrocolloids，43：427-435.

Yildirim S，Rocker B，Pettersen M K，et al. 2018. Active packaging applications for food. Comprehensive Reviews in Food Science and Food Safety，17（1）：165-199.

Yousuf B，Sun Y Q，Wu S M. 2021. Lipid and lipid-containing composite edible coatings and films. Food Reviews International，（33）：1-24.

Zhang L M，Liu Z L，Sun Y，et al. 2020. Effect of alpha-tocopherol antioxidant on rheological and physicochemical properties of chitosan/zein edible films. LWT-Food Science and Technology，118：108799.

Zibaei R，Hasanvand S，Hashami Z，et al. 2021. Applications of emerging botanical hydrocolloids for edible films：a review. Carbohydrate Polymers，256：117554.

第 7 章　品质调控新技术展望

随着当前生活水平的提高，人们不仅关注肉糜制品的安全，而且要求肉糜制品的高品质。因此，生产高质量的肉糜制品对肉类生产商和加工商来说是一个重要且具有挑战性的问题。然而，这方面存在巨大的知识缺口，需要寻找新的品质调控新技术来生产高品质的肉制品，以满足消费者的需求。因此，本章节主要介绍新型调控肉糜制品的技术，包括脉冲电场、电子辐射、超声波、3D 打印技术、组学技术。

7.1　脉　冲　电　场

7.1.1　脉冲电场的简介

脉冲电场（pulsed electric field，PEF）是一种很有前途的非热加工技术。将处理的样品放置在两个电极板之间，通过改变电压（0～35kV）、频率（100～1000Hz）、处理时间，在室温下连续操作，对样品施加电压短脉冲（胡娟，2021）。PEF 处理系统主要由五个部分组成：①高压电源；②用于能量存储和放电的电容器组；③提供给定电压、波形和脉宽的脉冲发生器；④用于设置和监控条件的控制系统；⑤至少配备放电电极和接地电极两个电极的处理室，根据被处理样品的状态（固体、半固体、液体、半液体），可分为批量处理室和连续处理室。PEF 的电极结构通常遵循平面、同轴和轴向几何的原则。脉冲波形一般有方波、指数衰减波以及钟形波，其中方波和指数衰减波在实际应用中较为常见。方波是通过一系列输送电线模拟的电感电容产生，而指数衰减波由简单的电容充放电产生，相较而言，平方波的脉冲发生电路价格较昂贵，但方波比指数衰减波具有更高的能量和使细胞失活的效果。根据脉冲波极性的不同，其通常可分为单极脉冲和双极脉冲两种典型，单极脉冲是一组正波或负波，而双极脉冲（图 7.1）是一组由一个正波和一个负波组成的脉冲对，与单极脉冲相比，双极脉冲对细胞膜的通透性更有效（熊强等，2022）。电场强度、脉冲数、处理时间、脉冲波形、处理温度和能量密度是影响 PEF 处理效果重要的参数。应用于食品工业的 PEF 其电场强度一般为 0.1～80kV/cm，可以通过改变电源输出电压、电极间的间隙以及电极的形状得到较优的脉冲处理方案（Soliva-Fortuny et al.，2009）。

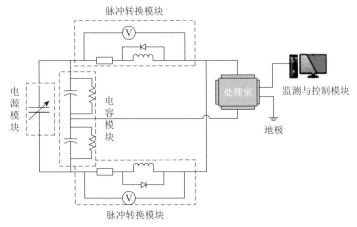

图 7.1　可产生双极脉冲的脉冲电场系统图

　　PEF 处理使食品的结构发生改变，但不会产生有害微生物污染，对食品品质特性来说，PEF 处理技术很大程度上降低了食品感官和理化特性的不利变化，从而优于传统的食品热加工处理技术（董铭等，2019）。PEF 技术通常被认为是一种非热加工技术，在产生 PEF 时虽然不可避免地会产生一定程度的欧姆热，但是 Gerlach 等（2008）在研究中发现，PEF 对食品的升温幅度较小，对食品的品质不会产生影响。研究显示 PEF 能替代热加工处理技术或与热加工处理技术联用，且处理时能量的损失比较小，因此成为食品加工业极具应用潜力的技术，近年来引起了国内外研究学者的广泛关注（董铭等，2019）。

7.1.2　脉冲电场的分类

　　随着 PEF 对食品作用机理的深入研究，国内外学者对于这项技术的主要作用机理也提出了很多的猜想，但是尚没有完全统一的解释。但是大部分对 PEF 作用机理的假说都涉及对微生物细胞膜的影响。其中对于 PEF 技术的假说主要有以下几种：电穿孔理论、跨膜电压理论、等离子理论、电解产物理论等。

1. 电穿孔理论

　　“电穿孔效应”被认为是 PEF 处理导致微生物细胞失活的关键因素，同时在优化冰鲜食品冷冻工序、辅助萃取功效成分等方面发挥了重要作用。微生物细胞膜主要由磷脂双分子层和蛋白质组成，其结构稳定。当微生物处于高压 PEF 中时，膜上的磷脂双分子层结构发生变化，细胞膜原有的蛋白质通道和孔洞都打开，膜上出现新的疏水性膜孔，并随着电场强度的改变逐渐转换为亲水性膜孔。各种小分子物质包括水分子会通过打开的膜孔进入细胞内部，随着进入细胞内的小分子物质不断增加，细胞膨胀最终导致细胞裂解死亡。

当细胞暴露于外部电场时，会感应出额外的电势，这取决于细胞周围施加的电场强度。穿孔的形成主要可分为以下四个步骤：①将食物放置在两个电极之间，通过施加的外部电场导致离子沿所施加电场的力线方向（在细胞内部和外部）移动，这会导致离子在膜上的积累，从而引起细胞极化，进而产生跨膜电位差；②由于膜两侧的带相反电荷的离子之间的吸引力，膜的厚度就会减小，在跨膜电位差产生后膜形成结构不稳定的亲水性小孔；③在持续的电场处理过程中小孔逐渐变大，数量逐渐增加；④细胞内化合物（核酸、功效成分等）经穿孔泄漏（Saulis，2010）。穿孔的形成要求细胞膜内外存在足够的电位差，Weaver（2000）指出形成穿孔所需的跨膜电位通常为 0.5～1.5V，这就要求电场必须达到一定的临界电场强度。实现电穿孔所需的电场强度取决于几个因素，如食品的固有性质（固态、液态、黏弹性及介电特性）、电场处理参数（温度、脉冲处理时间、脉宽和脉冲数）、细胞属性（类型、大小、形状）和膜特性（离子强度、厚度和结构）等（Saulis，2010）。在低 PEF 强度下，电穿孔通常是可逆的，可逆穿孔往往在电场消失后自主恢复，而要形成不可逆穿孔则需要更高强度的 PEF。且不同的细胞形成不可逆穿孔所需的电场强度也不同，植物组织细胞形成不可逆穿孔大概需要 0.7～3kV/cm，动物细胞大概需要 1～10kV/cm，微生物细胞则需要 10～40kV/cm（Nowosad et al.，2021）。

2. 跨膜电压理论

该理论认为细胞膜相当于一个充满电介质的电容器，当施加高压 PEF 时，膜内存在的大量带正负电荷的粒子在电场作用下移动，随着两端带同一电荷的粒子不断累积，电荷在膜上的分布会引起电势差，出现一定强度的电压。当外部电场加到细胞两端时，会使跨膜电位（transmembrane potential，TMP）增大，且随着电场强度的增大或处理时间的延长，TMP 不断加大，使膜两侧受到的挤压力也不断增大。此时，细胞膜产生黏弹性恢复力对抗膜两侧的挤压力，由于挤压力增长速度远快于黏弹性恢复力的增长速度，细胞膜厚度不断减小，当 TMP 达到 1V 时，细胞膜将被局部破坏，产生微孔。但细胞有自我愈合的能力，如果微孔能自行修复闭合，称为"可逆击穿"；如果外加电场超过了临界电场强度继续增大或长时间作用，大量的大尺寸孔会形成，"可逆击穿"就会成为"不可逆击穿"，细胞膜产生机械性的破坏，细胞内物质流出细胞，进而导致细胞死亡（张艳等，2012）。

微生物细胞膜是由磷脂双分子层和蛋白质组成，膜内存在着大量的带正负电荷的粒子，当外部施加高压 PEF 时，膜内的带电粒子在电场作用下移动，膜内外出现电势差。由于膜内外正负离子之间互相吸引对细胞膜产生挤压的作用，当对细胞膜的挤压力大于细胞膜的恢复力的时候，细胞膜受到破坏，细胞死亡。

3. 等离子理论

高强度的 PEF 可以激发产生等离子体,等离子体由中性或亚中性电离气体形成,气体在高强度的能量场(高压 PEF)中发生解离,被电离的气体可以是空气、O_2、N_2 或包含一定比例的稀有气体(Ar、He 或 Ne)的混合物,电离可在大气压和接近环境温度的条件下产生。虽然高压电场是最常见的激发场,但实际上光、热、辐射都可以对气体产生电离。这些电离气体包括光子、自由电子、正负离子、处于基态或激发态的原子以及多种自由基,这些粒子结合起来具有灭活食品表面微生物的能力(Pankaj et al., 2014)。利用等离子体的有效处理时间约为 3~300s,食品的质构和化学组成、微生物种类、处理介质、细胞数量和生理状态、气体成分和气流量等是影响低温等离子体处理效果及处理时间的主要因素(Ziuzina et al., 2014)。研究表明,等离子体对革兰阴性和革兰阳性细菌、真菌以及通常很难灭活的孢子具有良好的抗菌活性(Montie et al., 2000)。

4. 电化学反应与自由基激活理论

电极表面发生的电化学反应导致正负电极周围发生部分电解。当电极间介质存在水分子时,电解会产生 H^+ 和 OH^-,电解氧分子则会产生活性氧(ROS),包括超氧阴离子(O_2^-)、单线态氧($^1O_2$)、过氧化基团(H_2O_2)和臭氧(O_3),进一步暴露于 PEF 将促进 H_2O_2 与 O_3 进行反应生成羟自由基(·OH),当电极间介质为空气时,将电解产生 N_2^+、O_2^+、N^+、O^+ 和 O_2^- 离子。带电粒子如离子、蛋白质大分子和其他聚电解质会沿电场方向发生迁移,从而导致局部 pH 发生改变、引起生物大分子内部发生静电吸附,并引发大分子的构象变化(Li et al., 2007)。通过缩短 PEF 处理时间或选择双极脉冲与短脉冲模式可以减少电化学反应的发生,直流电产生的电化学反应往往比 PEF 更弱。

5. 电解产物理论

电解产物理论主要是指在脉冲电极附近的电解质被电离产生阴阳离子,这些离子在强电场作用下极为活跃,穿过通透性被提高的细胞膜与细胞内的物质结合,使得蛋白质、DNA 等物质变性(刘学军等,2006)。

7.1.3 脉冲电场的应用

1. 肉制品的嫩化

肉的嫩度很大程度上依赖于肌肉细胞的完整性,PEF 是一种独立的环境友好型的物理加工技术,在对肌肉细胞进行温和破壁的同时尽可能地避免了氧化、异味、肌肉组织的结构改变，它有可能通过增强细胞渗透从而增加蛋白质分解来改善肉类的嫩化，从而促进嫩化，这赋予了 PEF 技术在辅助嫩化肉质领域巨大的应用潜力（熊强等，2022）。

肌钙蛋白-T 和肌间线蛋白是维持肌肉细胞结构稳定性重要蛋白组分，多种研究表明 PEF 处理后的牛肉在老化过程中肌钙蛋白-T 和肌间线蛋白的水解度增加，这一结果同时伴随着牛肉样品嫩度、剪切性能的改善。Bekhit 等（2016）研究了重复（1×、2×、3×）PEF（10kV、90Hz、20μs）处理对牛肉和牛肉品质的影响，包括嫩度、透气损失、蒸煮损失、肌原纤维蛋白谱和宰后蛋白分解。研究发现 PEF 处理对热骨、冷骨腰最长肌和半膜肌肌肉的持水性及嫩度有不同程度的影响，显著提高了经过 PEF 处理后的牛肉肌肉的嫩化程度和肌肉组织结构的物理变化。且 PEF 处理不影响脂肪的稳定性，这可以被认为是 PEF 的一个优势，因为它能够改善牛肉的嫩度，而不会增加异味或异味的形成。

因此，PEF 除了是一种快速和绿色来改善肉类嫩度的工艺外，如果对肌肉进行适当的处理以优化产品质量，还可能具有改善宰后早期嫩度的优势，PEF 辅助肉的嫩化首先通过电穿孔改变肉的微观结构，促进 Ca^{2+} 离子的释放，随后钙蛋白酶被激活导致老化过程中的蛋白水解和肉的嫩化，研究显示 PEF 处理会导致溶酶体破裂从而释放组织蛋白酶和发生糖酵解过程，PEF 处理同样会导致 Ca^{2+} 离子的释放从而激活 Ca^{2+} 依赖蛋白酶，促进糖酵解（O'Dowd et al.，2013），这是早期蛋白质分解所需的，为各种肉切提供最佳条件，为较嫩的肉切提供质量升级，是 PEF 促进肉品嫩化的重要机制。

同时，PEF 辅助嫩化过程中会不可避免地造成脂肪氧化水平的提高从而影响肉制品的营养，以及感官且肉制品的种类不同也对 PEF 施加的条件产生影响，因此，我们需要根据不同的肉制品以及发生的不良反应来优化最佳的电场条件以实现肉制品更好地嫩化。Kantono 等（2019）也研究了 PEF 处理后牛肉理化性能与感官性状的改变，对新鲜牛肉样品和解冻的牛肉样品分别施加 0.8～1.1kV/cm 的 PEF（能量输出为 130kJ/kg），脉宽为 20μs，频率为 50Hz，尽管 PEF 处理后的样品都表现出脂质氧化水平的提高以及短链脂肪酸的增加，但牛肉样品在嫩度与颜色的改善上表现出优异的结果，肉样的感官形状得到了改善，表现得更加多汁。李霜等（2019）的实验结果表明，在最佳参数对牛肉进行 PEF 处理，在脉冲频率 30.5kHz、占空比 2.3%、处理时间 7min、电场强度 45kV/cm 的调控条件下，PEF 对调理牛肉中微生物致死率达到了 87.33% 调理牛肉的货架期延长了 2 天，肉制品的品质得到明显的改善。另有实验（张艳等，2012）表明：鲜肉在经过 PEF 作用后，其鲜嫩度增加，新鲜猪肉经 PEF 处理后，其浸出汁中总氨基酸含量明显增加；在 5kV/cm 的高压电场下处理 30s，总氨基酸含量增加了 37.56%。说明高压电场破坏了多肽链，促进了蛋白质分子降解。

PEF 技术增强细胞破坏的潜力提供了一种能源高效和环境友好的食品加工替代方法，除了具有快速和绿色工艺的优势外，还可能具有改善宰后鲜肉嫩度的优势，为肌肉细胞结构提供快速和经济高效的改变，进而可能对肉类行业产生重大的好处。

2. 抑制微生物的生长

微生物的生长繁殖是食品腐败的重要原因，因此杀灭或抑制微生物生长是延长货架期的基本方法。传统的食品杀菌方法是采用高温短时处理，极易引起食品的基本性质，如组织软烂和风味色泽的恶化、蛋白质热变性等，严重影响食品质量。从而催生了非热加工技术高压 PEF 技术的产生。PEF 与传统的热力杀菌法相比，不仅能保证食品在微生物方面的安全，而且能较好地保持食品固有的营养成分、质构、色泽和新鲜度。Bendicho 等（2002）在中等温度下使用 PEF 灭活牛奶中的微生物和某些酶，并研究牛奶中微量营养的变化。在 400μs、18.3～27.1kV/cm下，除维生素 C 外，其他几种水溶性、脂溶性维生素含量不变；在 400μs、22.6kV/cm下，保留的维生素 C 比低温长时（63℃，30min，保留 49.7%）或高温短时（75℃，15s，保留 86.7%）巴氏灭菌要多，进而说明 PEF 处理对食品组成的改变影响比热处理小。此技术虽起步较晚，但能满足消费者对食品营养、原汁原味的要求，因此日益受到重视并发展很快。

PEF 通过介电击穿、电穿孔等机制对微生物起到杀菌作用。PEF 的杀菌原理基于以下两个方面：一方面使微生物的细胞膜产生不可修复的孔洞从而使其死亡；另一方面使微生物的细胞膜产生可修复的孔洞从而使其亚致死。研究表明，PEF 处理还能通过改变酶的二级结构从而钝化酶活性（Sharma et al.，2018），此外，PEF 处理后介质升温小，一般不会超过 5℃（陶晓赞，2015）。因此，PEF 能够在相对较低温度下杀灭食品中的微生物，从而延长食品货架期。目前，PEF 技术已投入到肉制品领域和液态食品杀菌保鲜的生产应用中。在肉制品的杀菌保鲜的研究中，李霜等（2019）探究了 PEF 对调理牛肉的杀菌效果，结果表明调理牛肉的 PEF 最佳处理参数为：脉冲频率 30.5kHz、占空比 2.3%、处理时间 7min、电场强度 45kV/cm，此条件下 PEF 对调理牛肉中微生物致死率达到了 87.33%，调理牛肉的货架期延长了 2d，且其感官品质无显著降低。

在液态食品的杀菌保鲜方面，张鹰等（2004）在不同条件下使用 PEF 处理鲜牛乳，实验发现，PEF 对牛乳中乳糖的含量没有显著影响，最大限度地保持牛乳中这一营养成分，同时氨基酸的总含量不但没有减少，还略有提升。周媛等（2006）对高压脉冲杀菌处理全蛋液的最佳处理条件做了研究。结果表明，在电场强度为 17198kV/cm、脉冲宽度为 2μs、流速为 25mL/min，能够达到相对较好的杀菌效果，相比巴氏杀菌（64℃，3～4min）处理全蛋液大约将微生物数量降低 1 个对数，巴氏杀菌较高的处理温度对于蛋液成分及功能性质的保留相当不利。从实验结果来看脉冲杀菌可以将微生物数量降低3个数量级，且不会使蛋液中的蛋白质因温升而变性。Evrendilek等（2004）研究得出，在脉冲持续时间3.7μs、频率250Hz、牛奶流速为1ml/s、总处理时间为460μs、电场强度为3.5kV/m的条件下，处理过的脱脂牛奶样品中金黄色葡萄球菌的数量明显减少，相对于对照组，在4℃下冷藏两周后，仍存活的菌体细胞数明显减少。在高压PEF对西班牙的一种低酸蔬菜饮料horchata中产气肠杆菌的控制实验结果表明，在10℃、12℃、16℃时，PEF处理的样品细菌生长率都有所降低（Selma et al.，2003）。因此，脉冲杀菌在液态食品的应用中的优势是明显的。

　　PEF在抑制微生物的生长过程中，电场强度和脉冲频率、PEF的处理时间和处理温度都会对PEF抑制微生物生长的效果产生影响（田红云等，2004）。提高电场强度和脉冲的频率，增加了脉冲数目，间接延长了处理时间，对象菌存活率明显下降，杀菌的效果显著增加。而处理时间是脉冲个数和脉宽的乘积，在一定程度上，增加脉宽或脉冲个数，可提高杀菌率。处理时间的延长，对象菌存活率显著下降。随着温度上升，杀菌效果有所提高。

　　同时，对于不同的对象菌的种类及数量，PEF的抑制微生物的效果也不同。革兰阴性菌比革兰阳性菌对高压PEF更为敏感，无芽孢的细菌较有芽孢的细菌更容易被杀灭，而且体积越大的微生物对PEF越敏感。研究结果显示，PEF处理对大肠杆菌、金黄色葡萄球菌、荧光假单胞菌、肠炎沙门氏菌、酿酒酵母等均有明显的杀伤与抑制效果。

　　Sale和Hamiltondeg（1968）研究发现不同种类微生物对高压PEF耐受性不同，酵母菌比细菌对电场更敏感，革兰阴性菌比阳性菌更易杀灭。食品常见菌中，相同处理条件下，杀菌致死率由高到低为酵母菌、大肠杆菌、枯草芽孢杆菌、霉菌。相同处理条件，菌数低的样品菌数下降的对数值比菌数高的样品多得多（Jayaram et al.，1992）。

3. 抑制酶活

　　酶的本质是一种具有生物活性与催化效率的蛋白质，大多数酶可视为球状结构，其活性位点埋在蛋白质分子的疏水性中心部位，其往往存在金属离子作为辅因子使酶发挥催化功能，氢键、非共价相互作用以及巯基和二硫键是稳固酶的二级与三级结构的主要分子间作用力。当暴露于PEF中时，在电场力的牵引下，酶二级结构、三级结构被破坏，蛋白质大分子展开并发生偏移和旋转，分子与分子间发生团聚，酶的构象发生改变，催化位点失效（Terefe et al.，2015）。

　　酶和微生物的活性关系到食品保鲜的效果，PEF在食品保鲜上已经成功运用于流体食品如牛奶、果蔬汁、葡萄酒。研究证明PEF在抑制一些对食品保藏有害的酶方面具有显著的效果。牛奶中的荧光假单胞菌属产生蛋白水解酶，从而使牛奶易于发生凝聚变质且在冷藏期间有苦味物质产生，高压 PEF 对脱脂牛奶中荧光假单胞菌属产生的蛋白酶的失活率为 60%，对模拟牛奶中血纤维蛋白的失活率为90%。Ho 等（1995）用双极性指数衰减高压脉冲对淀粉酶、脂肪酶、葡萄糖氧化酶作用，失活率分别为 85%、85%、75%，而对过氧化物酶、多酚氧化酶、碱性磷酸酶的失活率分别为 30%、40%、5%。同时还发现酶的失活与电场强度相关，在强度分别为 13kV/cm 和 50kV/cm、脉冲数为 30 的电场作用下，溶菌酶的失活率分别为 15%和 60%。

在各种果汁的抑制酶活实验的研究中，Yeom 等（2002）使用 PEF 作用于橙汁中的果胶酯酶，处理条件为 25kV/cm，水浴温度 50℃，可使果胶甲基酯酶失活率达到 90%，并认为通过 PEF 处理方式，灭酶需要的能量要高于灭菌。Bi 等（2013）研究了 25kV/cm、30kV/cm、35kV/cm 的 PEF 处理对苹果汁酶活性、维生素 C、总酚、抗氧化能力、色泽等性质的影响，上升沿为 0.2μs 和 2μs，结果发现 PEF 处理可以灭活多酚氧化酶（PPO），保持苹果汁的维生素 C、总酚含量、抗氧化能力和色泽，较短的上升沿可以更好地保持苹果汁的品质，但对于酶活的抑制也下降。Morales-de 等（2010）对冷藏果汁豆浆饮料进行强 PEF 处理，发现 PEF 处理后过氧化物酶（POD）活性下降了 17.5%～29%，脂肪氧合酶活性下降了 34%～39%。Manzoor 等（2020）研究了 28kV/cm PEF 处理 200μs 后杏仁乳的贮藏性能，经 PEF 处理的样品脂氧合酶（LOX）和过氧化物酶（POD）分别被灭活了 50%和 45%，且经过 28d 的贮藏后，PEF 处理的样品菌落总数与热处理组相当，而粒径、游离氨基酸、脂肪酸等物化指标要优于热处理组。PEF 处理结合适度的预热（50℃）可使新鲜苹果汁中过氧化物酶和多酚氧化酶的灭活水平分别达到 68%和 71%，明显高于常规的巴氏灭菌法。

高压 PEF 技术的抑制酶活效果与电场强度、处理时间以及波形有很大关系。Ho 等（1997）对食品中常见的几种酶进行高压 PEF 处理，包括 α-淀粉酶、脂肪酶、氧化酶等，并且得出其失活率。国内李迎秋和陈正行（2006）研究了高压 PEF 处理后的大豆胰蛋白酶的抑制酶活效果，发现其失活率与电场强度和处理时间成正比。当将高压 PEF 和热处理相结合后，可以明显地提高大豆胰蛋白酶的抑制效果。清华大学史梓男等（2002）研究了西瓜汁的高压 PEF 灭菌处理，通过研究不同电场强度以及不同的处理时间情况下西瓜汁内的细菌浓度和酶活性的变化，试验 30s 后细菌下降到 10%，同时酶活性也发生了很大的变化。然而 PEF 对新鲜蔬菜、水果、肉制品以及海产品的杀菌研究很少，可能与 PEF 处理的形式以及它的穿透能力有关。在抑制酶活上，酶活性与食物来源、分子大小、微观结构和 PEF 处理条件有很大的关系，目前 PEF 在液体产品中的广泛应用，也是基于这一原理。

4. 辅助干燥预处理

传统的热风干燥会对食品中的热敏性成分和风味物质产生负面影响，造成营养流失和品质劣变，区别于传统干燥技术，PEF 通过"电晕风"作为驱动力，其在工作过程中不产生明显的升温效应，电流体被认为是产生"电晕风"的主要原因，在高压电场作用下电流体产生大量高能电子与离子，这些高能粒子与其他气体分子不断碰撞，并产生大量的次级激发态物质，在电晕风的裹挟下自放电，电极流向接地电极（Bai et al.，2013），这些被激发的粒子所携带的能量作用在食品物料上，已被证明是加速食品脱水和解冻的主要原因。

王维琴等（2005）研究使用高压 PEF 对甘薯干燥做预处理的实验，结论表明：经过高压 PEF 预处理的甘薯样品在渗透脱水后的质量都有一定增加，电场强度和脉冲数对干燥速率都有影响。其中脉冲数为 50，电场强度为 1kV/cm 和 2kV/cm 的处理条件，对渗透脱水的固形物增加率较小；电场强度为 2kV/cm、脉冲数 70 和电场强度 1kV/cm、脉冲数 50 时，有较高的热风干燥速率和较低的含水量。Wiktor 等（2016）研究了 PEF 处理对胡萝卜干燥动力学及干燥后色泽和微观结构变化的影响，在 5kV/cm 处理 10 个脉冲数后样品的干燥时间缩短了 8.2%，水扩散系数提高到了 16.7%，同时干燥后的样品保持了良好的色值。Liu 等（2020）将胡萝卜进行 PEF 预处理（0.6kV/cm，0.1s）后进行真空干燥动力学研究，发现 PEF 处理可以加速胡萝卜组织中水分的去除，在温度为 25℃和 90℃时，真空干燥时间分别减少了 55%和 33%。

Yamada 等（2020）将传统热风干燥与 PEF 处理（0.4~3kV）结合，研究了 PEF 对 9 种水果蔬菜和 2 种海产品在热风干燥过程中干燥速率的变化，结果表明，PEF 预处理后的叶菜类干燥速率提高了，而根茎类蔬菜干燥速度没有受到影响，这可能是由细胞组织的物理特性不同造成的。Rybak 等（2020）对 PEF 处理后的甜椒汁及甜椒汁喷雾干粉进行评估，结果发现 PEF 处理可以提高极性（维生素 C）和非极性（类胡萝卜素）生物活性物质的含量，但是过高的 PEF 能量输入又会导致这些生物活性物质的降解。

综上所述，PEF 已经用于各种干燥过程中的预处理，如热风干燥、空气对流干燥、真空干燥、冷冻干燥、喷雾干燥等，在对生物活性物质的保留上，PEF 预处理尚未发现明显的趋势；在颜色保持上，PEF 预处理样品通常能够更好地保持样品原有的色泽，但这也取决于食品的结构和加工条件；在质地上，温度的影响通常大于 PEF 对其的影响。因此，PEF 在食品的预干燥处理上具有更显著的优势。

5. 辅助提取

传统的提取技术效率低、成本高昂且溶剂选择困难，近年来，一些新的提取方法，如 PEF、高压放电、超声波、微波萃取、亚临界和超临界流体萃取等已被提出并作为提取高附加值产物的替代方法（Dalvi-Isfahan et al.，2016）。PEF 处理可以导致电穿孔，使细胞膜结构发生破坏，从而导致胞内物质溶出（Rosello-Soto et al.，2015）。此外，PEF 增强传质以及极化生物大分子的能力也可能是其提高提取效率的重要原理。PEF 已被用于改善水果和蔬菜中细胞内化合物的提取，可有效增加其多酚类、黄酮类以及色素等的提取，并且可以有效增加提取物的抗氧化活性。韩玉珠等（2005）通过试验优化了用高压 PEF 提取中国林蛙多糖的试验条件，并与碱提取法、酶提取法以及复合酶提取法进行了比较。结果显示用 0.5%KOH 提取液、在电场强度为 20kV/cm 和脉冲数为 6μs 的条件下用高压 PEF 提取林蛙多糖的提取率最大，为 55.59%。比较高压 PEF 提取法与碱法、酶法以及复合酶法在林蛙多糖提取率、总糖含量方面的差异，高压 PEF 提取的林蛙多糖提取率和总糖含量均高于其他三种方法，其提取率是复合酶法的 1.77 倍，总糖含量高于复合酶法 6.34%，且提取物中杂质少。李圣桅等（2021）优化了 PEF 辅助提取蓝靛果中花青素的工艺，确定了当乙醇体积分数 67%、电场强度 20kV/cm、脉冲数 10 个、液料比 1∶78g/mL 时，花青素提取量最佳，为 34.20mg/g，且与传统工艺进行了对比，发现 PEF 辅助提取时具有溶剂消耗少、提取时间短、花青素提取量多的优势。El Kantar 等（2018）研究了 PEF 对柑橘类水果（橙子、柚子和柠檬）多酚提取效率的影响，全果和果皮分别用 3kV/cm 和 10kV/cm 的 PEF 进行处理，通过 PEF 处理橙汁、柚子汁和柠檬汁的出汁率分别提高了 25%、37% 和 59%，结合 50% 乙醇进行协同提取，全果和果皮中多酚的提取率较空白组均有提高。Martín-García 等（2020）以 PEF 作为预处理手段期望改善啤酒酿造废渣酚类化合物的回收率，实验表明使用 2.5kV/cm、50Hz 的 PEF 处理 14.5s 可以将游离酚和结合酚的总回收率分别提高 2.7 倍和 1.7 倍。

综上所述，PEF 作为一种辅助提取的手段已经显示出较传统提取方法的优势和潜力，但是由于 PEF 提取的有效性主要取决于细胞膜的通透性，所以单一的 PEF 处理应用范围比较狭窄，主要用于提取水溶性成分或不需要分离纯化的混合物且所需的电场强度较高，相较而言，PEF 辅助溶剂的提取可使 PEF 的强度以及溶剂的用量得到明显的降低，但在辅助溶剂提取中也不可避免地会造成溶剂的残留和污染（熊强等，2022），所以，在后续的实验研究与 PEF 在食品中的应用过程中，我们接下来可以探究 PEF 与其他提取方法如酶法提取相结合，提高 PEF 在食品工业上的应用效果。

6. 辅助解冻

冷冻食品在使用之前大都需要经过解冻过程，而在食品的冻结解冻过程中必然会发生各种物理、化学变化，影响食品品质。因此，要使解冻之后的食品的品质保持得更好，就要研究适当的解冻方法、装置以及关键的冰水相变过程，使食品在解冻过程中解冻时间尽可能短，解冻终温尽可能低，解冻食品的表面和内部的温差尽可能小，汁液流失尽可能少。

在冻结过程中，随着温度降低，液态水进入过冷状态，当发生初始冻结时冰核突然生成，此后，以冰核为核心冰晶开始生长（Sun et al., 2008）。冰晶的形成对冷冻食品的质量起着至关重要的作用，冰晶体积过大可能会对组织造成不可逆的损伤，导致解冻时汁液损失增加。PEF 主要作用于过冷阶段和初始冻结的发生，PEF 的应用可以改变过冷阶段的吉布斯自由能（ΔG_0），从而影响冰核的形成。在电场的作用下，结晶过程更加可控，水分子的极化和重新排列使形成的冰晶更加均匀和细小，同时与常规冷冻技术相比，电场辅助冷冻所需的能量更低。Li 和 Sun（2020）研究了 PEF 处理对大西洋鲑鱼冷冻及解冻品质的影响，1kV/cm 的 PEF 被持续施加在（10.0±1.5）g 的新鲜鱼块上，同时在-18℃进行冷冻，在 10℃进行解冻，结果表明，施加 PEF 后，从-2℃到 0℃的解冻时间缩短了 20min，尽管在色度上表现出一定程度的劣变，但 PEF 处理组解冻后的样品肌肉纤维保存更好，质量总损失降低了 6%，表现出更好的贮藏新鲜度。方胜等（2003）对冻豆腐在 PEF 中的相变情况及作用效果进行试验研究。结果表明，冻豆腐在高压 PEF 中的解冻速度随着脉冲频率的增加而加快，失水量随着电场强度的增大而减少。通过 PEF 解冻的豆腐，不论从外观还是品质方面来讲，变化与新鲜产品差异不大，这一结果也说明了冻豆腐在解冻过程中与失水率的关系。Wiktor 等（2015）使用 9 种不同参数的 PEF 对新鲜苹果组织进行预处理，并用乙醇作为冷冻剂考察苹果组织的冻融性能，结果指出 PEF 预处理可使冷冻时间缩短 3.5%～17.2%，冷冻相变阶段缩短 33%，解冻时间缩短 71.5%，然而在冷冻前 PEF 处理的样品均表现出不同程度的汁液损失，5kV/cm 处理 50 个脉冲数时汁液损失率达到了 8.9%，这可能是电穿孔引起胞内物质溶出导致的。

这些结果表明，PEF 在辅助冷冻/解冻上有巨大的潜力，避免了传统加工方法造成的一些问题，如速度慢、滴水损失高、能耗高等，但 PEF 也会引发一些高脂质食品的脂质氧化以及颜色变化等不良的效果。同时，PEF 在辅助解冻中会形成"电晕风"，明显加快食品的干燥，可能会造成食品产生异味以及变质。因此，我们在利用 PEF 的同时需要考虑对食品本身的影响，针对不同食品不断优化最佳 PEF 的工艺参数。

7.2　电子辐射

7.2.1　电子辐射的简介

电子辐射加工技术是利用电子加速器由高能电场中电子跃迁而产生的高能

电子束，对被辐射的物质进行加工处理。这种技术的诞生为各个领域的发展创造了巨大的经济效益（闫虹等，2014）。因为它不同于传统的加工技术，所以被称为人类加工技术的第三次革命（闫虹等，2014）。电子束辐射加工技术在农业、工业以及医疗卫生等方面得到了越来越广泛的应用。在电子束辐射过程中，电子是由电子枪或电子发射器产生的，在高度真空环境下，经过 150～250kV 高压电场进行加速，高能电子束通过金属箔窗，轰击被辐照的目标，达到辐射加工的目的。产生电子并使其加速的设备一般称为电子加速器或电子束发生器。

与其他的辐射方法相比，电子束辐射有极大的穿透力和极高的能量，可以在任何温度下深入到任何状态下物质的分子内进行"加工"，如辐射杀菌、辐射固化、辐射降解、辐射接枝改性或者辐射交联（An et al.，1996）。由于电子束及由它引发的高度活性中间产物不是通过分子的热运动而产生，所以能耗低、无残留物以及无环保问题，因此电子束辐射技术是清洁的加工技术，而且其反应易于控制，加工流程简单，适合产业化、规模化生产（闫虹等，2014）。

电子束通过向目标材料的原子核外电子传递能量而起作用，在这一过程中，一些电子吸收了来源于电子束的能量从原子中释放出来，产生正离子和自由电子。一些吸收了电子束能量的电子转移到更高能量的原子自由基上，形成激活的原子或分子（自由基）活性点。这些离子、电子以及激活的活性点，成为被辐射材料发生任何化学变化的引发点（于楠楠，2017）。在辐照过程中，发生交联反应的同时也发生链断裂反应，最终形成的结果取决于两种反应的速率。

7.2.2　电子辐射的分类

常见的电子辐射源分为电磁、电场辐射源，雷达系统、电视和广播发射系统及大多数家用电器设备等都是可以产生各种形式不同频率、不同强度的电磁辐射源。辐射场区划分为远区场和近区场。近区场又称为感应场，指的是以场源为中心，在一个波长范围内的区域。近区场内，电场强度与磁场强度的大小没有确定的比例关系。远区场也称为辐射场，是指在以场源为中心，半径为一个波长之外的空间范围。在远区场中，所有的电场能量基本上均以电子波形式辐射进行传播，这种电场辐射强度的衰减要比感应场慢得多。

电子是一种带电粒子，虽穿透能力没有 γ 射线强、传能线密度没有重粒子束高，但同其他高能电离射线一样，当用其照射生物体时能引起植物体原子或分子的激发和电离，从而直接或间接地影响生物体的生理生化过程。射入生物体的电子射线使染色体内的蛋白质和核酸产生一系列的生理生化反应，导致染色体断裂、倒位、易位等，使许多染色体的结构重排，从而产生突变，使生物体的遗传性发生变异。

电子加速器辐照装置按加速原理主要分为直流高压型和高频谐振型两大类。

（1）直流高压型电子加速器辐照装置产生的束流是连续束流，常用的有：电子帘型、绝缘芯变压器型、中频谐振变压器型、高压倍加器型、高频高压型、电子静电型和三相变压器型。直流高压型电子加速器辐照装置的工作原理是利用带电粒子同性相斥、异性相吸，从而使电子可以在电位场中得到加速而获得能量，电子的能量由电位场中电位差决定。

（2）高频谐振型电子加速器辐照装置产生的束流多为脉冲束流，常用的有直线型、单腔脉冲型和单腔多次加速型。高频谐振型电子加速器辐照装置工作原理是使电子束流多次通过交变电场区，每次都在同一个电压相位到达这个电场区，电子将得到一定的能量增益。最终，电子束流达到预定能量值之后，引出应用。

电子加速器辐照装置按能量分类可分为以下三种。

（1）低能电子加速器辐照装置的能量范围在 0.3MeV 以下。特点是没有加速管和扫描装置、自屏蔽，机型为电子帘加速器。主要用于涂层固化、薄膜和片材的辐射加工等。

（2）中能电子加速器辐照装置的能量范围在 0.3～5 MeV 之间。特点是主机为圆柱形扫描加速器。主要机型有地那米（高频高压）型、绝缘芯变压器型、中频变压器型、高频单腔脉冲型等加速器装置。主要用于电线电缆、发泡材料、热缩材料、橡胶等辐照加工。

（3）高能电子加速器辐照装置的能量范围在 5～10 MeV 之间。特点是扫描型加速器，电子束流可以转换为 X 射线。主要机型有辐照用电子直线加速器装置、花瓣型电子加速器装置及 5MeV 以上地那米加速器装置。主要用于医疗用辐射消毒、食品保鲜、原材杀虫、复合材料辐射固化等。

7.2.3　电子辐射的应用

畜禽经宰杀、成熟和分割等不同工序产生的新鲜肉中，各种酶的活性较高，会出现自我降解现象。加工过程中细菌在肉表面生长繁殖，极易造成肉的腐败。各种不同的西式和中式肉制品，如切片火腿、早餐肠、盐水鸭、宣威火腿、金华火腿等，营养极其丰富，但新鲜产品的货架期一般都很短（周丽萍等，2004）。近年来，人们开始对辐照在肉制品中的应用进行大量的研究，使用低剂量辐照可以对肉制品进行有效的杀菌和抑菌，延长产品的货架期。

1. 辐照技术在冷却肉中的应用

冷鲜肉营养物质丰富，富含蛋白质、脂肪、氨基酸、维生素等营养成分，是微生物繁殖的良好基质。近年来，因禽流感和非洲猪瘟爆发等原因，冷鲜肉已成肉类行业消费的主要趋势（付伟等，2019）。尽管冷鲜肉的生产、贮藏、运输和销售都在低温下进行，但中间不可避免地会发生"冷链中断"，腐败菌或致病菌便会乘虚而入；同时有些微生物具有耐低温的特性，会导致肉制品腐败变质而缩短货架期，甚至危及消费者健康。由于冷鲜肉独特的物理状态和品质特征，不宜采用高温高压、巴氏灭菌等杀菌手段，而辐照技术能进行"非热杀菌"，与其所需的低温环境不冲突，从而有效降低肉制品中食源性致病和腐败微生物的含量。

研究表明，辐照冷却肉具有良好的抑菌效果。白艳红等（2009）采用电子束辐照对冷却猪肉进行杀菌保鲜研究，结果表明，经电子束辐照的冷却猪肉样品在4℃条件下贮藏，货架期比对照样品延长 12d 左右；在 7～10℃条件下保存，货架期比对照延长 9d 左右。

研究结果表明，电子束辐照对冷却猪肉具有杀菌保鲜作用。Lewiss 等（2002）用电子束辐照无骨无皮鸡脯肉，剂量分别为 1.0kGy、1.8kGy，0℃可贮藏 28d。

试验结果表明，辐照使细菌总数降低，但随着贮藏时间和剂量的增加，其品质下降。冯晓琳等（2015）研究认为低剂量的电子束辐照对真空包装冷鲜猪肉品质影响较小；程述震等（2016）对比了同等剂量下 γ 射线和电子束辐照处理冷鲜猪肉的差异，发现电子束辐照后猪肉的理化性质、营养品质和感官风味均优于 γ 射线辐照；Kundu 等（Kundu et al., 2014；Kundu and Holley, 2013）测试了低剂量电子束辐照生牛肉片的效果，发现 1kGy 剂量电子束辐照新鲜牛肉表面对完整牛肉肌肉块的感官特性影响很小，但可降低大肠杆菌 O157：H7、VTEC 和沙门氏菌混合物存活率；肖欢等（2018）和翟建青等（2018）发现 ^{60}Co-γ 射线和电子束辐照均显著降低了冷鲜鸡的总菌落数，总挥发性盐基氮（total volatile basic nitrogen，TVB-N）值、嫩度和色度等参数均优于未辐照样品；Derakhshan 等（2018）评估了鹌鹑肉经电子束辐照后，于 4℃保存 15d 的微生物学、化学和感官变化，发现辐照降低了样品的微生物水平，且 TVB-N 含量显著降低，硫代巴比妥酸（thiobarbituric acid，TBA）水平显著升高，但感官特性变化不大，因此用 1.5～3 kGy 剂量的电子束处理鹌鹑以延长货架期比较合适。

综合以上研究结果：采用 1～3 kGy 低剂量 γ 射线或电子束辐照处理不同形态的冷鲜猪肉或其他畜禽肉品，均能显著降低微生物水平，有利于肉制品的保鲜和减少致病微生物的危害；7kGy 以上剂量辐照会产生明显的"辐照味"，生产中选用辐照剂量时需引起重视；电子束辐照后猪肉的各项品质指标均优于 γ 射线辐照，因此，建议肉制品辐照加工时尽可能选择电子束辐照手段。

2. 辐照技术在熟肉制品中的应用

我国是饮食文化大国，各地的传统名特肉制品琳琅满目，如干制品（猪肉脯、牛肉脯等）、酱卤制品（叉烧肉、酱牛肉、盐水鸭等）、熏烤制品（烤鸡、烤鸭等）、油炸制品、火腿制品等。但其中大部分产品极易受到微生物污染，导致货架期偏短，只能以供应本地为主，无法远销和外销。利用辐照技术可以抑制或杀死普通熟食包装中的微生物，延长货架期，开拓产品更广阔的市场。

　　熟肉制品的辐照可以延长货架期，特别是低温肉制品。刘弘等（1998）在辐照对糟制熟食的研究中发现，6.0kGy 辐照可使其保质期延长 10d，8.0kGy 辐照可使保质期延长 14d 以上。肖蓉等（2004）对经 7.0kGy 辐照剂量辐照的腊牛肉在辐照前后主要营养成分、食盐、酸价、过氧化值及挥发性盐基氮等理化指标进行测定，并未产生不良影响，且辐照前后风味和品质无显著差异，辐照后腊牛肉色泽更为理想，微生物指标大幅度降低，延长了腊牛肉的保质期。陈秀兰等（2005）研究表明，用大于 6.0kGy 的剂量辐照采用铝箔复合包装并经 4℃低温预处理的盐水鹅，其货架期可达 2 个月以上。王克勤等（2005）研究发现，辐照剂量在4.0～6.0 kGy 范围内时，经辐照处理的碗型包装酱汁肘的保鲜期常温下可达 2 个月。Feng 等（2016）用电子束辐照腌制的熟火鸡肉，发现脂质氧化作用不大，蛋白质氧化增加，且辐照后有褪色现象，但腌制的熟火鸡肉制品比未腌制的氧化耐受性更高；李娜等（2017）发现电子束辐照能改善真空包装烧鸡的贮藏品质，杀菌效果显著；An 等（2017）评估了 0～4.5 kGy 剂量电子束辐照后 4℃真空包装下贮藏 40d 期间熏鸭肉的质量参数和稳定性，认为低剂量电子束辐照和真空包装有利于延长保质期，且不影响烟熏鸭肉的感官特性；因此，利用 4～6 kGy 剂量的电子束辐照熟食肉制品，既可以很好地控制微生物水平，延长货架期，又不影响其感官品质。

3. 辐照技术在有害残留物降解中的应用

　　利用一定剂量的电离射线辐照肉制品，能使其中的化学污染物发生转变或降解，改变其结构和特性，从而去除食品中的重金属、抗生素、发色剂、毒素等有害残留物，同时较好地维持肉制品的品质。含铬（Cr）饲料的使用，容易导致六价铬积聚在猪肉中，为降低含铬猪肉对人体的毒性，Ren 等（2018）尝试用高能电子束辐照处理瘦肉、肥肉和大理石纹猪肉，发现该方法能将高毒性六价铬有效地还原为低毒三价铬，还原效率最高达 98.03%；李军等（2013）研究表明 4kGy剂量电子束辐照能显著降解鸡肉中的氯霉素，残留浓度为 5.42mg/kg 的氯霉素降解率达 89.7%，10kGy 剂量电子束辐照使残留浓度为 1.17mg/kg 的磺胺间甲氧嘧啶降解 34.2%；毛青秀（2013）研究发现辐照对腊肉中的亚硝酸盐具有一定的降解作用；Domijan 等（2014）发现 γ 射线能在一定程度上减少干腌肉制品中赭曲霉素 A 的含量，但由于基质的复杂性，其降低幅度有限。开展电子束辐照对更多有害残留物降解作用的研究，对打造绿色食品、保障人类健康具有重要意义。

　　同时，电子束辐照能有效降解食品中的兽药、农药残留，见表 7.1。电子束辐照茶叶的研究表明：用预冷和 3 次累计辐照（共 3kGy）的方法可有效降解其中的拟除虫菊脂类农药，若结合其他前处理措施则能够使茶叶中拟除虫菊脂类农药含量达到出口标准。杨成对等（2005）的研究表明 8kGy 的电子束辐照处理，能使 90% 以上的氨基脲降解。较低剂量的电子束能够使化学污染残留物分子或药物分子发生交联、断裂等反应，从而改变这些分子原有的空间结构及生物学特性，进而降低食品中残留药物。电子束辐照的这一特性，对其他食品的辐照处理研究也很有借鉴意义。

表 7.1　电子束辐照在食品中兽药残留降解的应用

残留对象	对象状态	吸收剂量	降解程度
克伦特罗	克伦特罗水溶液	6～10 kGy	浓度<9mg/L，降解率>95%
	呋喃西林水溶液	8～10 kGy	降解率>90%
硝基呋喃类化	呋喃唑酮/硝基呋喃妥因	8kGy	降解率100%
化合物	鱼肉及肌肉残留的呋喃唑酮代谢产物	>9kGy	降解率<50%
	呋喃妥因水溶液	8kGy	初始浓度在 30mg/L，降解后浓度在液相色谱-质谱检测限下
磺胺类物质	磺胺类物质水溶液	8kGy	浓度>110mg/kg，降解率>94%
氯霉素	水产品	6～10 kGy	降解率>93%
	虾仁	6～10 kGy	残留量由 1.4μg/kg 降至 0.1μg/kg
孔雀石绿	蜂蜜	4～10 kGy	残留量<0.1μg/kg
	鲫鱼肌肉	10.1kGy	降解率>97%

辐照保鲜技术虽然可以有效杀灭肉品中腐败菌和致病菌，极大地延长肉类的货架期，但由于人们目前对于这一技术的普遍认知程度不高，从而限制了这一技术的发展与应用。1980 年国际原子能机构、联合国粮农组织和世界卫生组织联合组织各国科学家对辐照食品进行毒理学、营养学、辐射化学及微生物学的科研试验，研究表明：对于辐照处理食品平均吸收剂量在 10kGy 以下时，不会产生毒理学危害，在此剂量及以下剂量处理的食品不再要求进行毒理学试验，同时在营养学和微生物学方面也是安全的。1999 年世界贸易组织公布：10kGy 以上剂量的辐照处理，食品也不存在安全性问题。

7.3　超 声 波

7.3.1　超声波的简介

超声波是指一系列振动频率超过人耳所能感应上限（16kHz）的声波（An

et al.，1996），它是物理介质（如气体、液体、固体）中的一种弹性机械波，和电磁波、光波等都是一种物理能量形式，但是又和它们有所区别：超声波是一种振动波，它依靠附近介质的弹性振动来传递，即它必须在具有质量的介质中传播，而电磁波和光波则属于一种粒子波，在真空中也可以传播。超声波在介质传播过程中会引起传播途径中的介质粒子发生响应，并引起质点的交替压缩与伸张（An et al.，1996）。虽然位移和速度不大，但是质点的加速度和超声振动频率的平方成正比，因此会达到非常高的量级，甚至超过重力加速度的数万倍，引起介质产生强大的物理与化学效应（张怡等，2016）。超声波技术从物理原理方面来看，该技术主要的运作原理为热动力、机械以及空化效应（图 7.2）。从 20 世纪初开始，超声波开始商业化应用，先是被用于通过回声测量水深，后被开发用于医学成像、材料无损检测等。

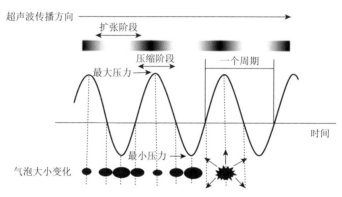

图 7.2　超声波空化效应（程新峰，2014）

7.3.2　超声波的分类

1. 按波型分类

根据波传播时介质质点的振动方向相对于波的传播方向的不同关系，可将波分为多种类型，有纵波、横波、表面波等。①纵波 L：该波也叫压缩波、疏密波。介质中质点的振动方向与波的传播方向平行的波，称为纵波，用 L 表示，纵波中介质质点受到交变拉压应力作用并产生伸缩形变，故纵波亦称为压缩波。而且，由于纵波中的质点疏密相间，故又称疏密波。凡能承受拉伸或压缩应力的介质都能传播纵波。固体介质能承受拉伸或压缩应力，因此固体介质可以传播纵波。液体和气体虽然不能承受拉伸应力，但能承受压应力产生的体积变化，因此液体和气体介质也可以传播纵波。②横波 S（T）：该波也叫剪切波、切变波。介质中质点的振动方向与波的传播方向互相垂直的波，称为横波，用 S 或 T 表示，如横波中介质质点受到交变的剪切应力作用并产生切变形变，故横波又称切变波或剪切波。只有固体介质才能承受剪切应力，液体和气体介质不能承受剪切应力，故横波只能在固体介质中传播，不能在液体和气体介质中传播。③表面波 R：该波也叫瑞利波。当介质表面受到交变应力作用时，产生沿介质表面传播的波，称为表面波。表面波是瑞利在 1887 年首先提出来的，因此表面波又称瑞利波。表面波在介质表面传播时，介质表面质点作椭圆运动，椭圆长轴垂直于波的传播方向，短轴平行于波的传播方向。椭圆运动可视为纵向振动与横向振动的合成，即纵波与横波的合成。因此表面波同横波一样只能在固体介质中传播，不能在液体或气体介质中传播。表面波的能量随传播深度的增加而迅速减弱。当传播深度超过两倍波长时，质点的振幅就会减小。④板波：在板厚与波长相当的薄板中传播的波，称为板波。根据质点的振动方向不同可将板波分为 SH 波和兰姆波。SH 波是水平偏振的横波在薄板中传播的波。薄板中各质点的振动方向平行于板面而垂直于波的传播方向，相当于固体介质表面中的横波。兰姆波又分为对称型 CS 型和非对称型 CA 型。对称型 CS 型兰姆波的特点是薄板中心质点作纵向振动，上下表面质点作椭圆运动、振动相位相反并对称于中心。非对称型 CA 型兰姆波特点是薄板中心质点作横向振动，上下表面质点作椭圆运动、相位相同不对称。

2. 按波形分类

波的形状（波形）是指波阵面的形状。波阵面：同一时刻，介质中振动相位相同的所有质点所连成的面称为波阵面。波前：某一时刻，波动所到达的空间各点所连成的面称为波前。波线：波的传播方向称为波线。

由以上定义可知，波前是最前面的波阵面，是波阵面的特例。任意时刻，波前只有一个，而波阵面却有很多。在各向同性的介质中，波线恒垂直于波阵面或波前。根据波阵面形状不同，可以把不同波源发出的波分为平面波、柱面波和球面波。①平面波：波阵面为互相平行的平面的波称为平面波。平面波的波源为一平面。尺寸远大于波长的刚性平面，波源在各向同性的均匀介质中辐射的波可视为平面波。平面波波束不扩散，平面波各质点振幅是一个常数，不随距离而变化。②柱面波：波阵面为同轴圆柱面的波称为柱面波。柱面波的波源为一条线，长度远大于波长的线状波源，在各向同性的介质中辐射的波可视为柱面波。柱面波波束向四周扩散，柱面波各质点的振幅与距离平方根成反比。③球面波：波阵面为同心球面的波称为球面波。球面波的波源为一点。尺寸远小于波长的点，波源在各向同性的介质中辐射的波可视为球面波。球面波波束向四面八方扩散，球面波各质点的振幅与距离成反比。

3. 按振动的持续时间分类

超声波按振动的持续时间可以分为以下两种。①连续波：传播时介质中各质点作相同频率的连续谐振动，是一种连续地、不停歇振动的超声波，通常具有单一的频率，一般用于穿透法和共振法测量厚度。②脉冲波：传播时介质中各质点是有一定持续时间的间歇振动，其振动频率是多个不同频率连续波的叠加，按一定重复频率间歇发射的前后不存在其他声波的很短的一列超声波，一般用于脉冲反射法、脉冲穿透法检测。

4. 按频率以及传递能量分类

根据超声频率以及传递的能量大小可将超声波分为两类，一种是高强度超声波，另一种称为低强度超声波。高强度超声波有时也会被称为低频超声波，或者功率超声波，因为这种超声波的特点是振动频率较低（10~100 kHz），但是引起的介质振幅较大，单位面积上传递的能量较大（>10W/cm^2）；低强度超声波又称为检测超声波，其频率较高（0.1~10 MHz），引起介质振幅微小，单位面积上传递的能量非常小（<1W/cm^2）（Povey and Mason，1998）。

7.3.3　超声波的应用

近些年，随着我国经济的不断发展以及人们生活水平的不断改善，肉类产业得到了长足发展，在我国食品行业中逐渐形成第一大产业。在社会主义新时期，肉类产业的主要发展目标为提高肉类品质，更好地满足人们对肉类产品日益旺盛的消费需求。当前人们更加倾向于非肉成分和食品添加剂少、加工程度较低以及食用简单方便的肉制品（邹玉峰等，2017）。超声波属于非热物理加工技术，在肉品加工中的应用较为广泛。特别是超声波中频率为20~100kHz、强度超过1W/cm^2 的低频高强度超声，可以有效改善肉品品质，提高加工效率，对于肉品加工产业的发展具有积极的促进作用。因此该技术也成为国内外研究的重点和热点，具有较大的发展潜力。

1. 在肉类杀菌中的应用

超声波产生的空化作用可用于对肉品进行杀菌（周红生等，2010）。该作用过程产生的压力将会达到50MPa以上，微生物细胞中的内容物会发生剧烈地振荡，细菌、病菌等细胞结构会随之破裂并起到有效的杀菌作用。此外，经过超声波处理后的肉及肉制品，活细胞的增殖会受到抑制、酶的活性会受到影响，杀菌效果明显提高（冷雪娇等，2012；Mason et al.，1996）。超声波可以在较好地保持肉类产品中的营养物质和风味等食用品质的基础上，有效杀灭肉品中的微生物，所以，超声波杀菌技术在肉及肉制品的加工中应用前景非常广阔。张磊等（2017）利用超声波预处理真空包装后的卤牛肉进行超声杀菌，发现与对照组相比，随着超声时间、功率和温度的增加，菌落总数随之降低，同时，肉的嫩度也得到改善。靳慧杰（2008）通过在超声功率为 40kHz 条件下，对冷却猪肉进行 0min、5min、10min、15min、20min、25min、30min 的超声处理，发现随着时间的延长，杀菌率增加，但大于 20min 的处理组之间杀菌率变化不显著。Lillard（1993）研究显示 20kHz、15～30min 的超声波处理，能有效减少肉鸡皮上沙门氏菌总数，减少量高于含氯溶液方法消毒处理。

2. 在肉类腌制中的应用

在肉类腌制中，传统的腌制方法主要有干腌、湿腌、盐水注射和滚揉腌制等，若结合超声波处理，腌制时间将会大大地缩短，腌制速率得到显著提高，应用在肉类生产中，将会大大地提高生产效率。当前，大部分科学研究者使用改进的超声波清洗器进行超声波辅助腌制实验。实验室研究不同超声参数如超声强度、超声处理时间等对肉品理化性质影响一般使用如图 7.3 所示的实验装置（I.Siró Cs.VéN et al.，2009）。将肉品浸在一个玻璃器皿中，烧杯周围的冷却池可以起到稳定温度的作用，再将整个超声探头插入距肉品表面 2cm 的腌制液中，设置不同强度和频率进行超声处理。在超声波的作用下，某些酶和细胞被激活并参与各种生理和化学反应，同时增强了细胞内外的质量传输，细胞新陈代谢过程被加速，氯化钠在肉中的渗透与扩散作用得到促进，最终使得腌制时间有效地缩短（冷雪娇等，2012）。钟赛意（2007）研究发现，超声波腌制时，食盐和香辛料等的溶出得到促进，并可以渗透到鸭肉组织中，既可以缩短腌制时间，又可以促进入味，提高口感。而且结果还表明，超声频率、功率、腌制液的盐分、腌制时间分别为 26.4kHz、400W、12%、80min 时，腌制效果最好。冯婷等（2014）分别比较了利用静置、滚揉和超声波对生鲜鸡肉腌制的效果，结果表明，超声波处理组与静置和滚揉处理组相比，在 40～60min 的腌制效果相当于静置处理和滚揉处理 120min 或者更长时间的腌制效果，大大缩短了腌制时间。唐善虎等（2017）研究结果显示，超

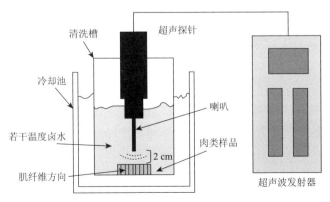

图 7.3　超声波技术应用于肉品加工中腌制的装置图

声波腌制对牦牛肉的腌制，在较短时间 75min 就可以达到感官品质总分 31.2 分的效果，而普通腌制条件下，48h 的感官品质总分为 27.4 分，可见超声波腌制大大缩短了肉类腌制时间，且提高了感官得分（感官总分为 36 分）。

3. 在肉类嫩化中的应用

肉类加工中常用的嫩化技术主要包括物理嫩化、化学嫩化和生物嫩化。物理嫩化以滚揉、吊挂和电刺激为主，但会影响肌肉组织结构的美观；化学嫩化以添加磷酸盐、钙盐等为主，但会因注射操作造成针状损坏及影响肉类风味；生物嫩化主要基于在肉中添加木瓜蛋白酶、菠萝蛋白酶等，同样会因注射操作不可避免地产生针状损伤。而超声波应用于肉的嫩化时，在空化作用、热效应、机械作用的联合作用下，有效地破坏了肉的肌原纤维蛋白、结缔组织以及溶酶体，促进了肌肉的成熟，而且肉的风味和色泽不受影响（冷雪娇等，2012；管俊峰和李瑞成，2010）。Jayasooriya 等（2007）研究结果表明，超声条件为 24kHz、12W/cm^2 的处理可以对牛肉的剪切力、硬度、蒸煮损失造成显著地降低，而不影响牛肉的色泽。付丽等（2017）以牛肉为研究对象，在不同超声处理条件下，发现超声的频率、功率、温度、时间分别为 28kHz、180W、8℃、180min 时，牛肉具有最优的持水性和嫩度。目前，超声波与氯化钙溶液相结合产生的协同作用，比单独使用两种处理达到的效果更好。张坤等（2019）研究结果显示，超声波与一磷酸腺苷（AMP）联合处理鹅胸肉，在低超声功率和短时间 AMP 处理下，达到更佳的嫩化效果，且鹅胸肉剪切力与肌原纤维小片化指数、肌动球蛋白解离程度呈显著负相关。Zou 等（2017）研究结果也显示，超声作用能显著增加鹅乳腺肌肉中肌动球蛋白的游离量。

4. 在肉类解冻中的应用

传统的解冻方法有静水解冻、流水解冻、空气解冻等，与传统解冻方法相比，超声波解冻更加快速，效率高、能效高（管俊峰和李瑞成，2010）。食品已冻结区比未冻结区对超声波的吸收高出几十倍，其中，食品对超声波吸收能力最大是在初始冻结点附近。超声波加快了热在介质中的传递（Li and Sun，2002），其携带的许多能量可以在肉的冻结处和冻结表面被很好地吸收。Shore 等（1986）研究报道，超声波在冻结肉介质中传播时，衰减程度比在未冻结肉中大，而且随着温度的增加，衰减随之显著增加，当达到起始冷冻点时有最大值。从其衰减温度曲线来看，超声波解冻比微波解冻更加快速和稳定。张昕等（2018）研究结果表明，超声波解冻相比于传统的静水解冻，不但可以有效提高鸡胸肉解冻速率，而且能够显著地改善其新鲜度，但超声波处理对解冻后的鸡胸肉品质产生了一定的负面影响。针对不同的超声功率解冻，综合比较得出 180W 对肉的品质影响最小。

蒋奕等（2017）研究超声波解冻对猪肉品质的影响，当利用不同的超声功率处理猪肉时发现，超声波处理虽然可以缩短解冻时间，但会导致损失较多的汁液，而且，随着超声波功率的增大，会增加猪肉的蒸煮损失。

5. 在肉类无损检测中的应用

超声波检测是指 0.5～20 MHz 的高频声波与不同物质之间相互作用，通过被测物质声学特性获得物质内部组织结构变化和理化性质的一种无损检测技术（史晓亚等，2017）。当超声波在不同介质中穿过时，会发生反射、投射、散射和吸收，由于穿过时产生不同的衰减系数等特征参数，则肉品与声波相互作用时所产生的特征信息便可以通过穿透之前和穿透之后特征参数的变化来确定，从而达到对肉类进行快速无损检测的要求（杨东等，2015）。李涛（2013）利用超声波识别生猪肉中猪眼肌肉脂肪含量的 B 超图像，并结合支持向量机分类器不仅可以很好地检测猪眼肌脂肪含量，并以此进行分类，而且识别正确率可以达到 94.9%，为无损检测在生猪脂肪含量的应用上提供了一定的参考。Correia 等（2008）发现，将超声波声速的变化用来检测剔骨的鸡胸肉中的碎骨，可以为经常食用鸡胸肉的人群提高安全性。De 等（De et al.，2015）通过建立的回归模型发现，利用超声波技术检测腌制猪肉中盐分和水分的含量与超声波的传播速度呈线性相关，即超声波技术可以应用在预测腌制肉中盐分和水分含量上。

7.4　3D 打印技术

7.4.1　3D 打印技术的简介

3D 打印技术是一种以计算机数字技术为基础，经过三维建模、模型切片、信息加工、逐层打印等步骤并最终形成三维实体的技术，集合了数字处理、计算机、数控、材料等多种现代技术（Dankar et al.，2018；Liu et al.，2017；Gribnau，1992）。其具体工作流程如图 7.4 所示。该技术的核心是基于计算机控制的数字化语言，通过层层叠加的方式逐层沉积构建三维实体结构，其主要包括两个方面：一是利用计算机三维建模软件（CAD、3DMax、Sketchup 等）或 3D 扫描仪进行三维模型的设计，然后通过切片软件如 Slic3r、Simplify3D 等将模型加工成 3D 打印机可识别的数字化语言；二是利用数控系统，在模型数字语言的指导下精确控制喷头的打印路径、出料速度、打印温度等工艺参数，以层层打印的形式构建实体。由于 3D 打印技术能够满足模型设计和快速成型的高度专业化需求，目前在生物医药、建筑制造、航空航天等领域都已开展了大量的应用研究（Trivedi et al.，2018）。

图 7.4　食品 3D 打印流程图

　　3D 打印技术可以快速将设计者的产品设计思维准确地转化为实体构件，具有主观可控性的优点，如具有定制化设计食品结构（生产一些普通人无法制作的形状复杂、结构特异的食品）、个性化和数字化营养定制（根据个人的身体状况对个人的营养和能量需求进行数字化个性化定制）、简化供应链（简化传统的食品供应链，将使得食品生产制造慢慢流向客户终端，降低分销成本）、拓宽食品原料来源（通过使用昆虫等非传统食品材料来拓宽食品原料来源）等（Liu et al.，2017，2018a，2018b）。实现了成本效益的可持续食品生产，比传统产品更具有特色，给食品领域带来了显著的创新。同时，3D 打印机具有能装备和集成传统加工手段能力，如剪切、挤压、加热、超声、微波、油炸、红外等，这给了 3D打印技术一个巨大的成长空间。而在多组分体系中，蛋白质、碳水化合物、脂肪/油和水的变化都将改变产品的品质，因此食品 3D 打印除了能改进传统原料的流变特性和品质以外，还能通过定制食品的含量来调节产品的风味品质。另外还可以通过外界因素（光、热、酸碱、温度等）刺激打印产品的形状、颜色和风味等发生变化来调控打印的品质，这也是最新提到的一个 4D 打印的概念（Wang et al.，2021）。毫无疑问，在未来 3D 打印将是最快取代传统加工的一种技术。

7.4.2　3D 打印技术的分类

　　目前应用在食品领域的 3D 打印技术主要有挤出型 3D 打印技术、选择性激光烧结成型技术（SLS）、黏结剂喷射成型技术（3DP）和喷墨打印技术（Liu et al.，2017）。每种食品 3D 打印技术都有其自身的优势和局限性。表 7.2 简单列举了不同的食品 3D 打印技术的特点。

表 7.2　不同食品 3D 打印技术的比较分析

	挤出型 3D 打印技术	选择性激光烧结成型技术	黏结剂喷射成型技术	喷墨打印技术
可用食品材料	面团、胶体、巧克力等浆状食品材料、相变型凝胶材料和相变型热融材料	粉末状且加热融化的食品材料，如巧克力、植脂末等	液态高黏度食品级黏合剂和粉末状食品材料，如淀粉、糖粉等	低黏度食品材料，如番茄酱、比萨酱等

续表

		挤出型 3D 打印技术	选择性激光烧结成型技术	黏结剂喷射成型技术	喷墨打印技术
3D 打印精度影响因素	物料性质	流变特性、热力学性质和机械性能	粒径、融化温度、流动性、润湿性	粉料的粒径、流动性等；黏合剂的黏度、表面张力等	流变特性、表面能、与食品表面的兼容性
	打印参数	喷嘴直径、打印速度、层高、挤出速度等	热源类型、喷嘴直径、扫描速度、能量密度等	打印速度、喷嘴类型、喷嘴直径、层高等	打印速度、喷嘴直径、打印温度等
	后处理	烤焙、蒸煮、油炸等	去除未烧结的粉末、表面抛光	热处理、去除多余粉末	无
优势		可用食材范围广、设备简单、成本低	可打印中空且复杂精细的食品结构	可打印复杂精细的食品结构、实现多彩打印	可用食材范围广、速度快
局限性		形状打印的自由度稍差、精细食品结构的成型性较差	可用食材有限、与传统食材的兼容性差	可用食材有限、与传统食材的兼容性差	打印结构稳定性差、只能打印偏平面结构

挤出型 3D 打印技术，其原理和设备结构简单，造价成本低且易于操作，可适用于肉糜、面团等许多的浆状食品材料和可加热融化的巧克力等，能够很好地兼容传统食材，适用范围广，是目前食品领域应用最广泛的 3D 打印技术（Diañez et al., 2019）。通常在挤出型食品 3D 打印过程中，打印材料被装载在一个可移动的注射器中，通过外部机械力挤压注射器，使材料通过喷嘴而沉积在一个表面上并与之前打印的层粘连，最终在模型数据的指导下层层打印成型。为了使得材料具有合适的黏度被挤出，还需要给予一个合适的打印温度（Zheng et al., 2021）。打印的过程都涉及材料的流动，因此打印品质的好坏与材料流变特性密切关联。对于采用挤出型 3D 打印的材料，考虑材料在打印过程中各个阶段的流变特性是至关重要的。因此结合打印的过程，可将其分为三个阶段：挤出阶段、恢复阶段、自支撑阶段（Tian et al., 2021；Liu et al., 2019）。如图 7.5 所示，在挤出阶段，材料首先经过热处理，赋予适合打印要求的黏弹性等流变学性能，从而调控后面的挤压沉积成型过程。然后挤压材料，使其通过打印喷嘴，这需要材料具有合适的屈服应力和黏度，以保证材料能顺利被挤出。在挤出后，由于材料在通过极细喷嘴挤出会经历高剪切作用，因此需要打印材料具有剪切变稀的响应性，以确保材料能顺利通过喷嘴；在恢复阶段，材料同时经历了从高剪切到低剪切和从高温到低温的作用，因此需要考虑材料的剪切应力快速响应性以及温度对黏度的快速响应性，以保证在挤出后材料能在较短的时间内恢复到具备足够的黏度和模量以保持良好的成型性，不会出现丝线的流散而发生坍塌。最后，在稳定阶段，材料需要有足够的机械强度以满足支撑来自下

一层的重量，同时需要维持已有的形态不变，因此需要考虑打印后材料的屈服应力和模量。同时打印参数（如打印温度、喷嘴直径、喷嘴高度、挤出速度和喷嘴移速度）对实现高质量的 3D 打印也是至关重要的（Dankar et al.，2018）。在打印的三个过程中，每个阶段的流变特性都对打印的品质起到密不可分的影响。而对于打印能力的评估，通常用一维结构、二维结构、三位结构和具备异型的三维结构来评估，分别描述挤出的丝线的流畅性、平面的填充性、立体结构的保型性和稳定性。对需要进一步后处理的 3D 打印食品（如饼干、蛋糕等），其在后处理过程中的结构稳定性也是影响最终产品质量的关键因素之一（Liu et al.，2017）。

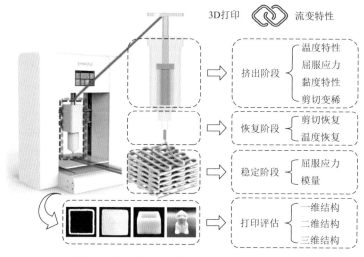

图 7.5　流变特性与挤出型 3D 打印的关系

选择性激光烧结成型技术（selective laser sintering molding，SLS）是一种应用激光器（热源）将粉末颗粒选择性地逐层烧结熔合在一起并最终形成三维结构的技术（Trivedi et al.，2018）。SLS 应用在食品领域虽然可以生产高分辨率且结构复杂的 3D 结构，极大地实现 3D 食品打印的定制化设计优势，然而其在食品行业中的广泛应用有两个障碍：一是能够发生稳定相变的食品粉末状材料种类较少，如巧克力、糖粉、植脂末等；二是在熔融的条件下很多食品材料会发生分解破坏。这两方面的因素极大限制了 SLS 在食品行业的应用。粉末材料的粒度、流动性、堆积密度和润湿性等材料特性对 SLS 打印精度有很大影响。打印参数（如热源类型、热源直径、功率和扫描速度）对 SLS 打印质量有显著影响。粉末材料和激光束之间的相互作用对 SLS 结构的质量至关重要。打印完成后，SLS 样品可能需要进一步的后处理，如去除表面多余的粉末材料以提高打印物的表面光滑度，或烧结打印物表面粉体以进一步提高机械强度。

黏结剂喷射成型技术是将粉末材料逐层沉积，选择性地将黏结剂喷射到粉末层特定区域，使当前粉末层和之后粉末层黏合在一起，未黏合粉末在打印过程中可以起到支撑成型构件的作用，打印结束后可以回收再利用，这样层层黏合并最终构建成型的一种打印技术（Siacor et al.，2021）。黏合剂喷射成型技术可用于制造复杂和精致的三维结构，并有可能通过改变黏结剂组分来生产多彩的 3D 食品。然而，结构材料仅限于粉末材料，可食用黏结剂的种类也比较少，这大大限制了此项技术在食品行业的广泛应用。在黏结剂喷射成型技术中，粉末材料和黏结剂的物料特性对打印质量有重要影响。黏结剂应具有适当的粉、表面张力等特性以保证粉末层之间的良好黏合。喷嘴类型、打印速度等打印参数也会影响打印质量。采用黏结剂喷射成型技术打印的样品可能需要进一步的后处理（如烘烤、加热或表面抛光）以提高打印样品的机械强度或表面光滑度。

喷墨打印技术是将食材液滴在模型数据的指导下选择性地挤出到某些特定区域并最终形成表面图案的一种打印技术，常用于食物的表面填充和表面裱花，如饼干、蛋糕和比萨等。通常，喷墨打印因材料不具有足够的机械强度来维持 3D 结构，因此常用于低黏度材料的二维打印（Montoya et al.，2021）。物料特性是影响喷墨打印质量的重要因素。打印材料与食品基质表面的兼容性是影响喷墨打印质量好坏的关键因素之一。材料的黏度和流变特性对打印的精确性也有重要影响。一般来说，材料应具有合适的黏度以既能保证物料从喷嘴中顺利挤出，同时又能防止打印后在食品表面继续流动。打印参数也是影响喷墨打印质量的重要因素。材料挤出速度也会影响打印质量，过快的挤出速度会导致材料来不及固化而发生凝聚，影响打印精确性和分辨率。

7.4.3 3D 打印技术的应用

挤出型 3D 打印技术由于设备结构简单、造价成本低且易于操作、能够很好兼容传统食材、适用范围广，是食品领域应用最广泛的 3D 打印技术（Costakis et al.，2016）。目前，桌面型台式挤出型 3D 打印机已经实现了商业化，许多学者及科研机构关于食品 3D 打印的研究都是基于挤出型 3D 打印技术进行的。根据打印过程中是否需要加热可将挤出型 3D 打印技术分为调温挤出成型技术和常温挤出成型技术，其中调温挤出成型技术主要适用于一些具有相变型物料或物料性质随温度变化很大的物料，如相变型热熔材料（巧克力、植脂末等）和相变型凝胶材料（卡拉胶、蛋清等）；常温挤出成型技术主要适用于一些物料性质在一定温度范围内变化不明显的物料，如肉糜、果蔬凝胶体系等。目前绝大多数关于食品 3D 打印的研究都集中在物料性质和 3D 打印特性的关系方面，通过物料复配来增强 3D 打印食品系统打印品质的研究也变成了一个热点。

相变型热融材料主要是指一些加热会熔化、冷却后又会重新固化的食品材料，如巧克力、植脂末、奶酪等（Diañez et al.，2019）。在相变型热融材料的 3D

打印方面，控制合理的 3D 打印温度和环境温度至关重要。如果打印温度远高于材料的融化温度，虽然物料能够保证很好的流动性，但打印后物料可能来不及固化成型，导致 3D 打印的成型性较差。相反，如果打印温度低于材料的融化温度，则往往会导致物料难以挤出。比较理想的打印温度一般是稍高于或等于材料的融化温度。一般来讲，通过适当的温度控制，相变型热融材料在 3D 打印后能够很好保持 3D 打印结构的稳定性，不需要进一步的后处理熟化过程，比较适合于打印一些结构较为复杂精细的结构。

相变型凝胶材料主要指一些在温度变化或离子诱导下凝胶性质会发生较大变化的一类物质，如蛋清、海藻酸钠、卡拉胶等（Tian et al.，2021）。这类材料在较高的温度下往往呈现融化、溶解或液体状态，具有很好的流动性以保证 3D 打印材料的顺利挤出，同时在温度降低时会发生凝胶化使材料的机械性能上升以提高 3D 打印的成型性和结构稳定性。与相变型热融材料一样，控制合适的打印温度对于这类材料的 3D 打印也是相当重要的。较高的打印温度虽然能保证较好的挤出性能，但往往会导致物料来不及固化使 3D 打印的成型性和结构稳定性较差。较低的打印温度又会导致物料挤出困难。此外，除了打印温度之外，流变特性对此类物料的打印也有重要影响。

无明显温度响应特性的一般浆状食品材料对 3D 打印的可挤出性和结构稳定性有重要影响（如面团、果蔬凝胶）的流变特性（Wang et al.，2018；Yang et al.，2018）。比较理想的物料应该具有强烈的剪切稀化特性和快速的结构恢复能力，物料本身既需要具备一定的机械强度以维持 3D 打印结构的稳定性，但同时黏度和机械强度又不能太高以免导致物料挤出性困难。对这一类物料的打印往往通过调整配方、添加胶体或食品添加剂的策略来调整物料的流变特性和相应的 3D 打印特性，以取得 3D 打印可挤出性与成型性和结构稳定性的合理平衡。相较之下，具有较高机械性能的物料结构支撑能力较强，可很好保持 3D 打印的成型性和结构稳定性，但这类物料的挤出性能较差，需要步进电机产生较高的压力以实现物料的顺利挤出。理论上来讲为保证 3D 打印结构的稳定性，可以通过增大步进电机的压力来实现物料的挤出，但鉴于 3D 打印过程中物料的挤出是按需间歇挤出和停止的，具有较高机械强度的物料容易导致步进电机的损毁。因此，一般浆状食品材料 3D 打印结构的复杂性往往低于相变型热融材料和相变型凝胶材料。针对此类物料的打印，许多研究者基于不同物料都研究了流变特性和 3D 打印特性的关系，如面团体系、蛋白体系、果蔬粉凝胶体系等，且都认为 3D 打印中物料的可挤出性、结构的成型性和稳定性都与流变特性密切相关。有些物料本身并不适合于 3D 打印，这时研究者往往通过添加一些其他物质来改善物料的流变特性及相应的 3D 打印成型性，如胶体和淀粉等。

从目前来看，关于食品 3D 打印技术的研究还处于起步阶段，许多研究者侧重于"物料性质与 3D 打印特性的关系"的相关研究，即旨在阐明"什么样的食品材料适合于 3D 打印"的初级阶段（Liu et al., 2017）。由于大多数食品材料的物料性质不能够满足高精度 3D 打印的要求，因此深入理解并阐明物料性质和 3D 打印特性之间的内在关系以及相应的调控机制就显得至关重要。虽然许多研究者对物料性质和 3D 打印特性的关系进行了研究，但往往是以整体视角来建立二者之间的关系，即将物料性质与整体的 3D 打印效果建立联系。从整体上看，还远远不能满足 3D 打印技术在食品材料上的应用需求。同时要实现食品 3D 打印技术的大规模应用，在阐明"什么样的食品材料适合于 3D 打印"的基础上，要进一步深入发掘食品 3D 打印技术的优势所在，即研究"食品 3D 打印技术到底能做什么"的第二阶段的问题。尽管很多研究者都提出了 3D 打印技术能够定制化设计食品的形状、实现饮食营养的定制化、简化供应链等，然而目前仅仅停留在概念层面，没有进一步深入发掘相关应用点。这也是 3D 打印即将面临的下一个技术瓶颈。

7.5　组 学 技 术

7.5.1　组学技术的简介

在 20 世纪，人们对于影响肉糜制品品质的因素（如嫩度、颜色和持水能力）、背后的分子机制以及所涉及的生化途径的大部分理解都是通过传统的科学方法获得。这种传统的方法通常是在设计和进行实验之前制定一个假设，并且在非常受控的条件下，一次只允许一个因素以一种测试假设的方式变化（Johnson，1945），这也称为科学调查的"假设-演绎"方法。随着基本影响的映射，肉类科学现在专注于更微妙的影响以及大量复杂事件之间的相互作用，以便在理解和预测肉类品质方面取得进一步进展。幸运的是，20 世纪后期，高通量技术在遗传学、蛋白质分析和代谢物分析方面的快速发展提供了更详细的探索肉类质量的工具，即"组学"技术，包括蛋白质组学、转录组学、代谢组学、脂质组学等（Munekata et al.，2021）。通常在使用这些技术的研究中所应用的实验方法为数据驱动，而不是假设驱动（Leonelli，2012；Strasser，2012）。

对肉品质性状的组学研究有两个不同的动机。第一个是为质量性状制定一个一致且可靠的生物标记列表，目的是将其用于预测模型，用于行业和最终消费者的质量控制。这个目标本身并不需要知道为什么生物标志物与测量质量相关，只需要知道它的预测能力在广泛的条件下是一致的。第二个动机是进一步深入了解分子机制，肉类品质变化的潜在途径，以及它们与一系列条件的相互作用。为了实现第二个目标，生物标志物的列表通常通过基因本体分类进一步分析，该分类通过分子功能、细胞位置或间隔以及它所涉及的生物过程来识别基因产物的属性。这有助于识别在共同途径中共同作用的蛋白质。不可否认的是，组学技术处于生物标志物发展的前沿，并且它们对潜在机制有广泛的了解，并且可以预期这些技术在未来的使用将会持续增加。

7.5.2　组学技术的分类

1. 蛋白质组学

蛋白质组学（proteomics）的概念是指由一个基因组所表达出的所有蛋白质（Wilkins et al.，1996），包括一系列用于鉴定和表征蛋白质的研究领域，以及研究在特定时间、特定条件下表达的蛋白质的结构和位置。因此，蛋白质组学的目的是通过了解蛋白质的性质、功能、相互作用及其动态变化来解释遗传和环境对生物功能的影响。另外，蛋白质组学是对蛋白质的一项大规模研究，它提供了对肉类蛋白质结构和功能的见解。此外，蛋白质组学还可以阐明蛋白质之间的相互作用以及它们在样品中的分子位置（Ortea et al.，2016）。这种方法完美地适合于发现涉及肉类品质属性的生物过程。蛋白质组学方法通常是自下而上或自上而下（图 7.6）。经典的自下而上蛋白质组学可以大致分为四个一般步骤。首先，使用一系列技术从生物物质中提取和纯化蛋白质，包括二维聚丙烯酰胺凝胶电泳（2D-PAGE）。其次，蛋白质被蛋白酶消化成肽，通常用胰蛋白酶（Olsen et al.，2004）。再次，在使用液相色谱/质谱仪（LC/MS）进行分析之前，可以在组合2D-PAGE 或液相色谱（LC）中分离复杂的肽混合物。在自上而下的方法中，完整的蛋白质离子或大的蛋白质片段进行气相碎裂以进行质谱（MS）分析。最后，使用生物信息学方法进行数据处理和评估（Perkins et al.，2004；Eng et al.，1994；Pappin et al.，1993）。

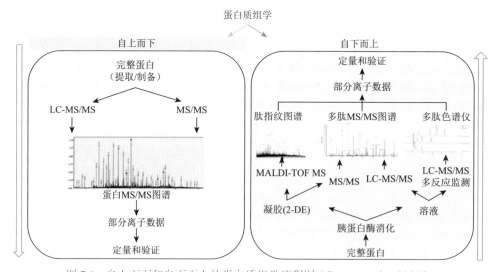

图 7.6　自上而下和自下而上的蛋白质组学流程图（Bassey et al.，2021）

2. 转录组学

转录组学（transcriptomics）是指对某一特定有机体的整个转录组（RNA 分子的完整集合）的研究。在转录水平上鉴定转录本和分析基因表达是必要的。转录组主要由编码 mRNA、转移 RNA（tRNA）、核糖体 RNA（rRNA）和一些非编码信使 RNA，如小分子 RNA（sRNAs）组成。在生物学研究中，mRNA 具有非常重要的意义，因为它们代表了基因型和表型之间的联系，因此它们在理解基因组的功能元素和细胞的分子成分方面具有功效（Lamas et al., 2019）。与基因组稳定性不同的是，生物体的转录组是动态的，因为它在响应一系列内在和外在因素时发生变化。在组学方法中，评估肉的质量，转录组学代表着在给定的时间内对肉组织基因组的所有 RNA 转录本的阐明。此外，转录组学揭示了 DNA 中的功能元素和肉质之间的联系（Lamas et al., 2019）。如前所述，品种是影响肉品质的重要因素。从这个意义上说，了解基因表达的差异及其对动物发育和代谢过程的影响，可以解释从不同品种、肌肉、饲养方式和屠宰后加工条件获得的肉品质属性。图 7.7 展示了转录组学的常规技术流程图，主要包括样品 RNA 提取、高

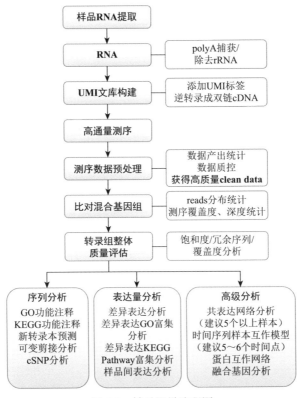

图 7.7　转录组学流程图

通量测序、测序数据预处理、对比混合基因组、数据分析（序列分析、表达量分析、高级分析）。

3. 代谢组学

代谢组学（metabonomics）研究的是特定细胞、组织、器官和生物体的整个代谢物组的整体变化（Fiehn，2002）。由于代谢组学可以直接反映生理状态，更深入地了解细胞的功能，它可以成为研究生物体代谢和生理的有力工具。因此，代谢组学已被应用到哺乳动物、微生物和植物等多种生命系统中，用于鉴定某些疾病的生物标志物（Dowling et al.，2015；Kim et al.，2014），研究未知的代谢途径（Yun et al.，2015）和逆境耐受机制（Sánchez-martín et al.，2015），改进和发展微生物菌株（An et al.，2015；Gold et al.，2015）。在过去的几年里，代谢组学在食品系统中的应用越来越多，因为食品系统直接影响营养和人类健康。从另一个角度来看，代谢组学可以定义为对食品样品中发现的小亲水分子/代谢物进行定性和定量评估的综合探索。食物代谢组包括多种化合物，如多酚、有机酸、氨基酸、维生素和来自内源性代谢或摄入/暴露于外源性化合物的矿物质，这些化合物直接反映了食物基质中现在和过去的代谢过程（Kim et al.，2016）。使用代谢组学的一个有趣的方法是识别潜在的生物标志物，以表明在老化期间肉类特性的进化。食物代谢组学的工作流程（图 7.8）包括从食物或人的尿液、血清、粪便等样品制备代谢组学样品；利用多种分析平台进行代谢组分析，包括气相色谱/质谱

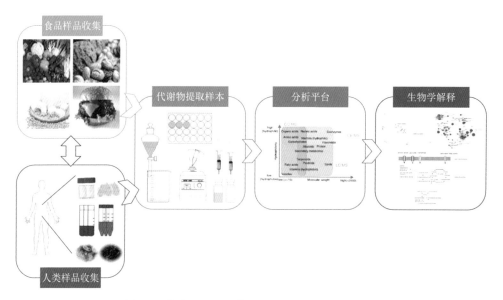

图 7.8　代谢组学的工作流程（Kim et al.，2016）

（GC/MS）、液相色谱/质谱（LC/MS）、毛细管电泳/质谱（CE/MS）和核磁共振（NMR）；代谢组学数据的统计分析和生物学解释。

4. 脂质组学

对食品样品中脂质成分的综合研究称为脂质组学（lipidomics）（Chen et al.，2017）。这种方法可以确定脂肪酸、甘油酯、甘油磷脂、丙烯醇酯、糖脂、鞘脂和甾醇酯的组成。脂质在生物系统中有无数的功能，包括作为细胞膜的结构和功能成分、细胞代谢、能量储存、激素以及调节各种细胞和生理反应的信号分子。油脂，如食用油和脂肪，在人类饮食和健康中发挥着重要和多方面的作用。它们提供必要的营养、代谢能量和细胞调节剂，但它们的过度饮食摄入已与各种疾病有关。油脂对食物的外观和味道有着深远的影响。油脂的物理结构和化学组成影响着食品的营养价值和感官品质。在食品加工过程中，如烹饪和生产过程中，油脂成分与其他食品成分之间的相互作用影响着食品的风味和营养价值。为了研究和理解脂质及其功能，新兴的脂质组学方法已被用于食品科学研究，该方法能够对脂质进行大规模和全面的研究（Chen et al.，2017；Wenk，2005；Han and Gross，2003）。为了最大限度地利用脂质组学方法理解脂质及其功能，优化工作流程（图 7.9）至关重要，如样品采集和制备、衍生化、LC 分离、质谱分析、质量控制、数据处理和数据解释。

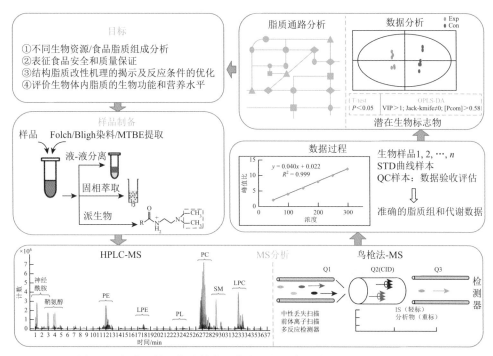

图 7.9　脂质组学和食品科学工作流程的示意图（Chen et al.，2017）

7.5.3 组学技术的应用

肉质通常受肌肉结构蛋白向肌肉组织转化过程中发生的生理生化和代谢变化的影响。这些变化主要包括 pH 降低、肌原纤维蛋白降解、蛋白质氧化和蛋白质翻译后修饰（Warner，2016；Oualiet et al.，2006）。肉的嫩度、颜色、持水力（water holding capacity，WHC）和 pH 等是通过比色计、质地分析仪、滴水损失或感官评估以 pH 计来确定的。结果仅用于评价当时的肉质；然而，这些工具无法确定影响肉质变化的机制或预测未来的肉质。另外，肉质性状的生物标志物将反映不同的生物学途径，并有助于阐述将肌肉结构蛋白向肌肉组织转化的过程。因此，识别肉质属性的准确生物标志物可以更好地了解发挥作用的生物途径，并有助于阐明参与肉质发展的复杂分子机制。肉糜制品的品质优劣需从原料的选择、加工、储藏等步骤来把控。因此本小节简述了影响肉糜制品的因素，包括嫩度、颜色、持水力等。

1. 嫩度

肉的嫩度是最重要的适口性属性之一，会影响消费者的重复购买决定（Mennecke et al.，2007）。除了品种、性别、年龄、饲养系统、营养状况和屠宰前应激等屠宰前因素外，肉的嫩化还受到冷藏、屠体悬挂、老化时间和烹饪方法的影响（Wulf et al.，1996；May et al.，1992）。然而，最终的柔软度取决于死后肌肉中关键肌原纤维蛋白的蛋白水解速度和程度（Zór et al.，2009）。目前，这些标准仅在屠宰后通过感官分析小组和/或剪切力的机械测量来评估嫩度，并通过化学分析对肌原纤维碎裂指数（MFI）进行评估。然而，这些方法既费时又费钱，而且嫩度的关键特征只能在熟肉中进行评估。Beldarrain 等（2018）表明液体等电聚焦（OFFGEL）可用于发现肉嫩度生物标志物，并发现肌钙蛋白 T、热休克蛋白 β-1、肌酸激酶、肌动蛋白、肌钙蛋白 C、肌球蛋白 1 和肌球蛋白 2 以及肌凝蛋白-1 可作为肉嫩度的标志物。研究发现牛肉早期屠宰过程中的 29 种蛋白质生物标志物，在这些生物标志物中，肌球蛋白重链 1（MHC-1）和视网膜脱氢酶 1（ALDH1A1，氧化酶）区分嫩肉和坚韧肉，并被验证为牛肉质地的主要生物标志物（Gagaoua et al.，2018）。因此，近年来蛋白质组学已被用作相关技术来分析宰后老化过程中的蛋白质变化并揭示肉嫩度的蛋白质生物标志物。

2. 颜色

颜色是肉品新鲜度属性的关键指标，消费者将肉色作为判断肉是否新鲜的主要标准。它对消费者的购买决定有重大影响，令人不快的颜色会导致收入损失（Mancini and Hunt，2005）。屠宰前，肌红蛋白和血红蛋白是主要的色素蛋白，但屠宰后，大部分血红蛋白随血液流失，肌肉内的肌红蛋白是决定肉色的关键物质（Suman and Joseph，2013）。肌红蛋白含量和物理化学状态在决定肉色方面起着关键作用（Renerre et al.，1992）。随着组学技术的发展，大量研究发现一些生物标志物可以利用蛋白质组学技术来代表肉的颜色（Gagaoua et al.，2018a，2018b；Yu et al.，2018；Gao et al.，2016）。Yu 等（2018）的蛋白质组学分析确定了 21 种与牛肉颜色相关的蛋白质生物标志物，几种蛋白质属于不同但部分相关的生物途径，涉及肌肉收缩、代谢、热应激和细胞凋亡，与牛肉颜色有关。吴霜等（2015）使用蛋白质组学和生物信息学方法研究肉色参数与牛肉在宰后储存期间（0 天、5 天、10 天和 15 天）的肌浆蛋白质组之间的关系。研究发现，3-磷酸甘油醛脱氢酶（GAPDH）、果糖二磷酸醛缩酶 A 异构体（ALDOA）、糖原磷酸化酶（PYGM）、过氧化还原酶-2（PRDX2）、磷酸葡萄糖变位酶-1（PGM1）、超氧化物歧化酶（SOD）和热休克同源蛋白（71kDa）可能作为宰后储存期间肉颜色稳定性的候选预测因子。生物标志物可以阐明肌肉结构蛋白向肌肉组织转化过程中影响肉色的变化机制和生物过程，它们可用于评估和预测未来肉色的稳定性。

3. 持水力

WHC 定义为鲜肉在受到外力作用时保持水分的能力，可以通过滴水损失、蒸煮损失和贮藏损失来评价。WHC 是评价肉质的重要指标，直接影响肉的多汁性、嫩度和色泽（Zhang et al.，2019；Luca et al.，2016；Zuo et al.，2016）。许多因素都会影响滴水损失，如 pH、细胞骨架蛋白的水解和氧化，以及细胞膜的渗透性（Huff-Lonergan and Lonergan，2005）。然而，这些变异通过影响蛋白质变性导致肌原纤维网和肌细胞收缩，从而影响死后肌肉中的水分保留（Lee et al.，2010）。一种新的蛋白质组学方法可以发现 WHC 与肉类蛋白质组谱之间的关系，并解释肉质发展所涉及的可能机制，有助于提高肉质以提高肉类行业的经济效益。Zhang 等（2019）确定了 21 种蛋白质在高滴损失组和低滴损失组之间存在差异，它们通常分为结构蛋白、代谢酶、抗氧化酶和应激反应蛋白。Zuo 等（2016）通过 MALDI-TOF/TOF 鉴定了与牛肉 WHC 相关的不同蛋白质，并发现肌球蛋白轻链、热休克蛋白（Hsp27）（HSPB1）和磷酸丙糖异构酶（TPI1）的水平在高滴损失组和低滴损失组之间存在显著差异，可能是预测 WHC 的潜在生物标志物。

参 考 文 献

白艳红，李全顺，毛多斌，等. 2009. 电子束辐照对冷却猪肉杀菌保鲜效果的研究. 辐射研究与辐射工艺学报，27（2）：89-93.

陈秀兰，曹宏，包建忠，等. 2005. 鹅肉制品的辐照保质研究. 核农学报，19（8）：371-374.

程述震，王宁，王晓拓，等. 2016. 电子束和 γ 射线辐照对冷鲜猪肉保鲜效果的研究. 核农学报，30（2）：897-903.

程新峰. 2014. 低频超声波辅助提高冷冻草莓加工全过程品质及效率的研究. 无锡：江南大学.

董铭, 白云, 李月秋, 等. 2019. 脉冲电场对食品蛋白质改性作用的研究进展. 食品工业科技, 40（2）: 293-299.

方胜, 孙学兵, 陆守道. 2003. 利用高压脉冲电场加速冰解冻的试验研究. 北京工商大学学报（自然科学版）,（4）: 43-45, 53.

冯婷, 孙京新, 邢新涛, 等. 2014. 静置、滚揉和超声波对生鲜鸡肉腌制效果的比较. 食品科技,（7）: 111-116.

冯晓琳, 王晓拓, 王丽芳, 等. 2015. 电子束辐照对真空包装冷鲜猪肉品质的影响. 中国食品学报, 15（2）: 126-131.

付丽, 郑宝亮, 高雪琴, 等. 2017. 牛肉的超声波快速腌制与嫩化工艺优化. 肉类研究, 31（12）: 23-29.

付伟, 阎红玉, 赵宇恒, 等. 2019. 多地生猪调运受阻冷鲜肉渐成发展趋势. 中国食品, 2019（5）: 77-79.

高建峰. 1994. 鱼糜制品的加工理论及方法. 食品科技,（4）: 22-23, 27.

管俊峰, 李瑞成. 2010. 超声波技术在肉品加工中的研究进展. 肉类研究,（7）: 82-85.

韩玉珠, 殷涌光, 李风伟, 等. 2005. 高压脉冲电场提取中国林蛙多糖的研究. 食品科学,（9）: 319-321.

胡娟. 2021. 脉冲电场对肌原纤维蛋白结构、乳化及凝胶特性的影响. 扬州：扬州大学.

蒋奕, 程天赋, 王吉人, 等. 2017. 超声波解冻对猪肉品质的影响. 肉类研究, 31（11）: 14-19.

靳慧杰. 2008. 超声波对冷却肉杀菌保鲜作用的研究. 保定：河北农业大学.

冷雪娇, 章林, 黄明. 2012. 超声波技术在肉品加工中的应用. 食品工业科技, 33（10）: 394-397.

李军, 田毅峰, 王爱芹, 等. 2013. 电子束辐照降解鸡肉中两种兽药残留的研究. 食品研究与开发, 34（5）: 124-126.

李娜, 骆琦, 薛丽丽, 等. 2017. 辐照对烧鸡贮藏期品质的影响. 食品研究与开发, 38（8）: 183-187.

李圣桄, 李若萌, 陈博朴, 等. 2021. 高压脉冲电场辅助提取蓝靛果花青素工艺优化. 食品安全质量检测学报, 12（8）: 3242-3250.

李霜, 李诚, 陈安均, 等. 2019. 高压脉冲电场对调理牛肉杀菌效果的研究. 核农学报, 33（4）: 722-731.

李涛. 2013. 基于 B 超图像的生猪脂肪含量检测研究. 重庆：重庆理工大学.

李迎秋, 陈正行. 2006. 高压脉冲电场对大豆胰蛋白酶抑制剂的钝化效果. 安徽农业科学,（15）: 3800-3801, 3807.

刘弘, 陈敏, 徐志成. 1998. 辐照糟制熟食保鲜的效果研究. 上海预防医学杂志,（9）: 405-407.

刘学军, 殷涌光, 范松梅, 等. 2006. 高压脉冲电场与食品加工. 中国林副特产,（5）: 78-80.

毛青秀. 2013. 辐照对腊制品中亚硝酸盐降解效果与机理研究. 长沙：中南大学.

史晓亚, 高丽霞, 李鑫, 等. 2017. 无损检测技术在食品安全快速筛查中的应用. 食品安全质量检测学报, 8（3）: 747-753.

史梓男, 廖小军, 钟葵, 等. 2002. 脉冲电场中西瓜汁杀菌钝酶效果分析. 高电压技术,（S1）: 52-53.

唐善虎, 李思宁, 巴琳惠. 2017. 超声波快速腌制法对牦牛肉物理化和感官特性的影响. 西南民族大学学报：自然科学版，43（5）：456-461.

陶晓赟. 2015. 高压脉冲电场（PEF）对蓝莓汁品质及杀菌机理探究. 北京：北京林业大学.

田红云，孔繁东，祖国仁. 2004. 高压脉冲电场杀菌技术的研究与展望. 饮料工业，（4）：1-5.

王靖国. 1993. 鱼糜制品及其加工技术. 食品工业，（1）：14-15.

王克勤，陈静萍，李文革，等. 2005. 碗形包装酱汁猪肘方便菜的辐射保藏. 核农学报，19（4）：301-303.

王维琴，盖玲，王剑平. 2005. 高压脉冲电场预处理对甘薯干燥的影响. 农业机械学报，（8）：154-156.

吴霜，陈韬，刘劢，等. 2015. 猪宰后正常肉与 PSE 肉中肌联蛋白和伴肌动蛋白变化. 食品工业，36（10）：187-192.

肖欢，韩燕，翟建青，等. 2018. ^{60}Co-γ 射线和电子束辐照对冷鲜鸡保鲜效果的异同性研究. 核农学报，32（7）：1358-1367.

肖蓉，徐昆龙，彭伟国，等. 2004. 辐照保鲜对腊牛肉品质影响的初探. 食品科技，（8）：4.

熊强，董智勤，朱芳州. 2022. 脉冲电场技术在食品工业上的应用进展. 现代食品科技，8（2）：326-339，255.

闫虹，林琳，叶应旺，等. 2014. 两种微波加热处理方式对白鲢鱼糜凝胶特性的影响. 现代食品科技，30（4）：196-204.

杨成对，宋莉晖，刘志涛，等. 2005. 电子束辐照下呋喃西林代谢产物降解的质谱检测. 分析测试学报，24（6）：96-98.

杨东，王纪华，陆安祥. 2015. 肉品质量无损检测技术研究进展. 食品安全质量检测学报，（10）：4083-4090.

于楠楠. 2017. 盐和多糖对鱼糜凝胶形成的影响与机制. 无锡：江南大学.

翟建青，韩燕，肖欢，等. 2018. 电子束辐照对冷鲜鸡相关品质的影响研究. 食品工业科技，39（7）：281-285.

张春岭. 2009. 大豆疏水分离蛋白的结构表征及新型胶黏剂的研究. 武汉：华中农业大学.

张坤，杨恒，卞欢，等. 2019. 超声波联合一磷酸腺苷（AMP）处理对鹅胸肉的嫩化效果. 食品工业科技，40（4）：7-13.

张磊，蔡华珍，杜庆飞，等. 2017. 超声波杀菌对小包装卤牛肉微生物及品质的影响. 山西农经，（7）：68-70.

张昕，宋蕾，高天，等. 2018. 超声波解冻对鸡胸肉品质的影响. 食品科学，39（5）：135-140.

张艳，王圣开，崔俊林. 2012. 高压脉冲电场在食品加工中的应用. 农产品加工（学刊），（9）：154-157.

张怡，陈秉彦，曾红亮，等. 2016. 肌原纤维蛋白与鱼糜凝胶特性相关性概述. 亚热带农业研究，12（1）：13-24.

张鹰，曾新安，朱思明. 2004. 高强脉冲电场处理对脱脂乳游离氨基酸和乳糖的影响研究. 食品科技，（3）：12-13，19.

钟赛意. 2007. 超声波在盐水鸭加工中的应用研究. 南京：南京农业大学.

周红生，许小芳，王欢，等. 2010. 超声波灭菌技术的研究进展. 声学技术，29（5）：498-502.

周丽萍，牛广财，李铉军，等. 2004. 辐照技术在食品中的应用. 延边大学农学学报，26（1）：54-57.

周媛，陈中杨，严俊. 2006. 高压脉冲电场对全蛋液杀菌的研究. 食品与发酵工业，（5）: 36-38.

邹玉峰，钱畅，韩敏义，等. 2017. 凝胶类肉制品加工技术研究进展及趋势. 食品与发酵工业，
　　43（17）: 232-237.

An H J, Peters M Y, Seymour T A. 1996. Roles of endogenous enzymes in surimi gelation. Trends in
　　Food Science & Technology，7（10）: 321-327.

An J, Kwon H, Kim E, et al. 2015. Tolerance to acetic acid is improved by mutations of the
　　TATA-binding protein gene. Environmental Microbiology，17（3）: 656-669.

An K A, Arshad M S, Jo Y, et al. 2017. E-Beam irradiation for improving the microbiological quality
　　of smoked duck meat with minimum effects on physicochemical properties during storage.
　　Journal of Food Science，82（4）: 865-872.

Bai Y, Qu M, Luan Z, et al. 2013. Electrohydrodynamic drying of sea cucumber（*Stichopus*
　　japonicus）. LWT-Food Science and Technology，54（2）: 570-576.

Bassey A P, Ye K, Li C, et al. 2021. Transcriptomic-proteomic integration: a powerful synergy to
　　elucidate the mechanisms of meat spoilage in the cold chain. Trends in Food Science & Technology，
　　113: 12-25.

Bekhit A E-D A, Suwandy V, Carne A, et al. 2016. Effect of repeated pulsed electric field treatment
　　on the quality of hot-boned beef loins and topsides. Meat Science，111: 139-146.

Beldarrain L R, Aldai N, Picard B, et al. 2018. Use of liquid isoelectric focusing（OFFGEL）on the
　　discovery of meat tenderness biomarkers. Journal of Proteomics，183: 25-33.

Bendicho S, Barbosa-Canovas G V, Martin O. 2002. Milk processing by high intensity pulsed
　　electric fields. Trends in Food Science & Technology，13（6-7）: 195-204.

Bi X, Liu F, Rao L, et al. 2013. Effects of electric field strength and pulse rise time on physicochemical
　　and sensory properties of apple juice by pulsed electric field. Innovative Food Science & Emerging
　　Technologies，17: 85-92.

Chen H, Wei F, Dong X Y, et al. 2017. Lipidomics in food science. Current Opinion in Food
　　Science，16: 80-87.

Correia L R, Mittal G S, Basir O A. 2008. Ultrasonic detection of bone fragment in mechanically
　　deboned chicken breasts. Innovative Food Science & Emerging Technologies，9（1）: 109-115.

Costakis W J, Rueschhoff L M, Diaz-Cano A I, et al. 2016. Additive manufacturing of boron carbide
　　via continuous filament direct ink writing of aqueous ceramic suspensions. Journal of the
　　European Ceramic Society，36（14）: 3249-3256.

Dalvi-Isfahan M, Hamdami N, Le-Bail A, et al. 2016. The principles of high voltage electric field
　　and its application in food processing: a review. Food Research International，89: 48-62.

Dankar I, Haddarah A, Omar F E L, et al. 2018. 3D printing technology: the new era for food
　　customization and elaboration. Trends in Food Science & Technology，75: 231-242.

De Prados M, Fulladosa E, Gou P, et al. Non-destructive determination of fat content in green hams
　　using ultrasound and X-rays. Meat Science，2015，104: 37-43.

Derakhshan Z, Conti G O, Heydari A, et al. 2018. Survey on the effects of electron beam irradiation
　　on chemical quality and sensory properties on quail meat. Food and Chemical Toxicology，112:
　　416-420.

Diañez I，Gallegos C，Brito-de la Fuente E，et al. 2019. 3D printing *in situ* gelification of κ-carrageenan solutions：effect of printing variables on the rheological response. Food Hydrocolloids，87：321-330.

Domijan A M，Pleadin J，Mihaljevic B，et al. 2014. Reduction of ochratoxin A in meat products using gamma irradiation. Food Additives & Contaminants，32（7）：1185-1191.

Dowling P，Henry M，Meleady P，et al. 2015. Metabolomic and proteomic analysis of breast cancer patient samples suggests that glutamate and 12-HETE in combination with CA15-3 may be useful biomarkers reflecting tumour burden. Metabolomics，11（3）：620-635.

El Kantar S，Boussetta N，Lebovka N，et al. 2018. Pulsed electric field treatment of citrus fruits：improvement of juice and polyphenols extraction. Innovative Food Science & Emerging Technologies，46：153-161.

Eng J K，Mccormack A L，Yates J R. 1994. Sequences in a Protein Database. American Society for Mass Spectrometry，5：976-989.

Evrendilek G A，Zhang Q H，Richter E R. 2004. Application of pulsed electric fields to skim milk inoculated with Staphylococcus aureus. Biosystems Engineering，87（2）：137-144.

Feng X，Moon S，Lee H，et al. 2016. Effect of irradiation on the parameters that influence quality characteristics of uncured and cured cooked turkey meat products. Poultry Science，95（12）：2986-2992.

Fiehn O 2002. Metabolomics-the link between genotypes and phenotypes. Plant Molecular Biology，48（1）：155-171.

Gagaoua M，Bonnet M，De Koning L，et al. 2018a. Reverse phase protein array for the quantification and validation of protein biomarkers of beef qualities：the case of meat color from Charolais breed. Meat Science，145：308-319.

Gagaoua M，Bonnet M，Ellies-Oury M P，et al. 2018b. Reverse phase protein arrays for the identification/validation of biomarkers of beef texture and their use for early classification of carcasses. Food Chemistry，250：245-252.

Gagaoua M，Picard B，Monteils V. 2018c. Associations among animal，carcass，muscle characteristics，and fresh meat color traits in Charolais cattle. Meat Science，140：145-156.

Gao X，Wu W，Ma C，et al. 2016. Postmortem changes in sarcoplasmic proteins associated with color stability in lamb muscle analyzed by proteomics. European Food Research and Technology，242（4）：527-535.

Gerlach D，Alleborn N，Baars A，et al. 2008. Numerical simulations of pulsed electric fields for food preservation：a review. Innovative Food Science & Emerging Technologies，9（4）：408-417.

Gold N D，Gowen C M，Lussier F X，et al. 2015. Metabolic engineering of a tyrosine-overproducing yeast platform using targeted metabolomics. Microb Cell Fact，14：73.

Gribnau M. 1992. Determination of solid/liquid ratios of fats and oils by low-resolution pulsed NMR. Trends in Food Science & Technology，3：186-190.

Han X，Gross R W. 2003. Global analyses of cellular lipidomes directly from crude extracts of biological samples by ESI mass spectrometry：a bridge to lipidomics. Journal of Lipid Research，44（6）：1071-1079.

Ho S Y, Mittal G S, Cross J D, et al. 1995. Inactivation of Pseudomonas fluorescens by high voltage electric pulses. Journal of Food Science, 60（6）: 1337.

Ho S Y, Mittal G S, Cross J D. 1997. Effects of high field electric pulses on the activity of selected enzymes. Journal of Food Engineering, 31（1）: 69-84.

Huff-Lonergan E, Lonergan S M. 2005. Mechanisms of water-holding capacity of meat: the role of postmortem biochemical and structural changes. Meat Science, 71（1）: 194-204.

I.Siró Cs.VéN, Balla C, G.JóNás, et al. 2009. Application of an ultrasonic assisted curing technique for improving the diffusion of sodium chloride in porcine meat. Journal of Food Engineering, 91（2）: 353-362.

Jayaram S, Castle G S P, Margaritis A. 1992. Kinetics of sterilization of lactobacillus-brevis cells by the application of high-voltage pulses. Biotechnology and Bioengineering, 40（11）: 1412-1420.

Jayasooriya S D, Torley P J, D'Arcy B R, et al. 2007. Effect of high power ultrasound and ageing on the physical properties of bovine *Semitendinosus* and *Longissimus* muscles. Meat Science, 75（4）: 628-639.

Johnson P O. 1945. The scientific study of problems in science education. Science Education, 29（4）: 175-180.

Kantono K, Hamid N, Oey I, et al. 2019. Physicochemical and sensory properties of beef muscles after pulsed electric field processing. Food Research International, 121: 1-11.

Kim S, Hwang J, Xuan J, et al. 2014. Global metabolite profiling of synovial fluid for the specific diagnosis of rheumatoid arthritis from other inflammatory arthritis. PLoS One, 9（6）: e97501.

Kim S, Kim J, Yun E J, et al. 2016. Food metabolomics: from farm to human. Current Opinion in Biotechnology, 37: 16-23.

Kundu D, Gill A, Lui C, et al. 2014. Use of low dose e-beam irradiation to reduce *E. coli* O157: H7, non-O157（VTEC）*E. coli* and *Salmonella viability* on meat surfaces. Meat Science, 96（6）: 413-418.

Kundu D, Holley R. 2013. Effect of low-dose electron beam irradiation on quality of ground beef patties and raw, intact carcass muscle pieces. Journal of Food Science, 78（6）: S920-S925.

Lamas A, Regal P, Vázquez B, et al. 2019. Transcriptomics: a powerful tool to evaluate the behavior of foodborne pathogens in the food production chain. Food Research International, 125: 108543.

Lee S H, Joo S T, Ryu Y C. 2010. Skeletal muscle fiber type and myofibrillar proteins in relation to meat quality. Meat Science, 86（1）: 166-170.

Leonelli S. 2012. Introduction: making sense of data-driven research in the biological and biomedical sciences. Studies in History and Philosophy of Biological and Biomedical Sciences, 43（1）: 1-3.

Lewis S, Velasquez A, Cuppett S, et al. 2002. Effect of electron beam irradiation on poultry meat safety and quality. Poultry Science, 81（6）: 896.

Li B, Sun D W. 2002. Effect of power ultrasound on freezing rate during immersion freezing of potatoes. Journal of Food Engineering, 55（3）: 277-282.

Li J, Shi J, Huang X, et al. 2020. Effects of pulsed electric field on freeze-thaw quality of Atlantic salmon. Innovative Food Science & Emerging Technologies, 65: 102454.

Li Y, Chen Z, Mo H. 2007. Effects of pulsed electric fields on physicochemical properties of soybean protein isolates. LWT-Food Science and Technology，40（7）：1167-1175.

Lillard H S. 1993. Bactericidal effect of chlorine on attached salmonellae with and without sonification. Journal of Food Protection，56（8）：716-717.

Liu C，Pirozzi A，Ferrari G，et al. 2020. Impact of pulsed electric fields on vacuum drying kinetics and physicochemical properties of carrot. Food Research International，137：109658.

Liu Z，Bhandari B，Prakash S，et al. 2019. Linking rheology and printability of a multicomponent gel system of carrageenan-xanthan-starch in extrusion based additive manufacturing. Food Hydrocolloids，87：413-424.

Liu Z，Zhang M，Bhandari B，et al. 2017. 3D printing：printing precision and application in food sector. Trends in Food Science & Technology，69：83-94.

Liu Z，Zhang M，Bhandari B，et al. 2018b. Impact of rheological properties of mashed potatoes on 3D printing. Journal of Food Engineering，220：76-82.

Liu Z，Zhang M，Bhandari B. 2018a. Effect of gums on the rheological，microstructural and extrusion printing characteristics of mashed potatoes. International Journal of Biological Macromdecules，117：1179-1187.

Luca A D，Hamill R M，Mullen A M，et al. 2016. Comparative proteomic profiling of divergent phenotypes for water holding capacity across the post mortem ageing period in porcine muscle exudate. PLoS One，11（3）：e0150605.

Mancini R A，Hunt M C. 2005. Current research in meat color. Meat Science，71（1）：100-121.

Manzoor M F，Zeng X A，Ahmad N，et al. 2020. Effect of pulsed electric field and thermal treatments on the bioactive compounds，enzymes，microbial，and physical stability of almond milk during storage. Journal of Food Processing and Preservation，44（7）：e14541.

Martin-Garcia B，Tylewicz U，Verardo V，et al. 2020. Pulsed electric field（PEF）as pre-treatment to improve the phenolic compounds recovery from brewers' spent grains. Innovative Food Science & Emerging Technologies，64：102402.

Mason T J，Paniwnyk L，Lorimer J P. 1996. The uses of ultrasound in food technology. Ultrasonics Sonochemistry，3（3）：253-260.

May S G，Dolezal H G，Gill D R，et al. 1992. Effect of days fed，carcass grade traits，and subcutaneous fat removal on postmortem muscle characteristics and beef palatability. Journal of Animal Science，70（2）：444-453.

Mennecke B E，Townsend A M，Hayes D J，et al. 2007. A study of the factors that influence consumer attitudes toward beef products using the conjoint market analysis tool. Journal of Animal Science，85（10）：2639-2659.

Montie T C，Kelly-Wintenberg K，Roth J R. 2000. An overview of research using the one atmosphere uniform glow discharge plasma（OAUGDP）for sterilization of surfaces and materials. IEEE Transactions on Plasma Science，28（1）：41-50.

Montoya J，Medina J，Molina A，et al. 2021. Impact of viscoelastic and structural properties from starch-mango and starch-arabinoxylans hydrocolloids in 3D food printing. Additive Manufacturing，39：101891.

Morales-de la Pena M，Salvia-Trujillo L，Rojas-Graue M A，et al. 2010. Impact of high intensity pulsed electric field on antioxidant properties and quality parameters of a fruit juice-soymilk beverage in chilled storage. LWT-Food Science and Technology，43（6）：872-881.

Munekata P E S，Pateiro M，López-Pedrouso M，et al. 2021. Foodomics in meat quality. Current Opinion in Food Science，38：79-85.

Nowosad K，Sujka M，Pankiewicz U，et al. 2021. The application of PEF technology in food processing and human nutrition. Journal of Food Science and Technology-Mysore，58（2）：397-411.

O'Dowd L P，Arimi J M，Noci F，et al. 2013. An assessment of the effect of pulsed electrical fields on tenderness and selected quality attributes of post rigour beef muscle. Meat Science，93（2）：303-309.

Olsen J V，Ong S E，Mann M. 2004. Trypsin cleaves exclusively C-terminal to arginine and lysine residues. Molecular & Cellular Proteomics，3（6）：608-614.

Ortea I，O'Connor G，Maquet A. 2016. Review on proteomics for food authentication. Journal of Proteomics，147：212-225.

Ouali A，Herrera-Mendez C H，Coulis G，et al. 2006. Revisiting the conversion of muscle into meat and the underlying mechanisms. Meat Science，74（1）：44-58.

Pankaj S K，Bueno-Ferrer C，Misra N N，et al. 2014. Applications of cold plasma technology in food packaging. Trends in Food Science & Technology，35（1）：5-17.

Pappin D J C，Hojrup P，Bleasby A J. 1993. Rapid identification of proteins by peptide-mass fingerprinting. Current Biology，3（6）：327-332.

Povey，Mason. Ultrasound in food processing. Springer Science & Business Media，1998.

Prados M D，García-Pérez J V，Benedito J. 2015. Non-destructive salt content prediction in brined pork meat using ultrasound technology. Journal of Food Engineering，154：39-48.

Ren J，Zhang G，Wang D，et al. 2018. One-step and nondestructive reduction of Cr（Ⅵ）in pork by high-energy electron beam irradiation. Journal of Food Science，83（4-6）：1173-1178.

Renerre M，Anton M，Gatellier P. 1992. Autoxidation of purified myoglobin from two bovine muscles. Meat Science，32（3）：331-342.

Rosello-Soto E，Koubaa M，Moubarik A，et al. 2015. Emerging opportunities for the effective valorization of wastes and by-products generated during olive oil production process：non-conventional methods for the recovery of high-added value compounds. Trends in Food Science & Technology，45（2）：296-310.

Rybak K，Samborska K，Jedlinska A，et al. 2020. The impact of pulsed electric field pretreatment of bell pepper on the selected properties of spray dried juice. Innovative Food Science & Emerging Technologies，65：102446.

Sale A J，Hamilton W A. 1968. Effects of high electric fields on micro-organisms. 3. Lysis of erythrocytes and protoplasts. Biochimica et Biophysica Acta，163（1）：37-43.

Sánchez-martín J，Heald J，Kingston-smith A，et al. 2015. A metabolomic study in oats（*Avena sativa*）highlights a drought tolerance mechanism based upon salicylate signalling pathways and the modulation of carbon，antioxidant and photo-oxidative metabolism. Plant，Cell & Environment 38（7）：1434-1452.

Saulis G. 2010. Electroporation of cell membranes: the fundamental effects of pulsed electric fields in food processing. Food Engineering Reviews, 2 (2): 52-73.

Selma M V, Fernandez P S, Valero M, et al. 2003. Control of Enterobacter aerogenes by high-intensity, pulsed electric fields in horchata, a Spanish low-acid vegetable beverage. Food Microbiology, 20 (1): 105-110.

Sharma P, Oey I, Bremer P, et al. 2018. Microbiological and enzymatic activity of bovine whole milk treated by pulsed electric fields. International Journal of Dairy Technology, 71 (1): 10-19.

Shore D, Woods M O, Miles C A. 1986. Attenuation of ultrasound in post rigor bovine skeletal muscle. Ultrasonics, 24 (2): 81-87.

Siacor F D C, Chen Q, Zhao J Y, et al. 2021. On the additive manufacturing (3D printing) of viscoelastic materials and flow behavior: from composites to food manufacturing. Additive Manufacturing, 45: 102043.

Soliva-Fortuny R, Balasa A, Knorr D, et al. 2009. Effects of pulsed electric fields on bioactive compounds in foods: a review. Trends in Food Science & Technology, 20 (11-12): 544-556.

Strasser B J. 2012. Data-driven sciences: From wonder cabinets to electronic databases. Studies in History and Philosophy of Biological and Biomedical Sciences, 43 (1): 85-87.

Suman S P, Joseph P. 2013. Myoglobin chemistry and meat color. Annual Review of Food Science and Technology, 4 (1): 79-99.

Sun W, Xu X, Zhang H, et al. 2008. Effects of dipole polarization of water molecules on ice formation under an electrostatic field. Cryobiology, 56 (1): 93-99.

Terefe N S, Buckow R, Versteeg C. 2015. Quality-related enzymes in plant-based products: effects of novel food processing technologies part 2: pulsed electric field processing. Critical Reviews in Food Science and Nutrition, 55 (1): 1-15.

Tian H, Wang K, Lan H, et al. 2021. Effect of hybrid gelator systems of beeswax-carrageenan-xanthan on rheological properties and printability of litchi inks for 3D food printing. Food Hydrocolloids, 113: 106482.

Trivedi M, Jee J, Silva S, et al. 2018. Additive manufacturing of pharmaceuticals for precision medicine applications: a review of the promises and perils in implementation. Additive Manufacturing, 23: 319-328.

Visschers R W, de Jongh H H J. 2005. Disulphide bond formation in food protein aggregation and gelation. Biotechnology Advances, 23 (1): 75-80.

Wang L, Zhang M, Bhandari B, et al. 2018. Investigation on fish surimi gel as promising food material for 3D printing. Journal of Food Engineering, 220: 101-108.

Wang R, Li Z, Shi J, et al. 2021. Color 3D printing of pulped yam utilizing a natural pH sensitive pigment. Additive Manufacturing, 46: 102062.

Warner R. 2016. Meat: Conversion of Muscle into Meat. Oxford, Academic Press: 677-684.

Weaver J C. 2000. Electroporation of cells and tissues. IEEE Transactions on Plasma Science, 28 (1): 24-33.

Wenk M R. 2005. The emerging field of lipidomics. Nature Reviews Drug Discovery, 4 (7): 594-610.

Wiktor A, Nowacka M, Dadan M, et al. 2016. The effect of pulsed electric field on drying kinetics, color, and microstructure of carrot. Drying Technology, 34 (11): 1286-1296.

Wiktor A, Schulz M, Voigt E, et al. 2015. The effect of pulsed electric field treatment on immersion freezing, thawing and selected properties of apple tissue. Journal of Food Engineering, 146: 8-16.

Wilkins M, Pasquali C, Appel R, et al. 1996. From proteins to proteomes: large scale protein identification by two-dimensional electrophoresis and amino acid analysis. Bio/technology (Nature Publishing Company), 14: 61-65.

Wulf D M, Morgan J B, Tatum J D, et al. 1996. Effects of animal age, marbling score, calpastatin activity, subprimal cut, calcium injection, and degree of doneness on the palatability of steaks from limousin steers. Journal of Animal Science, 74 (3): 569-576.

Yamada T, Yamakage K, Takahashi K, et al. 2020. Influence of drying rate on hot air drying processing of fresh foods using pulsed electric field. IEEJ Transactions on Electrical and Electronic Engineering, 15 (7): 1123-1125.

Yang F, Zhang M, Bhandari B, et al. 2018. Investigation on lemon juice gel as food material for 3D printing and optimization of printing parameters. LWT-Food Science and Technology, 87: 67-76.

Yeom H W, Zhang Q H, Chism G W. 2002. Inactivation of pectin methyl esterase in orange juice by pulsed electric fields. Journal of Food Science, 67 (6): 2154-2159.

Yu Q, Tian X, Shao L, et al. 2018. Label-free proteomic strategy to compare the proteome differences between longissimus lumborum and psoas major muscles during early postmortem periods. Food Chemistry, 269: 427-435.

Yun E J, Lee S, Kim H T, et al. 2015. The novel catabolic pathway of 3, 6-anhydro-L-galactose, the main component of red macroalgae, in a marine bacterium. Environmental Microbiology, 17 (5): 1677-1688.

Zhang M, Wang D, Xu X, et al. 2019. Comparative proteomic analysis of proteins associated with water holding capacity in goose muscles. Food Research International, 116: 354-361.

Zheng L, Liu J, Liu R, et al. 2021. 3D printing performance of gels from wheat starch, flour and whole meal. Food Chemistry, 356: 129546.

Ziuzina D, Petil S, Cullen P J, et al. 2014. Atmospheric cold plasma inactivation of *Escherichia coli*, *Salmonella enterica* serovar Typhimurium and *Listeria monocytogenes* inoculated on fresh produce. Food Microbiology, 42: 109-116.

Zór K, Ortiz R, Saatci E, et al. 2009. Label free capacitive immunosensor for detecting calpastatin—a meat tenderness biomarker. Bioelectrochemistry, 76 (1): 93-99.

Zou Y, Zhang K, Bian H, et al. 2017. Rapid tenderizing of goose breast muscle meat based on actomyosin dissociation by low frequency ultrasonication. Process Biochemistry, 65: 115-122.

Zuo H, Han L, Yu Q, et al. 2016. Proteome changes on water-holding capacity of yak longissimus lumborum during postmortem aging. Meat Science, 121: 409-419.

附录　中英文缩略词

英文缩写	英文全称	中文全称
AAPH	2, 2'-azobis（2-methylpropionamidine）dihydrochloride	2, 2-偶氮二（2-甲基丙基咪）二盐酸盐
ABTS	2, 2'-azino-bis（3-ethylbenzothiazoline-6-sulfonic acid）	2, 2'-联氮-双-(3-乙基苯并噻唑啉-6-磺酸)
ADF	antioxidant dietary fiber	抗氧化膳食纤维
AFPs	antifreeze peptides	抗冻多肽
AHAD	acute highland disease	急性高原病
Ala	alanine	丙氨酸
ALT	alanine aminotransferase	谷丙转氨酶
AMPs	antimicrobial peptides	抗菌肽
Asp	tilapia scale antifreeze peptide	天冬氨酸
AST	aspartate transaminase	天冬氨酸转氨酶
ATP	adenosine triphosphate	三磷酸腺苷
BHA	butylated hydroxyanisole	丁酸羟基茴香醚
BHT	2, 6-di-tert-butyl-4-methylphenol	二丁基羟基甲苯
BSA	bull serum albumin	牛血清蛋白
BW	body weight	体重
CAT	catalase	过氧化氢酶
CP	cold plasma	冷等离子体
Cys	cysteine	半胱氨酸
DCFH-DA	2', 7'-dichlorodihydrofluorescein diacetate	2', 7'-二氯荧光黄双乙酸盐
DMSO	dimethyl sulfoxide	二甲基亚砜
DPPH	1, 1-diphenyl-2-picrylhydrazyl	1, 1-二苯基-2-三硝基苯肼
DSC	differential scanning calorimetry	差示扫描量热仪
DTA	differential thermal analysis	差热分析
DTNB	5, 5'-dithiobis（2-nitrobenzoic acid）	5, 5'-二硫代双-2-硝基苯甲酸
DTT	dithiothreitol	二硫苏糖醇
EW	egg white	蛋清

英文缩写	英文全称	中文全称
FL	fluorescein disodium	荧光素钠
FRAP	fluorescence recovery after photobleaching	光脱色荧光恢复技术
GCS	glutamylcysteine synthetase	谷氨酰半胱氨酸合成酶
Gln	glutamine	谷氨酰胺
Glu	glutamate	谷氨酸
GR	glutathione reductase	谷胱甘肽还原酶
GSH	glutathione	谷胱甘肽
GSH-Px	glutathione peroxidase	谷胱甘肽过氧化物酶
GST	glutathione S-transferase	谷胱甘肽巯基转移酶
His	histidine	组氨酸
HMM	heavy meromyosin	重酶解肌球蛋白
HMM-S2	heavy meromyosin-S2	重酶解肌球蛋白亚片段 2
HO-1	heme oxygenase 1	血红素加氧酶 1
HPLC	high-performance liquid chromatography	高效液相色谱
MLC	myosin light chain	肌球蛋白轻链
IL	interleukin	白细胞介素
INI	ice nucleus isomerization	冰核异构化
ISAPP	International Scientific Association for Probiotics and Prebiotics	国际益生菌和益生元科学协会
LDH	lactate dehydrogenase	乳酸脱氢酶
LDL	low density lipoprotein	低密度脂蛋白
LMM	light meromyosin	轻酶解肌球蛋白
Lys	lysine	赖氨酸
MDA	malondialdehyde	丙二醛
MHC	myosin heavy chain	肌球蛋白重链
MMM	mediate myosin molecule	调节肌凝蛋白分子
MP	myofibrillar protein	肌原纤维蛋白
MPI	black shark myofibrillar protein	黑鲨鱼肌原纤维蛋白
MTGase	microbial transglutaminase	微生物源的转谷氨酰胺酶
MTT	3-(4, 5-dimethyl-2-thiazolyl)-2, 5-diphenyl-2-H-tetrazolium bromide	3-(4, 5-二甲基噻唑-2)-2, 5-二苯基四氮唑溴盐

续表

英文缩写	英文全称	中文全称
NADPH	nicotinamide adenine dinucleotide phosphate	三磷酸吡啶核苷酸
ORAC	oxygen radical absorbance capacity	氧自由基吸收能力
PG	propyl gallate	没食子酸丙酯
pI	isoelectric point	等电点
PV	peroxide value	过氧化值
RI	recrystallization inhibition	重结晶抑制
RNA	ribonucleic acid	核糖核酸
ROS	reactive oxygen species	活性氧
SEP	sericin enzymolysis peptide	丝胶酶解肽
SOD	superoxide dismutase	超氧化物歧化酶
SOG	sage leaves，oregano leaves and grape seeds	鼠尾草叶、牛至叶和葡萄籽
SP	sesame peptides	芝麻多肽
SPI	soybean protein isolate	大豆分离蛋白
TBA	2-thiobarbituric acid	硫代巴比妥酸
TBARS	thiobarbituricacidreactive substances	硫代巴比妥酸值
TBHQ	tert butyl hydroquinone	叔丁基对苯二酚
TH	thermal hysteresis	热滞
TNF-α	tumor necrosis factor-α	肿瘤坏死因子
TPA	texture profile analysis	质构仪
TSAFPs	tilapia scales antifreeze peptides	罗非鱼鳞抗冻多肽
TVB-N	total volatile base nitrogen	挥发性盐基氮
WG	wheat gluten	小麦面筋